1+X 职业技术·职业资格培训教材

# 美发师

## 三级（第2版）



MEIFASHI

主　编　何俊良　刘金华

编　者　马祥银　姜海平　刘天翔　刘学奎　陈　健

　　　　田永富　曾大龙

主　审　陈林声

审　稿　钱敏敏　胡纪纬　左　丰　李　凯　马　军

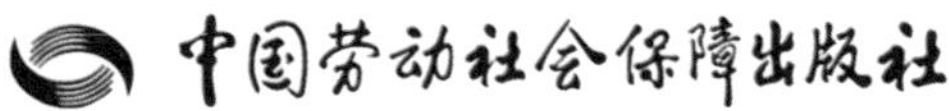

中国劳动社会保障出版社

**图书在版编目(CIP)数据**

美发师：三级/人力资源和社会保障部教材办公室等组织编写. —2 版. —北京：中国劳动社会保障出版社，2015

1 + X 职业技术 · 职业资格培训教材

ISBN 978-7-5167-2072-1

Ⅰ. ①美…　Ⅱ. ①人…　Ⅲ. ①理发-职业培训-教材　Ⅳ. ①TS974. 2

中国版本图书馆 CIP 数据核字(2015)第 202240 号

**中国劳动社会保障出版社出版发行**

（北京市惠新东街 1 号　邮政编码：100029）

*

北京北苑印刷有限责任公司印刷装订　　新华书店经销

787 毫米 × 1092 毫米　16 开本　19. 75 印张　304 千字

2015 年 8 月第 2 版　　2015 年 8 月第 1 次印刷

**定价：65. 00 元**

读者服务部电话：（010）64929211/64921644/84643933

发行部电话：（010）64961894

出版社网址：http://www. class. com. cn

# 内容简介

本教材由人力资源和社会保障部教材办公室、中国就业培训技术指导中心上海分中心、上海市职业技能鉴定中心依据上海1+X美发师（三级）职业技能鉴定细目组织编写。教材从强化培养操作技能，掌握实用技术的角度出发，较好地体现了当前最新的实用知识与操作技术，对于提高从业人员基本素质，掌握美发师的核心知识与技能有直接的帮助和指导作用。

本教材在编写中根据本职业的工作特点，以能力培养为根本出发点，采用模块化的编写方式。全书共分为6章，内容包括发型设计、发型素描、发型修剪、烫发、发式造型、盘发造型等。

本教材可作为美发师（三级）职业技能培训与鉴定考核教材，也可供全国中、高等职业院校相关专业师生参考使用，以及本职业从业人员培训使用。

# 改版说明

《1 +X 职业技术·职业资格培训教材——美发师（高级）》自2004年以来，受到广大学员和从业者的欢迎，在美发师职业技能培训和资格鉴定考试过程中发挥了巨大作用。

然而，随着美发行业的迅速发展，美发从业人员需要掌握的职业技能有了新的要求，原有美发师职业技能培训和资格鉴定考试的理论及技能操作题库也进行相应提升。为此，人力资源和社会保障部教材办公室、中国就业培训技术指导中心上海分中心与上海市职业技能鉴定中心组织相关方面的专家和技术人员，依据最新的美发师职业技能鉴定细目对教材进行了改版，使之更好地适应社会的发展和行业的需要，更好地为广大学员参加培训和从业人员提升技能服务。

第2版教材以美发行业的发展为导向，适应时尚创新和市场流行的需求，围绕美发师（三级）应知应会培训大纲，根据教学和技能培训的实践及鉴定细目表，在原教材基础上进行了修改。

为保持本套教材的延续性，顾及原有读者的层次，本次修订围绕美发师（三级）应知应会培训大纲，在结构安排上尊重了原教材，在内容上根据部颁美发师职业标准进行了较大的改动，使教材内容更广更新，更具有实用性。在操作技能方面，紧扣三级技能鉴定考题。

因时间仓促，教材中的不足和疏漏之处在所难免，欢迎读者及同人批评指正。

# 前　言　Preface

职业培训制度的积极推进，尤其是职业资格证书制度的推行，为广大劳动者系统地学习相关职业的知识和技能，提高就业能力、工作能力和职业转换能力提供了可能，同时也为企业选择适应生产需要的合格劳动者提供了依据。

随着我国科学技术的飞速发展和产业结构的不断调整，各种新兴职业应运而生，传统职业中也愈来愈多、愈来愈快地融进了各种新知识、新技术和新工艺。因此，加快培养合格的、适应现代化建设要求的高技能人才就显得尤为迫切。近年来，上海市在加快高技能人才建设方面进行了有益的探索，积累了丰富而宝贵的经验。为优化人力资源结构，加快高技能人才队伍建设，上海市人力资源和社会保障局在提升职业标准、完善技能鉴定方面做了积极的探索和尝试，推出了1+X培训与鉴定模式。1+X中的1代表国家职业标准，X是为适应经济发展的需要，对职业的部分知识和技能要求进行的扩充和更新。随着经济发展和技术进步，X将不断被赋予新的内涵，不断得到深化和提升。

上海市1+X培训与鉴定模式，得到了国家人力资源和社会保障部的支持和肯定。为配合1+X培训与鉴定的需要，人力资源和社会保障部教材办公室、中国就业培训技术指导中心上海分中心、上海市职业技能鉴定中心联合组织有关方面的专家、技术人员共同编写了职业技术·职业资格培训系列教材。

职业技术·职业资格培训教材严格按照 1 +X 鉴定考核细目进行编写，教材内容充分反映了当前从事职业活动所需要的核心知识与技能，较好地体现了适用性、先进性与前瞻性。聘请编写 1 +X 鉴定考核细目的专家，以及相关行业的专家参与教材的编审工作，保证了教材内容的科学性及与鉴定考核细目以及题库的紧密衔接。

职业技术·职业资格培训教材突出了适应职业技能培训的特色，使读者通过学习与培训，不仅有助于通过鉴定考核，而且能够有针对性地进行系统学习，真正掌握本职业的核心技术与操作技能，从而实现从懂得了什么到会做什么的飞跃。

职业技术·职业资格培训教材立足于国家职业标准，也可为全国其他省市开展新职业、新技术职业培训和鉴定考核，以及高技能人才培养提供借鉴或参考。

新教材的编写是一项探索性工作，由于时间紧迫，不足之处在所难免，欢迎各使用单位及个人对教材提出宝贵意见和建议，以便教材修订时补充更正。

人力资源和社会保障部教材办公室
中国就业培训技术指导中心上海分中心
上海市职业技能鉴定中心

# 目　录 Contents

## 第 5 章　发式造型



## 第 6 章　盘发造型

# 第 1 章　发型设计

## 第1节 设计构思

### 学习目标

- 了解设计构思的基本要求和概念。
- 掌握并运用素描形式来设计发型。

### 知识要求

### 一、设计的概念

设计是把一种计划、规划、设想通过视觉的形式传达出来的活动过程。人类通过劳动改造世界、创造文明、创造物质财富和精神财富，而最基础、最主要的创造活动是造物，但物体的本身就来源于平时的日常生活，其中也包括发型设计艺术。设计便是把造物活动进行预先一步的计划工程，设计可以把任何造物活动中的计划技术和过程理解为设计程序，是对事物统筹规划过程的一个总称。设计要有变通的思想，要善于想象，这是一个美发师的基础技能。设计是物质形成的前提思想的决定。设计的灵感源于心灵。

### 二、设计构思前的基本要求

美发师在设计发型之前应该对自己所做的发型有一个初步的构思，首先是头发长度的设想与确定，然后是修剪层次的设想与确定。因为头发长度意味着发型的变化效果，而层次意味着发型的轮廓与结构，当然层次的控制包括头发的发杆、发尾、发量、头发面积、发丝流向、头发色彩等。这些设计元素的基本内容和设想的确定是美发师对发型设计、发型构思前的基本要求。

### 三、观察顾客的外形条件

美发师对顾客外形的了解对于发型设计环节来说是至关重要的，所以顾客通常会认为：美发师看人的眼光很厉害，只要一看就知道这个人的大概情况，如身份、经济条件、爱好、性格特征等。美发师对顾客观察、了解得越深刻、越仔

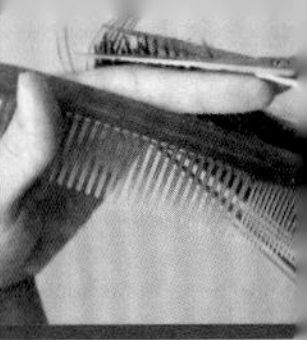

细，对设计和构思发型起到的作用也就越大，所以美发师对顾客外形的了解、观察是掌握顾客原来外形条件和特征的一种手段和方法，也为接下来的顾客发型设计增添了创造的内容和元素。

## 四、了解顾客的需求

现代顾客对美发的需求随着形势和经济的发展在逐步提高，尤其对发型也越来越注重和讲究，这也体现了国家改革开放后的精神文明建设和思想意识变化。职业和环境的变化促使了人对美的追求的变化，在追美的人群中有来自于办公室的白领、机关的工作人员、演艺界的演员、教师、学生及医务人员等，其美发的目的和需求完全是由自身所在的工作环境、个人性格和爱好决定的，所以美发师应根据顾客的需求，从合理合情的角度系统地规划，结合事先观察、了解到的基本要素进行构思、设计，最终提供给顾客一个完美的发型设计方案。

## 五、运用素描形式来设计发型

### 1. 学习美发素描的功能与目的

（1）提升竞争力。由于美发师基本功不足，用以往的技术和经验做现在的发型设计，无法做到得心应手，更无法满足顾客的需求。为此，应全面改善修剪方法及调整不正确的修剪技巧 ，并借助美发素描提升自身的美感和素养，培养丰富的观察力、表现力、创造力，做到修剪发型轮廓正确、构图完整、明暗立体层次与强弱变化合适、空间处理与细节度完美等。

（2）成为真正专业的美发师。能剪、能说、能画、能做是在当今美发业竞争激烈的环境中成为专业美发师的必须条件。很多美发师能做，但不善于表达，这样技术再好也不能创造技术价值；而有的美发师能说，但做不出来效果，这样更无法说服顾客。

（3）提升美发师在消费者心目中的地位。一般美发师只能通过翻阅发型书或者口述来与顾客沟通，如果借助美发素描在很短的时间就能将修剪技巧、造型、心灵感受展现在顾客面前，一定会让顾客震撼，因为很少有美发师能做到这些。

（4）能快速打败竞争对手。每个人对漂亮和美的定义不尽相同，非常优秀的美发师做出来的发型也不会被所有人喜欢，因为消费者来自四面八方，与美发

师的美感和经验未必相同，如果美发师借助美发素描，可快速与顾客拉近距离，同时得到认同，能快速确立发型设计方案、色彩搭配等造型重点。

（5）沟通方便。传统的美发师在设计的领域中，往往不知道如何把自己的设计理念推介给顾客，从而与顾客无法进行有效的沟通。如果借助美发素描，将顾客的脸型、头型、发质等要素结合自己的设计理念，就能给顾客量身定做所喜欢的发型，让素描画冲击顾客的视觉，完成发型设计与整体造型的效果，展现高级美发师的素描与设计的功底。

（6）工作时间短。由于只是简易素描，不须细部描绘，故能在短时间内沟通并达成共识。

（7）工具简便轻巧。工具有纸张（能卷、能折、易于携带），加上几支铅笔和粉彩即可。也可直接用白板笔画在白板上或工作台的镜面上，也能达到与顾客沟通的效果。

（8）会比别人学到更多、更精湛的技术。有的美发师看发型杂志时，往往是凭空想象这款发型修剪的步骤和过程。如果能运用素描正确画出简易发型轮廓，就能起到分析修剪过程和理念的效果。

## 2. 素描的表现形式

素描的表现形式一般分为三种类型。

（1）线画法。用单纯的线条简练、扼要地把对象描绘出来，是中国绘画的一种表现形式和基本训练手法。线条在表现形体、结构、体面转折、立体、空间等方面，具有很强的艺术表现力和重要的审美价值。

在练习时，要着重理解线条涂色的方法。具体画法是：用拇指、食指捏住笔杆，其余手指钩住笔杆，并配合掌心，沿顺（逆）时针方向画直线，速度要快，落笔要轻，运笔时手腕用力。

线画法的要领：先粗后细，即先画轮廓，后画细节，用线条画出大轮廓，再画其他部位；先直后曲，在画轮廓和弧形转折点时，要先用直线画，然后再用弧线勾画；先画大的部位，后画细小的部位；先方后圆，画圆形物体时，先用直线，按比例画出大致轮廓后，再画圆弧形线条。用线只是一种手段，不是目的，如何用线，用什么线，都是为画面做准备，只要能画好，手段并不限制。因此，究竟应该用什么线条完全由个人掌握，一般发型效果图都是采用线画法。

（2）明暗画法。用丰富的排线、重叠等手法，表现光照下物体的结构、质感、空间、表情等，这也是素描训练中明暗色调的基本造型手法，这种画法可以塑造整体感和真实感。

一幅素描画只能有一个基调，在画面局部，也同样具有各种黑白色层，这就是说，局部要服从整体效果。在处理每幅素描画时，首先要给画面设立一个基调，包括明调、暗调、中间调，把握好这三者之间的关系对作品尤为重要，通过对整体画面的黑白分布比例来表现出一幅素描的整体效果。

（3）线面结合画法。就是把线画法和明暗画法结合起来。这种画法既有线的优美，也有明暗画法的表现，既简明扼要，又深厚丰富。

## 第2节　设计程序

### 学习目标

● 了解发型设计程序的相关知识并掌握设计技巧。

### 知识要求

### 一、设计前的准备

一名高级美发师，在制作每款发型中必然会运用设计理念和思考设计方法。在整个设计过程中，对设计内容的思考始终是设计前期的基础，而对设计内容的思考就来源于高级美发师本人的素养和文化底蕴，这对设计理念的理解、运用起到至关重要的作用。如何开拓设计理念、拓展思维空间需在设计前就准备好。

**1. 目测**

每当一款需要设计的发型（头发）摆在美发师面前时，美发师首先要做的是目测。目测顾客的目前状况（如发长、发短、发粗、发细、发直、发曲、发色、发量等），对此做到心中有数，为接下来的构思做好前期的准备工作。

（1）头发的长度（发长）。有长发、中长发和短发三种形式。一般来说，留发较长，披散在两肩的是长发，留发在衣领上沿的是中长发，留发在耳垂处的是短发。这三种形式的头发又分直发和卷发。直发在造型上比较简单，变化较少，

基本上是保持头发自然顺直。卷发在发型构思上比直发更加丰富多彩、变化多端，再加上对发型的轮廓和层次的要求，使卷发发型在设计和制作时有两个明显的特点：难度大、效果好。

在初步设计和构思时，要特别留意顾客的年龄、脸型、体型、服装等。通过这几方面的印象，再加上顾客的要求，即可以确定头发的长度。头发长度能直接影响发型的效果，反映顾客头发是否合适发型长度的要求。发长有时要根据顾客自身的职业来选定，有时也要根据其体型来选定。如果身体胖且矮小，留短发显得有精神。中老年一般留短发为宜，这样显得年轻。中长发在青年人中比较多见，可用来弥补脸型和头型的不足，产生更美的效果。长发很容易显示出女性的魅力，变化也比较多。除直发和卷发外，还可以梳成各种发髻和发辫。发长是发型设计的基础，根据头发长度再选择各种层次的修剪和各种发式的烫、染、吹、梳理，就可创造出完美的发型。

（2）头发的流转形式和方向。头发的流转形式有三种：直发成型、卷发成型和自然成型。在美发过程中，梳的主要用途是自然梳理发势，给头发确定方向，即确定流向。创造发型的轮廓是通过各种层次的结构来完成的，同时也是各种不同流向头发的重叠而形成的有斜度形状的造型方法。层次是多样的，由长发往短发变化或由短发往长发变化会产生一定发流方向的层次，还有同等长度的头发也会产生一定流向的层次。因此，发型与层次是紧密联系的，它能直接反映出发型轮廓的整个形象。

（3）头发的发梢部分（发尾）。发尾的姿态控制着整个发型，发尾的重量和方向影响着发型的表现效果。发尾是由剪梢技术来控制的，各种不同的剪梢方法有不同发尾姿态的变化。当用剪刀剪同一长度头发时，一根根头发的发尾保持同一长度和重量，就会产生重量感和厚度感。发尾显出弹力感，可以产生直线形的造型效果，造型上给人清晰的印象。当用剃刀削同一整齐长度的头发时，发尾削发只限于很短的范围。每股头发由于进行斜削，头发发尾重量减小，厚度也随之减小。发尾轻，有活动性，能给人一种柔和的感觉，而且有一定的弯曲效果。在剪削过程中，可用不同的剪和削来控制发尾，改变发型。从层次结构来讲，单一层次的结构，发尾体现全部头发的重量，形成优雅的表面，发尾线呈直线；高层次结构能充分表现发尾的姿态，角度越大，层次幅度越大，发尾重叠就显得更加

丰富。由此可见，在发型设计、制作的过程中，发尾的控制具有重要的意义。发尾和发层的合理配合，可以使发型效果更为突出。

2. 构思

当目测了解顾客完毕后，对顾客的建议和要求进行初步多方位的构思和规划，如发色的改变、发长的改变、层次结构的改变等，为接下来的发型设计提供最基础的设计资源。

（1）层次。发型是由多种层次的变化构成。层次的高低是由头发与头皮之间的角度来决定的。在修剪头发时有一条基本线，基本线的角度决定着层次的变化。根据这一原则，可以按照所设计的发型，改变各部分头发的角度，使头发产生不同的层次，表现出不同的发型轮廓。因此，层次的几个基本角度所产生的效果，是设计完美发型的重要依据。人的头型是圆的，剪发时要注意各部位的圆曲程度，以免对层次产生不利影响，并使头发的角度更为准确。这样，层次就自然符合设计的要求。层次不仅与角度有密切关系，而且与修剪方向也有很大的关系。当把一束头发挑起与头皮呈90°角，将修剪线斜向左或右时，就可以取得不同的层次。偏斜得越大，层次角度就越大，偏斜得越小，层次角度就越小，发尾的幅度也会随之增大或减小。

（2）发量。发量是指整个头部发层的面积。出现几种层次的形式，就会出现几种发量。剪断面越小，越能显示出其发量。单一层次结构的发量集中在发尾，顶部平坦。低层次结构的发量随角度的不同而变化，角度为15°时，后部发量增加，使头发自然蓬起，发尾的姿态更为丰富。低层次由低至高的角度变化所引起的层次变化，以及发量的变化，使头发各部位显出不同的状态。低层次是显示发量与发尾姿态的技法，使发型有立体感，从而产生特定的效果。所以在设计发型时，应按照层次和发量之间的关系及其变化规律来确定发型的轮廓，再运用各种修剪技巧，使发型达到所设计的效果。

## 二、发型设计的程序要求

发型设计主要是通过发型制作工序来塑造成型的，每道制作工序还要结合该工序流程的具体情况进行必要的设计和调整，才能使发式造型更加完美。

1. 洗头

在发型制作工序中，洗头是其中重要的工序。洗头可以洗去头皮和头发上的黏合物，还与后期的烫发、染发等发型制作工序有关。

2. 剪发

剪发是发式造型中占比较大的基础工艺，其修剪的效果会直接影响发式造型中的烫发工序和吹梳造型工序。

3. 烫发

烫发是卷发类发型的必要手段。在发型设计中，需要烫发时，应该注意到发质、发量，合理选择和使用烫发液、卷发杠，并严格掌握排列方法、卷杠技巧、时间控制方法、烫前及烫后的护理等，使之符合发型设计的要求。如发现发质条件或其他因素会影响设计效果时，则要结合具体情况，另行解决。

4. 染发

现代发式造型中的色彩变化显得越来越重要。染发不仅能改变头发的颜色，增加发型的风采，还能调节发式造型的气氛和韵味，增加发式造型三维立体的透视感。在染发时，要科学合理，按照整体设计要求进行选色配色。根据设计要求和发质、基色的情况，考虑如何染、染什么部位。这些都要周密、细致地推敲，否则会弄巧成拙，适得其反。

5. 吹梳造型

吹梳造型是发型制作中的最后一道工序。发型效果如何，体现在这一道工序之中。在修剪、烫发等工序中的不足或失误，都要在梳理、吹风定型工序中设法加以弥补或修正。同时，还要根据每个人的头型、脸型等进行调节、矫正。另外，还要考虑到顾客对发型的要求和适应场合等。

## 三、创新发型设计的方式

设计新发型时，可参照以下方法进行创新设计。

1. 参考法

参考他人的作品，可以丰富自己的审美观念和创造观念。

### 2. 重点模仿法

观看他人作品中的特点，重点模仿并加入自己的创意，也可以创作出新的发型。

### 3. 去除加入法

将原有发型中的某部分去除加入新的部分，能使发型产生微妙的变化。

### 4. 分类组合法

将发型分类，再给予重新组合。

### 5. 正反思考法

按设计的流程，正向思考或者反向思考，均能产生意想不到的效果。

### 6. 流行创新法

掌握流行是必然的，但创新更重要，创新不但能弥补发型师设计的不足之处，更能创造发型新潮流。

### 7. 审美灵感法

一件艺术品能让美发师创造一款新发型。在观察艺术作品时，美发师要注意获取灵感，并运用于发型设计中。

### 8. 反复试验法

不怕挫折，改正错误，不断实践，必能成功。

### 9. 讨论法

和同行多讨论各种发型，在讨论中注意吸收他人的见解来弥补自己的不足。

## 技能要求

### 设 计 构 思

**操作准备**

(1) 铅笔和纸。

(2) 有关发型的书刊。

**操作步骤**

**步骤 1**　热情、主动问候顾客。

**步骤 2**　引领顾客入座。

**步骤 3** 给顾客发型书刊供顾客参考。

**步骤 4** 观察、沟通、了解顾客的需求。

（1）观察顾客的穿着→举止→谈吐→年龄→体型→脸型→头型→发质与发长。

（2）了解顾客的职业→爱好→社交→生活。

**步骤 5** 制定发型设计。

（1）操作技法与效果（脑海呈现技法的步骤和发型的样子）。

（2）绘画设计效果图（借助素描绘画拉近与顾客彼此间的距离，让顾客感受到发型艺术的真正含义）。

**注意事项**

（1）顾客的需求是设计的前提。

（2）根据不同顾客的体型外貌进行有效的设计构思。

## 测 试 题

### 一、填空题（将正确的答案填在横线空白处）

1. 设计是把一种计划、规划、设想通过视觉的形式表达出来的＿＿＿＿＿＿。

2. 美发师在设计发型＿＿＿＿＿应该对自己所做的发型有一个＿＿＿＿＿的构思。

3. 美发师对顾客外形的了解对于＿＿＿＿＿＿环节来说是至关重要的。

4. 现代顾客对美发的需求随着形势和＿＿＿＿＿＿＿＿在逐步的提高。

5. 在美发过程中，梳的主要用途是自然梳理发势，给头发＿＿＿＿＿即确定流向。

6. ＿＿＿＿＿＿＿，层次幅度越大，发尾重叠就显得更加丰富。

7. 现代发式造型中的＿＿＿＿＿＿＿＿显得越来越重要。

8. 按设计的流程，＿＿＿＿＿或者＿＿＿＿＿＿＿均能产生意想不到的效果。

9. 一件艺术品能让美发师创造一款＿＿＿＿＿＿＿＿。

10. 在＿＿＿＿＿＿时，要科学合理，按照整体设计要求进行选色、配色。

### 二、单项选择题（选择一个正确的答案，将相应的字母填入括号中）

1. 设计要有变通的思想，要善于想象，这是一个（　　）的基础技能。

A. 美容师　　B. 美发师　　C. 化妆师　　D. 设计师

2. 为顾客设计发型时给自己增添了创造的内容和（　　）。

A. 元素　　B. 元因　　C. 造型　　D. 理念

3. 头发长度意味着发型的长短，而层次意味着发型轮廓与（　　）。

A. 构成　　B. 构造　　C. 结构　　D. 构建

4. 素描的表现形式一般分为（　　）类型。

A. 一种　　B. 五种　　C. 七种　　D. 三种

5. 在制作每款发型中必然会运用（　　）理念和思考设计方法。

A. 构思　　B. 理解　　C. 方法　　D. 设计

6. 头发的长度有（　　）形式。

A. 一种　　B. 四种　　C. 两种　　D. 三种

7. （　　）是由剪梢技术来控制的，各种不同的剪梢方法就有不同发尾姿态的变化。

A. 发尾　　B. 发杆　　C. 发根　　D. 发中

8. （　　）有时要根据顾客自身的职业来决定，有时也要根据其体型来选定。

A. 短发　　B. 发长　　C. 超短发　　D. 超长发

9. 当把一束头发挑起与头皮呈（　　）角，将修剪线斜向左或右时，就可以取得不同的层次。

A. 15°　　B. 30°　　C. 60°　　D. 90°

10. 创新不但能弥补发型师设计的不足之处，更能创造发型（　　）。

A. 新方向　　B. 新潮流　　C. 新理念　　D. 新方法

**三、判断题（请将判断结果填入括号中，正确的填“√”，错误的填“×”）**

1. 美发师看人的眼光很厉害，只要一看就知道这个人的大概情况。（　　）

2. 最终发型师用一个完美的发型设计方案来满足顾客的需求和愿望。（　　）

3. 一般美发师只能通过翻阅发型书或者口述来与顾客沟通。（　　）

4. 线条在表现形体、结构、体面转折、立体、空间等方面，具有很强的艺

术表现力和重要的审美形状。（　　）

5. 究竟应该用什么线条完全由个人掌握，一般发型效果图都是采用线画法。（　　）

6. 发型与层次是紧密联系的，它能直接反映出发型轮廓的背后形象。（　　）

7. 发型是由一种层次的变化构成。（　　）

8. 发型制作工序中，洗头是其中重要的工序。（　　）

9. 发现发质条件或其他因素会影响设计效果时，要结合具体情况，另行解决。（　　）

10. 在观察艺术作品时，美发师要注意获取灵感，并运用于现代生活中。（　　）

## 测试题答案

### 一、填空题

1. 活动过程　2. 之前　初步　3. 发型设计　4. 经济的发展　5. 确定方向
6. 角度越大　7. 色彩变化　8. 正向思考　反向思考　9. 新发型　10. 染发

### 二、单项选择题

1. B　2. A　3. C　4. D　5. D　6. D　7. A　8. B　9. D　10. B

### 三、判断题

1. √　2. ×　3. √　4. ×　5. √　6. ×　7. ×　8. √　9. √　10. ×

# 第2章　发型素描

第1节　五官的绘画

第2节　发型绘画

第3节　发型线条、轮廓的描绘

## 第1节　五官的绘画

### 学习目标

● 掌握素描绘画技术，绘制人物面部五官及发型。

### 知识要求

### 一、绘画的基本要求

素描是指以单色的方法描绘来自于客观对象的感受，是一切造型艺术的基础，对初学者而言，是最简便、最易入门的表现方法。通过素描的训练，学员可以感知物体呈现的表象，还可以获得素描所包含的内在构造、空间转换、透视规律、明暗变化等方面的感受。素描是美发师认识事物、提高视觉审美能力的重要途径之一。在最初学习素描的过程中要掌握以下几个基本要求。

1. 握笔的姿势

首先要注意握笔的姿势，其次在运笔时体会手、腕、肘的运动对线条产生的作用，特别需要引起重视的是控制住线条的轻重、速度和疏密变化，落笔要平稳、顺平、自然，让线条产生轻松、自然、富有弹性的感觉。

（1）写字的握笔姿势（见图2—1）。这种姿势只能用于描绘较小的画面或刻画细节部位，不利于控制大画面的整体感觉。

（2）相对正确的握笔姿势（见图2—2）。这种姿势可以灵活自如地发挥手腕的作用，舒展地画出各种富有表现力的线和面。

2. 观察能力

观察能力是指培训视觉的敏锐感，能捕捉到物体所提供的各种信息，长、宽、高三维空间及整体形状的能力。

3. 分析能力

分析能力是指善于分析物体的构造特征，把握其中各种关系，根据每个人的需求和具体条件进行量体裁衣的能力。

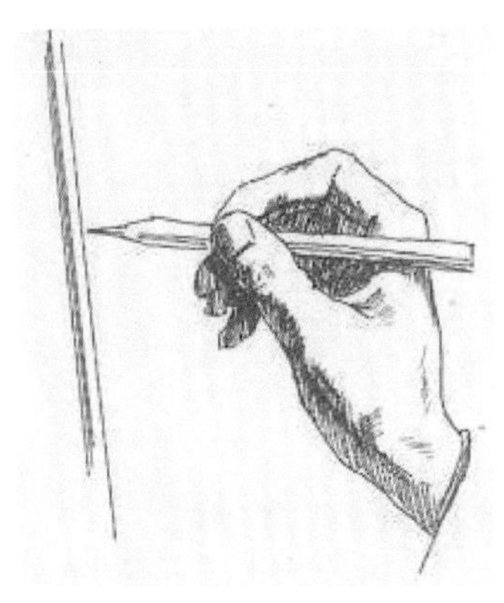
图 2—1　写字的握笔姿势

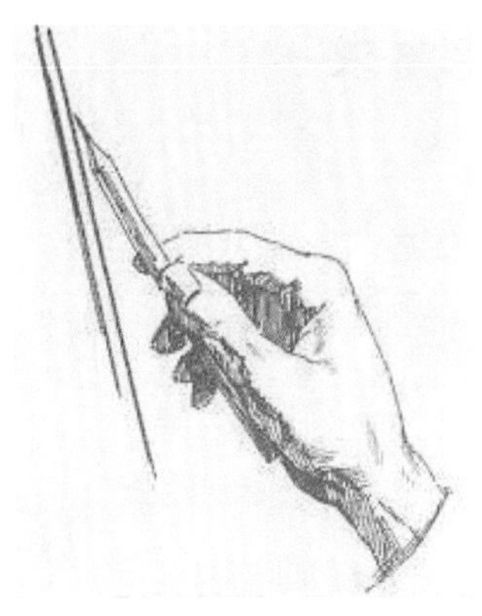
图2—2　相对正确的握笔姿势

### 4. 感悟能力

感悟能力是指能以一般物体形态变化，发挥想象的能动作用，掌握多形态变化的规律的能力。

### 5. 表现能力

表现能力是指熟练地运用表现技法，把所知所感的事物生动体现出来，让眼、脑、手有机地统一起来，表达深厚丰富的艺术感觉的能力。

## 二、人物脸型五官的定位要求

人的头部是由脑颅和面颅组成的，脑颅近似于卵圆形，面颅有五官附着。人的头部类似于蛋形，所以在五官定位上要求五官的比例按三庭五眼的黄金定律来定位。

### 1. 三庭

先画个正圆，再画出中心垂线，在延长线上截点，从圆两侧连线到截点画弧线，画出最上至最下的中点线，并垂直于竖线，最后形成三庭。

### 2. 五眼

五眼的位置是指在眼线上平均分为五等份（五个眼睛大小）。

## 技能要求

### 三庭、五眼定位的描绘

**操作准备**

铅笔（4B、2B、HB）、橡皮、铅画纸、美工刀、画板。

**操作方法**

#### 1. 三庭的定位画法

先画个正圆。画出中心垂线（向下延长），在延长线上截点，从圆两侧连线到截点并画弧线（向外的弧线），画出最上至最下（截点）的中点线（横线），并垂直于竖线，最后形成三庭。图中的中心横线即是眼睛连线，眼睛稍向上为眉线，眉线与最下截点下颌线的中心线是鼻线，以眉线至鼻线的长度为准，从眉线向上再找出一个相等的距离作为发际线。所以三庭是发际线至眉线、眉线至鼻线、鼻线再至下颌线这三段的距离，这三段距离相等，嘴线在鼻线至下颌线的1/3处。步骤如图2—3、图2—4、图2—5所示。

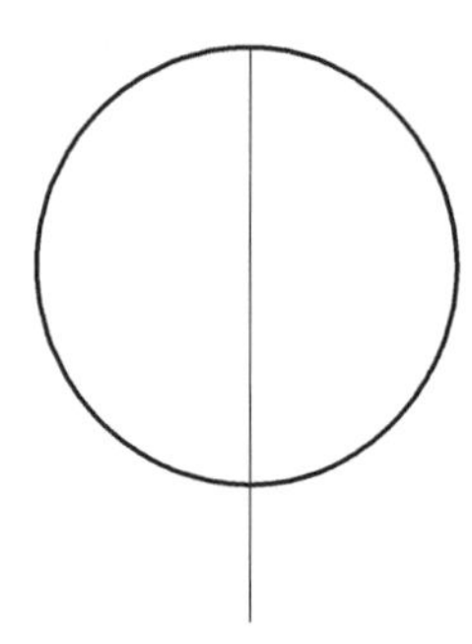
图2—3　步骤1

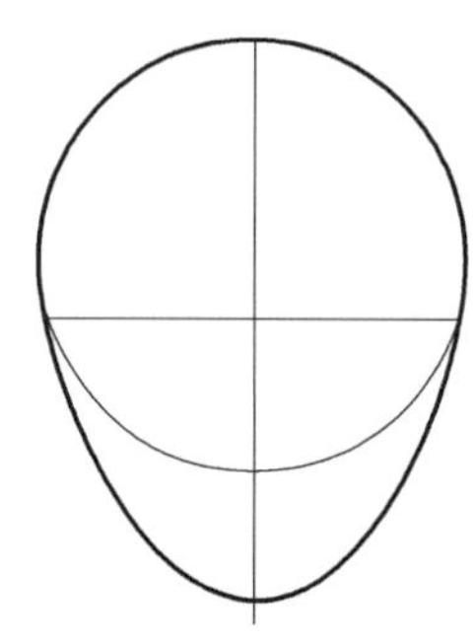
图2—4　步骤2

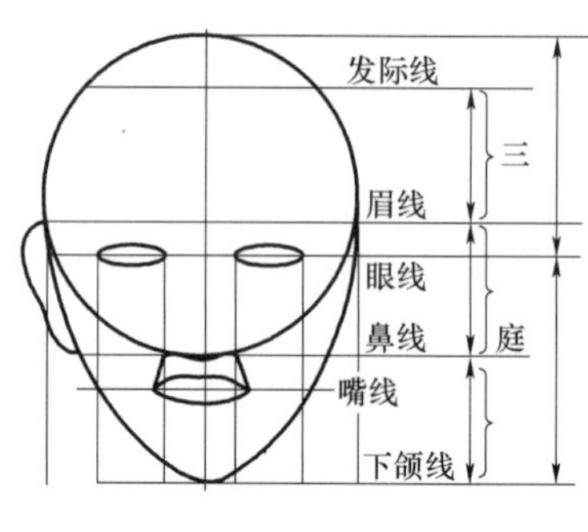

图2—5　步骤3

#### 2. 五眼的定位画法

五眼的位置是指在眼线上平均分为五等份。鼻子是以两眼间的距离为宽度，下移到鼻线。需要注意的是眼睛、鼻子、嘴要以竖线为轴左右对称（见图2—6）。

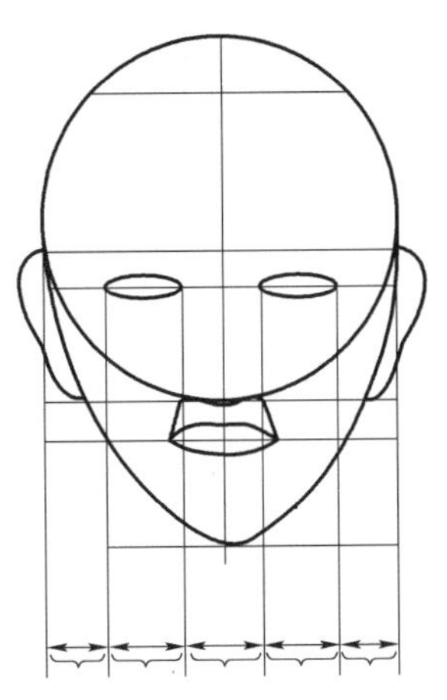

图 2—6　五眼定位画法

**注意事项**

（1）在画发型素描前应该先选择好铅笔型号。

（2）要充分掌握和计算好每一等份的距离。

（3）横直线条要画直。

## 眼睛、鼻子、嘴巴、耳朵的描绘

**操作准备**

铅笔（4B、2B、HB）、橡皮、铅画纸、美工刀、画板。

**操作方法**

### 1. 眼睛的画法

眼睛是表现人物的重要部位，被称为“心灵的窗口”。眼由眼眶、眼睑、眼球组成，眼睛的位置在面部的 1/2 处，眉在眼睛到头顶的 1/4 或 1/5 处，眼睛是球体结构，一般画球体中间部分需要画得实，球体侧面要求虚化，眼珠上方的上眼睑要画出其皮质厚度，包括反光、阴影等。步骤如图 2—7、图 2—8、图 2—9 所示。

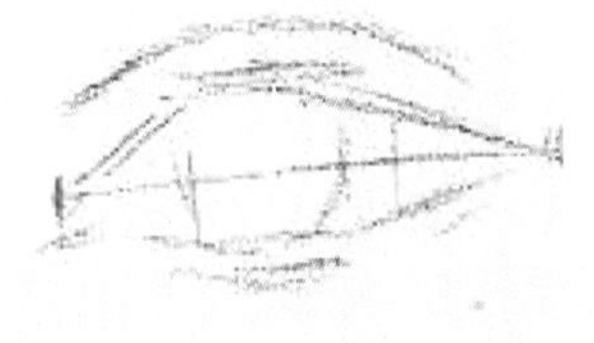

图 2—7

图 2—8

图 2—9

2. 鼻子的画法

鼻子位于面部的中央，长度为面部的 1/3，宽度为两眼的距离，鼻子长度等于两倍的鼻子宽度，鼻上部较窄，两眼之间的突起为鼻根，向下延长成鼻背，下端突出部分为鼻尖，鼻尖两侧弧形隆突的部分为鼻翼，鼻下方为鼻孔。步骤如图 2—10、图 2—11、图 2—12 所示。

图 2—10

图 2—11

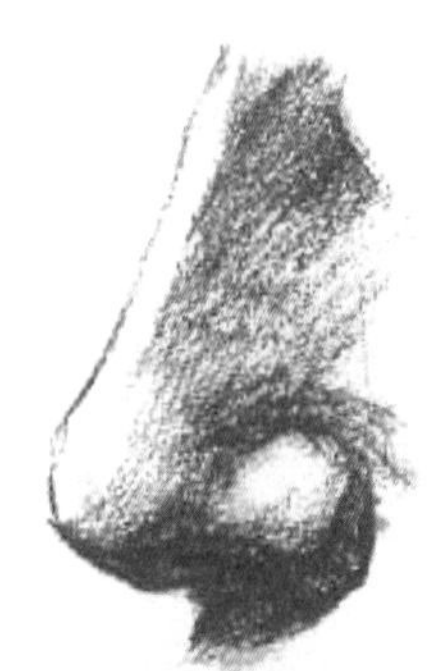

图 2—12

3. 嘴巴的画法

嘴部成锥体状，唇中部在前，左、右嘴角往后，在技法处理上要把握好前后关系，上唇边缘线不能画得过于深，要略淡、自然，上唇最主要是明暗转折线，下唇边缘线左右近嘴角处最好不要全部画出来，下唇边缘线中间段和下唇沟这部分要明确描绘里面的反光、结构转折等，嘴角呈内凹的结构特征，可用

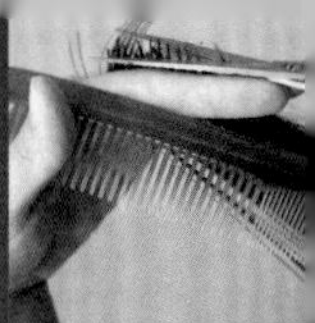

小手指轻轻擦一下素描画的嘴角处即可。步骤如图 2—13 、图 2—14 、图 2—15 所示。

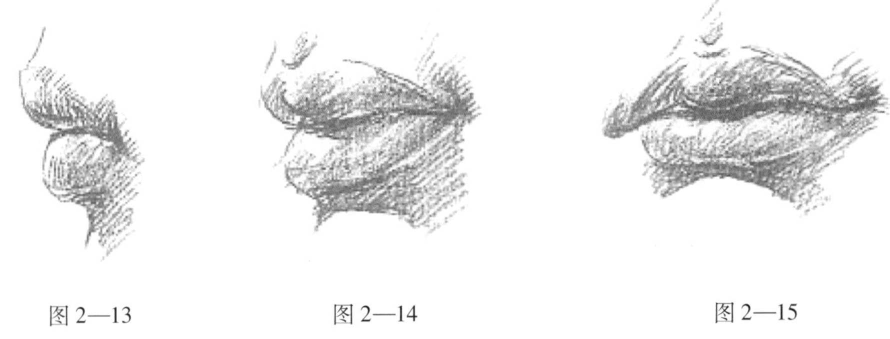

图 2—13　　图 2—14　　图 2—15

### 4. 耳朵的画法

耳朵在头部的两侧，长度与鼻子相等，其宽度为长度的 1/2，耳朵由外耳、中耳和内耳组成。和发型有关的是外耳，外耳由耳郭和外耳道组成。耳郭由耳轮、耳屏和耳垂三部分组成。只需花些时间研究，了解耳朵的组织构造就可很容易画好耳朵。步骤如图 2—16、图 2—17、图 2—18 所示。

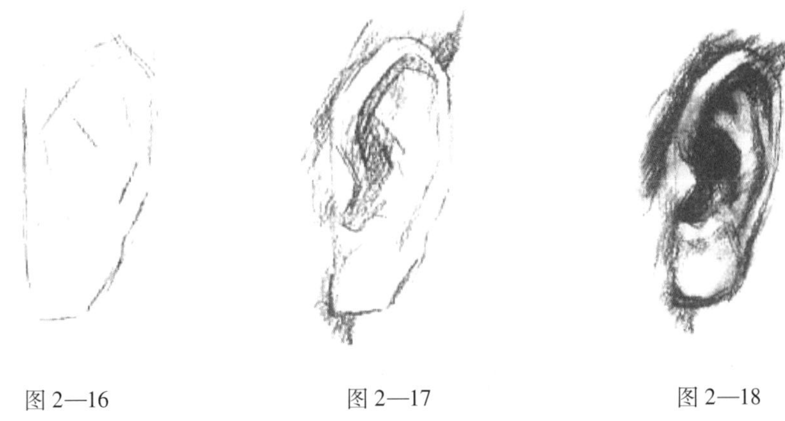

图 2—16　　图 2—17　　图 2—18

**注意事项**

（1）在描绘人物面部时，要确定好眼睛、鼻子、嘴巴、耳朵的位置。

（2）注意用笔的轻重和深浅。

## 第2节　发型绘画

### 学习目标

● 掌握素描绘画技术，能绘制长发、短发、直发、卷发及盘发。

### 知识要求

### 一、线条在素描中的作用

每当看到一幅美妙的发型素描图案时，从中会发现图案是由许许多多的各种线条组成的，其中有直线条（包括横线条、斜线条）、曲线条（包括弧线条）等。线条在素描中的作用是相当重要的，线条可以反映出物体的细节，例如方向、深浅、层次、卷曲、斜横的各种形态和延伸的始末，点面的交叉连接在简单的线条运作过程中，其作用是体现素描作品的整体物象效果和立体感，没有线条就没有图案。

### 二、直线条在发型素描中的效果

直线条在发型素描中所起到的效果是流畅的、延伸的，特别在画直发的时候，直线描述了直发的丝纹、发流的清晰、延伸的流畅和发梢飘逸的感觉及动态效果，因为是直线所以体现出直发的质感和发性的特征，如果采用曲线来画直发，那直发的感觉和直发的质地就完全体现不出来，反而会与直发的特征相反，所以在画发型素描时首先要明确其头发及发型的特点，然后再采用不同的线条勾画、体现其发型素描效果图，直发的线条一定是采用直线条的画法，这样才能真实反映出直线条在发型中的效果。

### 三、曲线条在发型素描中的效果

曲线条在绘画发型时，一般都是用于画卷发或者波浪发型，假如采用直线条那就不合理了。曲线条的运用完全是由头发的卷曲程度、花型的大小、弧形的角度、卷发的波浪和经典波纹所决定的。通过曲线的绘画可以使发型呈现出卷发造型的卷曲效果，所以曲线应该用于卷发的造型，这样效果才有真实感。

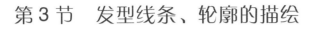

## 第 3 节　发型线条、轮廓的描绘

### 学习目标

● 用素描来表达所构思的发型线条和轮廓。

### 知识要求

#### 一、线条与发型设计的关系

在用素描绘画发型时，除了要画好脸部之外，更重要的是要画好发型，而在画整个发型时不但要画出美发师所设计的发型（长短、层次结构），还要把线条轮廓画出来。其实用素描所画的发型，都是以曲和直两种线条来呈现的。在画线条时一定要画出线条的流向及长短，线条的流向体现发型的方向，线条的长短可以体现发型的层次感及纹理形状，这样发型的层次、线条、轮廓也就出来了。

#### 二、发型素描的线条和轮廓

发型是以轮廓为起点，包括内轮廓和外轮廓。然而在用素描画发型的过程中，通常都画的是外轮廓，在勾画轮廓时一般用到的大都是曲线（弧线），因为头型具有弧度，所以在画头发轮廓时都按照头型的形状进行描绘。画外轮廓在整个发型的绘画中是很重要的，因为只有明确了外轮廓才能确定内轮廓的各种描绘。采用各种线条把发型轮廓内的头发的流向、卷曲程度、层次明暗程度一一画出来，最后才能形成一幅完整的素描发型效果图。

### 技能要求

**直发正、侧面的绘画**

**操作准备**

（1）准备纸和笔。

（2）了解和观察顾客原有的头发。

**操作方法**

1. 先将正面短发发型的外轮廓勾画好，如图 2—19 所示。美发师在描绘短

发发型的时候，应对其设计的短发发型有初步的内心描述并对其短发发型外轮廓的形态、弧度、纹理、结构形式及边线形状有所了解，然后进行有步骤的描绘，把短发发型的头发层次、流向、丝纹特点描绘出来，使其显得有立体感。

2. 再根据短发发型的线条和走向用弧线进行勾画（见图2—20）。

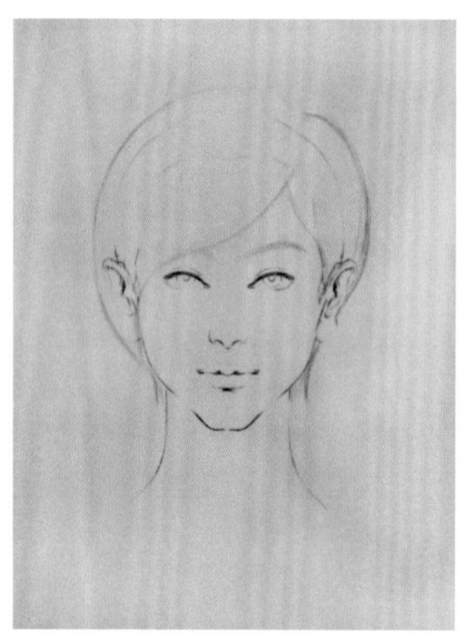

图2—19

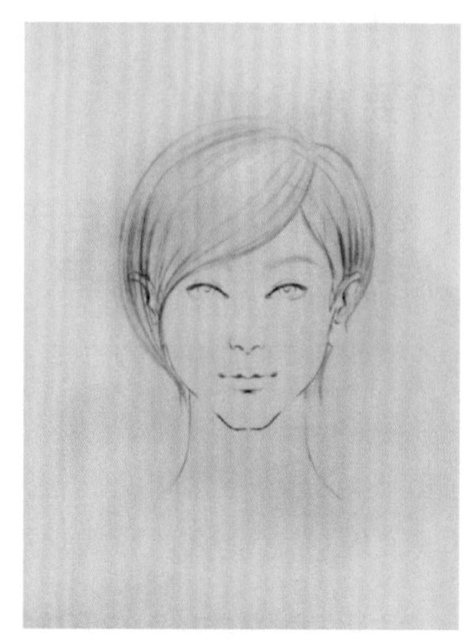

图2—20

3. 着重画出短发发型的明暗度（层次感）及正面效果（见图2—21）。

4. 先将侧面短发发型的外轮廓勾画好，如图2—22所示。

图2—21

图2—22

5. 根据短发发型的线条和走向用弧线进行勾画，如图 2—23 所示。

6. 着重画出短发发型的明暗度（层次感）及侧面效果，如图 2—24 所示。

图 2—23

图 2—24

**注意事项**

（1）注意在画短发发型时，要刻画其轮廓和形状。

（2）画出短发发型的发丝和流向。

（3）画出头发的深浅、明暗的层次感。

## 卷发正、侧面的绘画

**操作准备**

（1）准备纸和笔。

（2）了解和观察顾客原有的发型。

**操作方法**

在描绘卷发时一定要注意头发的流向、形状、动态、发梢的参差程度、明暗过渡及整个发型的轮廓结构，这样才能把卷发的形状特点描绘得自然和流畅。先把脸型的轮廓画好，再把头发的外轮廓画好，然后再进行头发面的描绘。卷发有其弧度，直发有其线条，要将头发的起伏感画出来。

1. 先将正面长发发型的外轮廓勾画好，如图2—25所示。

2. 根据长发发型的线条和卷曲走向，用曲线画法进行勾画，如图2—26所示。

图2—25

图2—26

3. 着重画出长发发型卷曲的明暗度（层次感），长发发型卷发的正面效果如图2—27所示。

4. 将侧面发型的外轮廓勾画好，如图2—28所示。

图2—27

图2—28

5. 根据长发发型的线条和卷曲走向，用曲线进行勾画，如图 2—29 所示。

6. 着重画出长发发型卷曲的明暗度（层次感），侧面效果如图 2—30 所示。

图 2—29

图 2—30

### 注意事项

（1）长发的卷直是弧度和直线的区别。

（2）长发要画出飘逸感。

## 盘发正、侧面的绘画

### 操作准备

（1）准备纸和笔。

（2）了解和观察顾客原有的头发。

### 操作方法

在画盘发时，首先要构思这款发型集束点的位置，再根据集束点的部位，描述盘发时头发的流向、丝纹、两侧头发往后的集束点，一般会在盘发时采用直线和弧线来完成。后部头发应朝上聚集，正面刘海儿可采用斜线和弧线来画，特别在画头顶部球状的头发时，应采用弧线绘画，球状头发的两端应用明暗手法来表示球体的立体感，弧线的运用可以体现球体的深浅层次，任何球体两端（两点）的中间是最高点，因此在绘画球体两端时，应由深到浅过渡至中间，这样球体就

呈现出来了，所以在线条中弧线的运用是主要的。

1. 先将正面盘发的外轮廓勾画好，如图 2—31 所示。

2. 然后根据盘发的线条和走向用弧线进行勾画，如图 2—32 所示。

图 2—31

图 2—32

3. 着重画出盘发的明暗度（层次感），正面效果如图 2—33 所示。

4. 将侧面盘发的外轮廓勾画好，如图 2—34 所示。

图 2—33

图 2—34

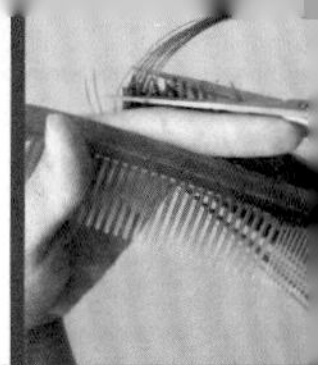

5. 根据盘发的线条和走向用弧线进行勾画，如图 2—35 所示。

6. 着重画出盘发的明暗度（层次感），侧面效果如图 2—36 所示。

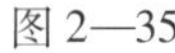

图 2—35

图 2—36

**注意事项**

（1）在画发型素描前应该选择好铅笔型号。

（2）充分掌握和计算好每一等份的距离。

（3）画出球体的立体感及明暗效果。

## 测 试 题

### 一、填空题（将正确的答案填在横线空白处）

1. 素描与发型的关系，一般说素描是________，发型是成果；素描是________，发型是最终的表现。

2. 黑与白主要是指画图中________分布的情况。

3. 人物绘画对于美发师应视为人物的________效果表现图。

4. 美发师绘画的效果图，主要可以分为两大步骤：一是________的刻画；二是________的描绘。

二、单项选择题（选择一个正确的答案，将相应的字母填入括号中）

1. 正确运用线条组合形成在发型设计中具有________。

A. 决定作用　　B. 调和作用　　C. 定型作用

2. 画眼睛的正确位置应该是在眼线上平均的________。

A. 四等份　　B. 五等份　　C. 六等份

三、判断题（请将判断结果填入括号中，正确的填“√”，错误的填“×”）

1. 美发师学习素描仅是为了绘制发型效果图。（　）
2. 发型构图是发型设计的核心。（　）
3. 自己熟悉习惯的比例关系就是黄金定律。（　）
4. 人的面部结构符合“三庭五眼”者被称为五官端正。（　）
5. 在画头发时应该先画脸部五官再画头发。（　）

## 测试题答案

一、填空题

1. 设计　前因　2. 黑白　3. 美容美发　4. 面部　发型

二、单项选择题

1. A　2. B

三、判断题

1. ×　2. √　3. ×　4. √　5. ×

# 第 3 章　发型修剪

## 第1节　男发修剪

### 学习目标

- 了解各类男式发型的基本概念、质量标准。
- 熟知修剪中角度提拉变化与层次的关系。
- 掌握各类男式发型的修剪技法。

### 知识要求

### 一、男式发型的基本概念

#### 1. 男式短发类平头式的基本概念

男式短发类平头式又称平顶头或小平头。平头式的特点主要体现在：

（1）平头式的外形轮廓。平头式的外形轮廓呈方形，顶部、左右两侧的表面为三个平面，正面外轮廓线由三条近似直线组成，顶部的外轮廓线为水平直线，两侧面外轮廓呈直线，至两耳上略向内收，也可略有弧度。侧面外轮廓线（前额正中至后颈部正中）由圆弧形线条构成，两侧与顶部相交处（以下称四周轮廓处）可用小圆角相连。

（2）平头式的发式轮廓线。平头式属于短发类发式，其发式轮廓线位置略高于短长式发式的轮廓线，具体差别是向两侧延伸的线端比短长式略高一些。

（3）平头式顶部的留发长度。平头式顶部的留发长度一般较短，四周轮廓处的头发比顶部留发要略长一些，顶部的头发推剪成平形。平头式依据顶部头发的长度，又分为大平头、小平头两种。

（4）平头式的色调。平头式的色调幅度大、面积大，两侧和后颈部头发较短、无痕，后颈部的基线在发际线至枕部的范围，基线接头精细无痕，色调匀称。

平头式给人的感觉是发型整洁、凉爽、阳刚、时尚（见图3—1、图3—2）。

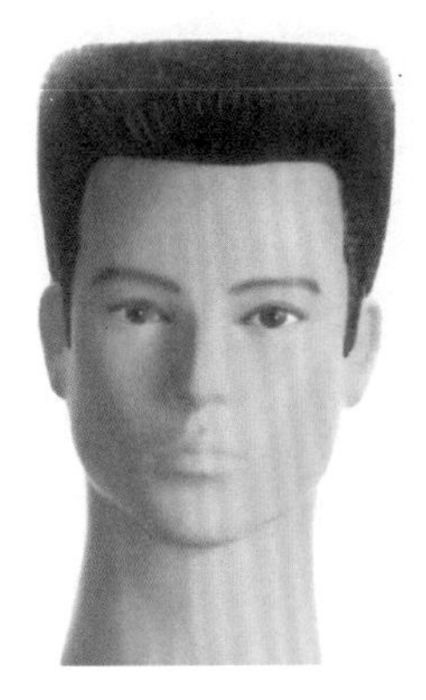

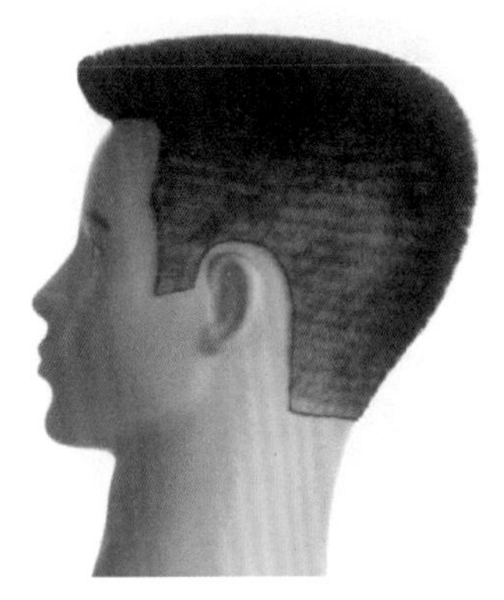

图3—1　平头式正面　　图3—2　平头式侧面

### 2. 男式短发类圆头式的基本概念

男式短发类圆头式又称圆顶头或小圆头。圆头式的特点主要体现在：

（1）圆头式的外形轮廓。圆头式的外形轮廓呈圆弧形，顶部、左右两侧的表面为圆弧面，正面外轮廓线由三条圆弧形线条组成，侧面外轮廓线（前额正中至后颈部正中）由圆弧形线条构成。

（2）圆头式的发式轮廓线。圆头式属于短发类发式，其发式轮廓线位置略高于短长式的轮廓线，具体差别是向两侧延伸的线端比短长式略高一些。

（3）圆头式顶部的留发长度。圆头式顶部的留发长度一般较短，四周轮廓处的头发比顶部留发略短些，顶部的头发推剪成圆弧形。圆头式依据顶部头发的长度，又分为大圆头、小圆头两种。

（4）圆头式的色调。圆头式的色调幅度大、面积大，两侧和后颈部头发较短、无痕，后颈部的基线在发际线至枕部的范围，基线接头精细无痕，色调匀称。

圆头式给人的感觉是发型整洁、凉爽、阳刚（见图3—3、图3—4）。

### 3. 男式短发类平圆头式的基本概念

男式短发类平圆头式是平头式与圆头式的结合，顶部短发呈平圆形。平圆头式的特点主要体现在：

（1）平圆头式的外形轮廓。平圆头式的外形轮廓以方为主，方圆结合，顶部表面为近似水平面，左右两侧的表面为两个圆弧面，正面外轮廓线由圆弧线与

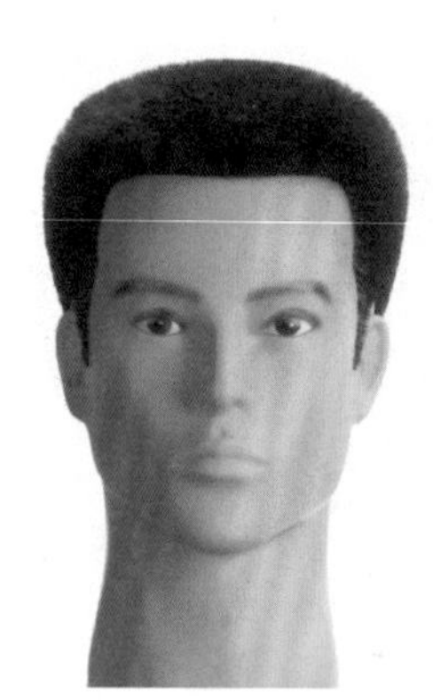

图3—3　圆头式正面

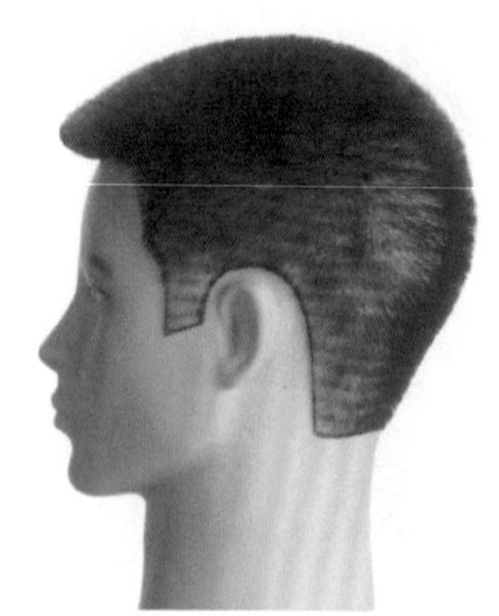

图3—4　圆头式侧面

直线构成，顶部的外轮廓线为水平状弧线，两侧面外轮廓呈直线形并略带弧形向顶部内收，两侧与顶部相交处以圆弧线相连，侧面外轮廓线（前额正中至后颈部正中）由圆弧形线条构成。

（2）平圆头式的发式轮廓线。平圆头式属于短发类发式，其发式轮廓线位置略高于短长式的轮廓线，具体差别是向两侧延伸的线端比短长式略高一些。

（3）平圆头式顶部的留发长度。平圆头式顶部的留发长度一般较短，四周轮廓处的头发比顶部留发要略长一些，顶部的头发推剪成平圆形。

（4）平圆头式的色调。平圆头式的色调幅度大、面积大，两侧和后颈部头发较短、无痕，后颈部基线在发际线至枕部的范围，基线接头精细无痕，色调匀称。

平圆头式给人的感觉是发型整洁、凉爽、阳刚（见图3—5、图3—6）。

图3—5　平圆头式正面

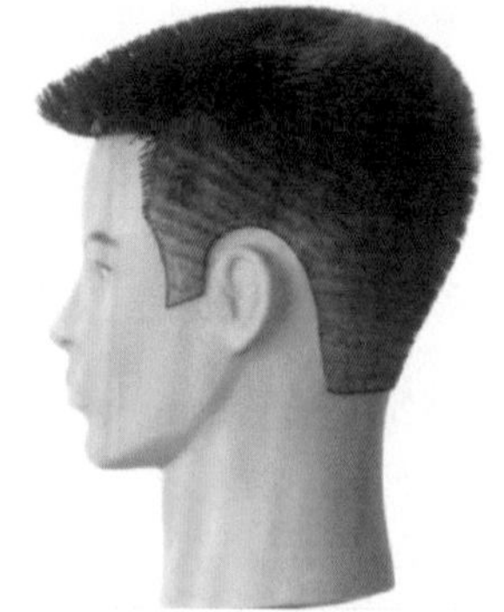

图3—6　平圆头式侧面

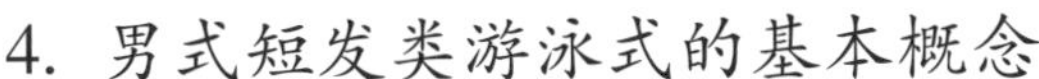

### 4. 男式短发类游泳式的基本概念

男式短发类游泳式是在平圆头的基础上演变而成的发式，顶部头发比平圆头式要长些。游泳式的特点主要体现在：

（1）游泳式的外形轮廓。游泳式的外形轮廓呈饱满的圆弧形，顶部、左右两侧的表面为较饱满的圆弧面，正面外轮廓线由三条较饱满的圆弧形线条组成，两侧与顶部相交处以饱满的圆弧线相连，侧面外轮廓线（前额正中至后颈部正中）由饱满的圆弧形线条构成，线条简洁明快。

（2）游泳式的发式轮廓线。游泳式属于短发类发式，其发式轮廓线位置相当于中长式的发式轮廓线，即两鬓角经两耳上至后枕部。

（3）游泳式顶部的留发长度。游泳式顶部的留发长度一般较短，四周轮廓处的头发比顶部留发要略长一些，顶部的头发推剪成饱满的圆弧形，前额的头发可略长些。

（4）游泳式的色调。游泳式的色调幅度大、面积大，两侧和后颈部头发层次较低，色调较深，后颈部的基线在发际线之上，色调饱满匀称，有透明感。

游泳式给人的感觉是短发体现出长发的感觉，发型整洁、凉爽、活泼、自然、阳刚、时尚（见图3—7、图3—8）。

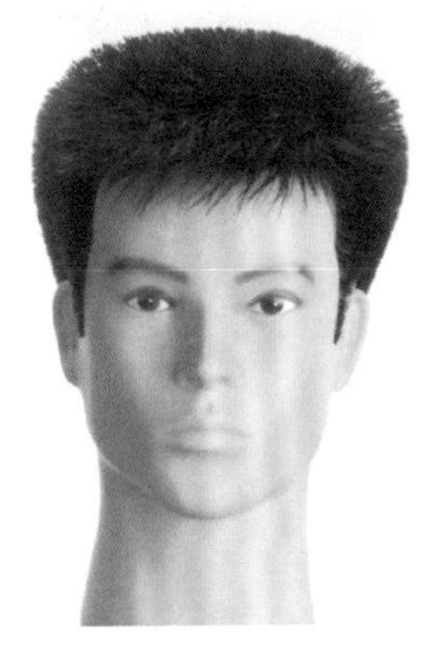

图3—7　游泳式正面

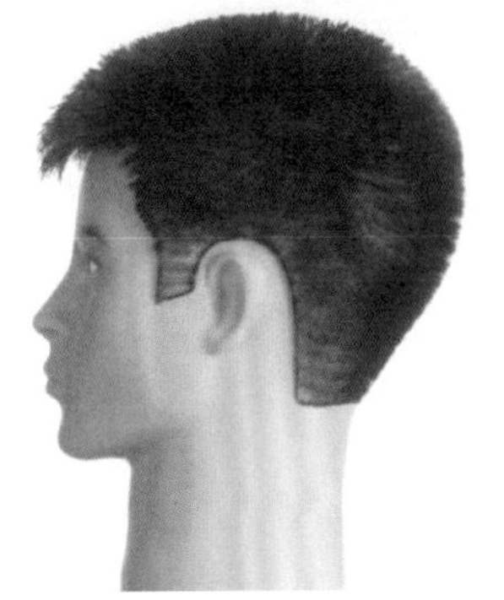

图3—8　游泳式侧面

### 5. 时尚短发式综合修剪技术和概念

时尚短发式不同于古典和传统的发式，美发师必须在以往的技术和概念的基

础上，对时尚短发式的综合概念有充分的认识，要有新的突破、新的理念，能引领当时的潮流趋势。修剪的发式要让当时的部分人接受，并能逐步地影响更多的人，推动趋势向纵深发展，在发展的过程中不断进步，形成时尚潮流。许多发式就是在这一过程中经过演变而形成的。

时尚短发式的形成离不开综合修剪技术和概念。时尚短发式综合修剪技术和概念看似简单，但实际并非如此。男士的短发同样可以千变万化，其修剪技术和工序同样可以变化多端，修剪的发式同样可以影响人们的生活，冲击人们的视觉，刺激发型设计者进一步提高修剪技术，这就是发式研究者追求的目标。

男士时尚短发式可以是卷发、直发，局部的发长落差可以很大，头发的颜色可以是各种色彩以突出时尚的气息，不管怎么变化，保持时尚不失稳重，使简单的短发显得干脆、利落，体现男士的帅气与时尚、精神与魅力是其核心（见图3—9、图3—10）。

图3—9　时尚短发式正面

图3—10　时尚短发式侧面

### 6. 时尚中长发式综合修剪技术和概念

时尚中长发式综合修剪技术和概念与时尚短发式有所不同。首先留发的长度要长，头发长度的变化促使了综合修剪技术和概念也要同步变化；其次，美发师对时尚中长发式综合概念的认识、当时的潮流趋势、修剪的发式都要有所改变；最后，修剪的发式让当时的部分人接受，并能逐步地影响更多的人，在发展的过程中不断进步，形成时尚潮流，推动趋势向纵深发展。

男士时尚中长发式综合修剪技术和概念比时尚短发式的修剪技术和概念变化

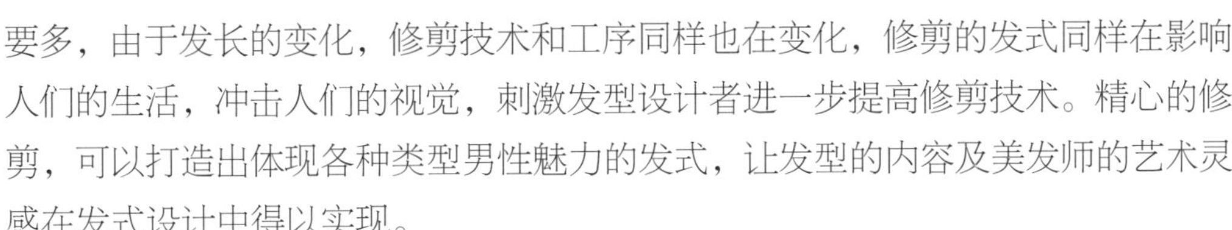

要多，由于发长的变化，修剪技术和工序同样也在变化，修剪的发式同样在影响人们的生活，冲击人们的视觉，刺激发型设计者进一步提高修剪技术。精心的修剪，可以打造出体现各种类型男性魅力的发式，让发型的内容及美发师的艺术灵感在发式设计中得以实现。

时尚中长发式的头发长度比短发式有所增加，这也拓展了发式研究者的创作思维，使修剪技术和概念有新的变化。时尚中长发式顶部的头发长，蓬松度可以塑造得高些，使男士看似凌乱的发丝，显得空气感十足，对头部两侧的头发进行修剪，露出了男士干净的鬓角和双耳，显得整洁干净，加上夸张手法的运用更显得发式绚丽多彩，让男士帅气的脸庞得以展现。男士时尚中长发式将发型的发质、层次、审美与脸型及梳理流向充分地体现出来，尽显男士的阳刚和帅气（见图3—11、图3—12）。

图3—11　时尚中长发式正面

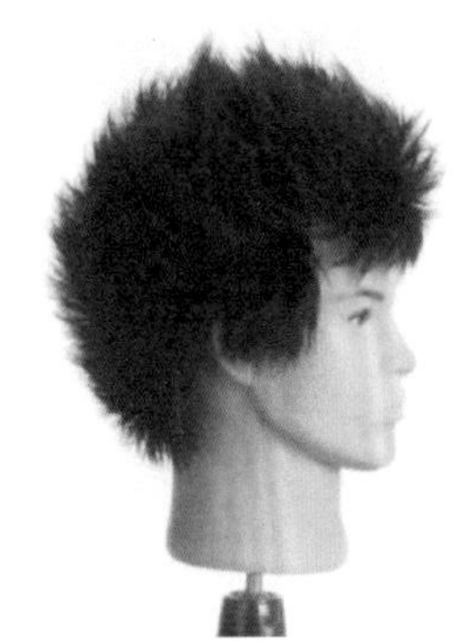

图3—12　时尚中长发式侧面

### 7. 时尚长发式综合修剪技术和概念

时尚长发式与时尚中长发式在留发的长度上有很大的变化，其综合修剪技术和概念与中长发及短发相比有质的不同。时尚长发式或超长发式不再是女士的专利，女士的许多发式给男士的长发式提供了更多的修剪技术和理念的参考。男士长发也可掀起一股时尚的潮流，一款时尚帅气的发型就能体现另类男士的时尚气息。运用长发修剪技术时，顶部不宜修剪得过短或过薄，否则会影响扎发，下部发束削得太薄会影响造型，所以对时尚长发式综合修剪技术和概念更要有创意性的突破，进行层次修剪时宜低不宜高，各部分发量和动感度要适当，进行浅度的下部削薄，让时尚长发式综合修剪技术和概念在发型中得到更好的体现。

男士长发能更好地展现十足的男人味和艺术气息。想要打造出温文尔雅的男性魅力，男士烫发已经不是什么秘密。其烫发的品种和样式繁多，烫后的卷曲发丝更具可塑性，可以更完美地打造出男士时尚帅气的发型，给人一种流动的感觉，增添了男性的魅力（见图3—13、图3—14）。

图3—13　时尚长发式正面

图3—14　时尚长发式侧面

### 8. 无缝推剪发式综合修剪技术和概念

无缝推剪发式是在传统发式的基础上略有变化的一种发式，区别于时尚发式中夸张效果，这种发式不具备随意性和创作性，必须在传统发式的范畴内有所变化。主要变化是修剪时不强调色调的高度和发际线边缘的接头精细度。无缝推剪发式最能体现操作者运用修剪技术和概念的基本功底，专业上通常把这款发式作为考核的标准发式或比赛的定款发式。由于这款发型是美发师的基础发型，在实际操作中要把握一定的操作技巧，明确修剪和推剪（轧剪）都是制造色调、层次、边线外形效果的手段，合理正确地区别应用工具：修剪时以剪刀、削刀为主，推子为辅；推剪时，以推子为主，剪刀、削刀为辅，三者不能截然分开。这款发式以修剪为主，枕骨以上的头发要长些，否则不利于吹塑造型，枕骨以下、颈侧部、耳后部、耳上部及鬓部无须色调，假如需要色调那也是很低的，否则会影响造型的饱满度和润度。在平时的生活中，一般发式层次低的比层次高的好打

理，这也是众多男士的首选发型（见图3—15、图3—16）。

图3—15　无缝推剪发式正面

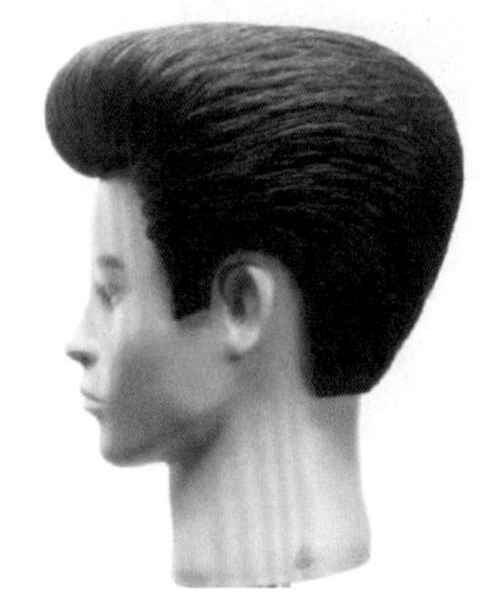

图3—16　无缝推剪发式侧面

### 9. 男式低色调波浪式的基本概念

（1）男式低色调波浪式的外形轮廓。男式低色调波浪式的外形轮廓呈方中带圆的饱满状圆弧形，顶部、左右两侧的表面为较饱满的自然圆弧面。正面外轮廓线由三条较饱满的圆弧形线条组成，两侧与顶部相交处以饱满的圆弧线相连，侧面外轮廓线（前额正中至后颈部正中）由饱满的圆弧形线条构成，线条简洁明快。

（2）男式低色调波浪式的发式轮廓线。男式低色调波浪式属于长发类发式，该发型为低色调发型，故其发式轮廓线位置应低于长发式的发式轮廓线，即在两鬓角以下经两耳上至后枕骨下。

（3）男式低色调波浪式的留发长度。男式低色调波浪式顶部的留发长度一般在6～8 cm，四周轮廓处的头发比顶部留发要略短一些，将顶部的头发修剪成参差层次，前额的头发可略长些。

（4）男式低色调波浪式的色调。男式低色调波浪式发型为低色调，其后颈部色调幅度大于1 cm，小于2.5 cm。该发型的色调幅度低、面积小，两侧和后颈部头发层次较低，色调较深，后颈部的基线在发际线处，色调饱满匀称，有透明感，两耳部可以无色调或浅色调。

男式低色调波浪式发型给人的感觉是造型优美、线条流畅、极富动感（见图3—17、图3—18、图3—19、图3—20）。

图3—17　男式低色调波浪式正面

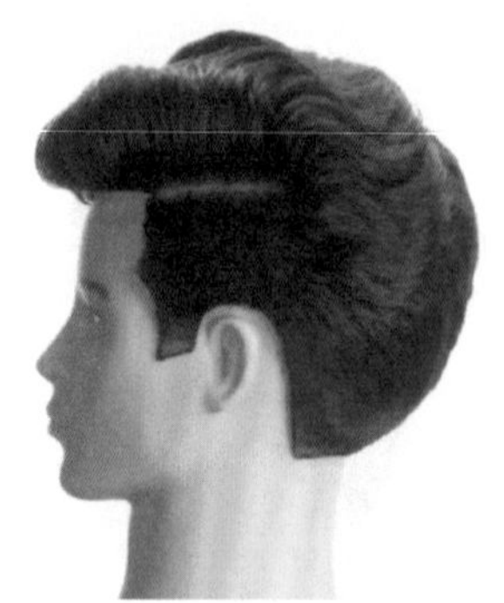

图3—18　男式低色调波浪式左侧面

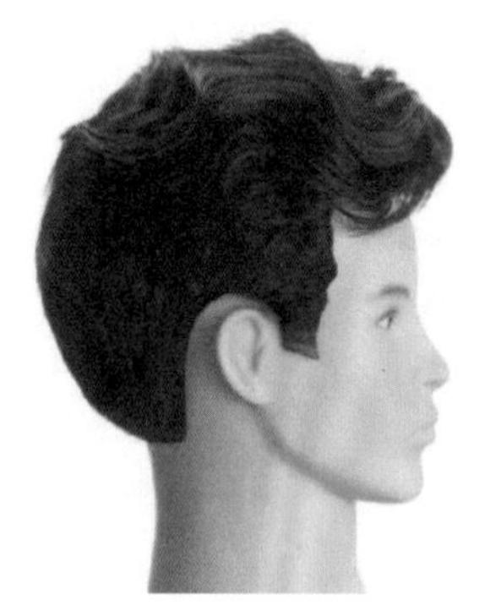

图3—19　男式低色调波浪式右侧面

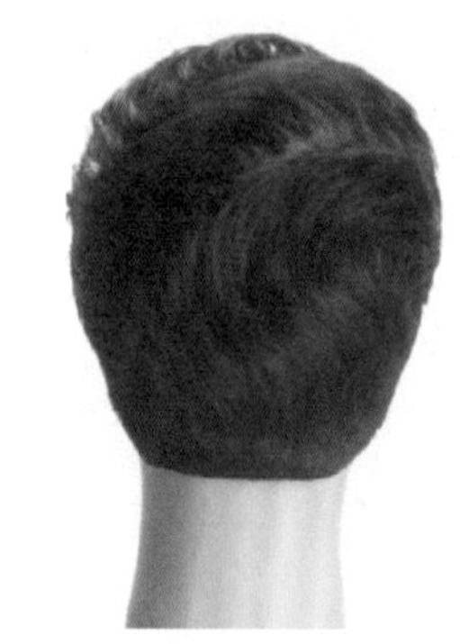

图3—20　男式低色调波浪式后面

## 二、修剪与提拉角度、层次变化的关系

### 1. 修剪与提拉角度的关系

在发式修剪过程中，无论是水平分份发片，还是垂直分份发片，或者斜向分份发片都会有头发提拉角度的要求，而头发提拉角度的大小是根据发式层次变化的需要确定的。头发层次要求轻盈则提拉角度加大，头发层次要求厚重则提拉角度减小，头发层次要求圆润则提拉角度适中。

### 2. 提拉角度与层次变化的关系

发片的提拉角度是制造各种层次的基本要素，决定着发型轮廓的形状、量感的分配和纹理的动静等。在修剪时，发片提拉角度上升或下降，都会直接影响到层次的变化，如角度大于90°，头发会显得轻盈；小于90°，头发会变得厚重；接近90°，头发会平均地分布在头皮上。同样的提拉角度，在不同顾客的头上或不同的头部区域，会产生不同的层次效果。由于顾客的头型、发质、发量、弹性及毛发流向都不尽相同，因此在修剪中，应根据发型的设计要求和顾客的个体条件来确定各部位发片的提拉角度（见表3—1）。

**表3—1　　头发提拉角度与层次的关系**

| 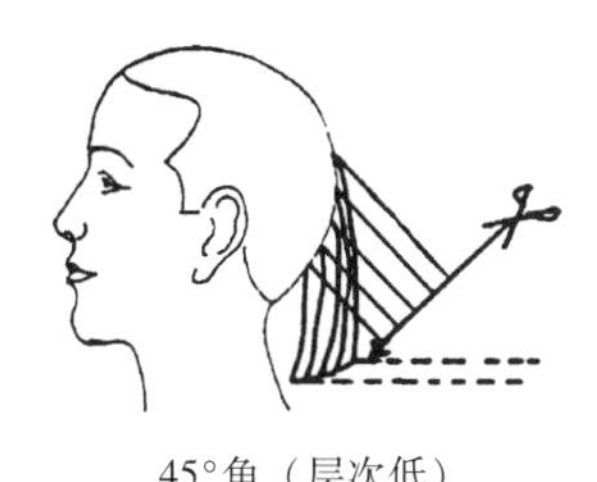 45°角（层次低） | 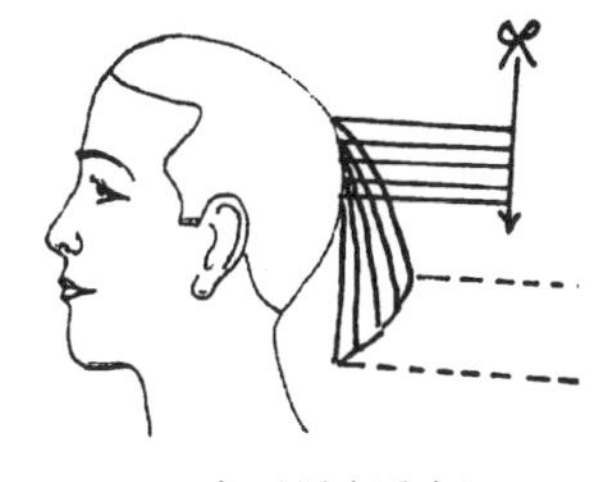 90°角（层次适中） | 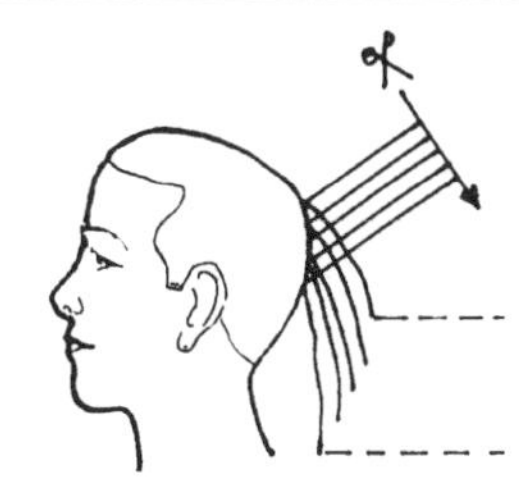 120°角（层次高） |
|---|---|---|

### 3. 剪切角度与层次变化的关系

在发式修剪过程中，剪刀与发片会产生一定的角度，而剪切角度的不同使头发产生的层次不同，即向内斜剪产生低层次，向外斜剪产生高层次，平剪则产生均等层次，不同部位的头发，不同角度的修剪，能形成高低不同的层次。所以，在修剪过程中，一定要根据发式层次的要求，正确掌握剪刀运用的角度（见表3—2、表3—3）。

**表3—2　　内、外斜剪与层次的关系**

| 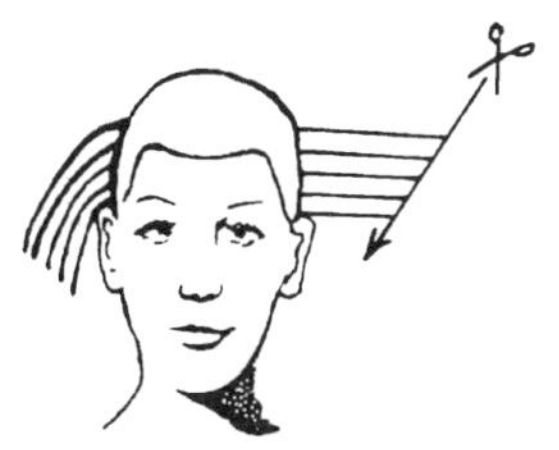 向内斜剪（低层次） | 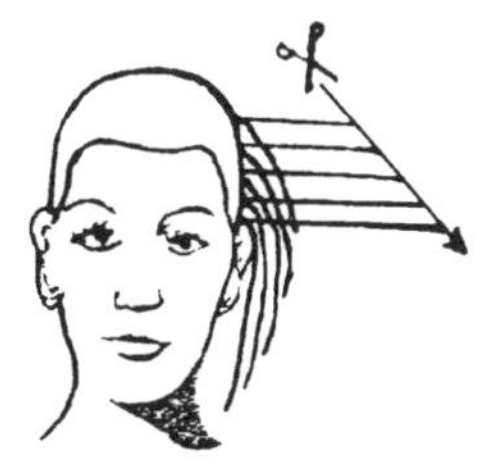 向外斜剪（高层次） |
|---|---|

表3—3　同一部位、不同角度修剪与层次的关系

| 部位名称 | 同一部位、不同角度修剪与层次的关系 | | |
|---|---|---|---|
| 顶部 | | | |
| 后枕部 | | | |
| 侧部 | | | |

综上所述，在发式修剪过程中，必须正确掌握头发的提拉角度和剪切角度。在修剪中，还可以运用角度互补的方法，将提拉角度与剪切角度进行结合使用，以达到发式所要求的层次效果。

## 三、男式平头、圆头、平圆头、游泳式的修剪质量标准

### 1. 平头式的修剪质量标准

两鬓和两耳上、两耳后及颈中部色调均匀，基线接头精细无痕，发型外轮廓

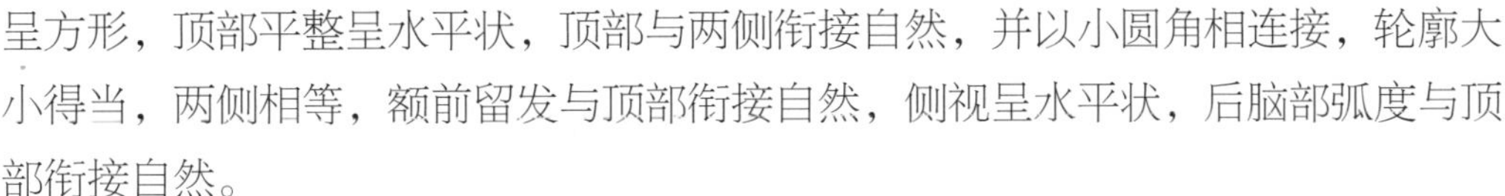

呈方形，顶部平整呈水平状，顶部与两侧衔接自然，并以小圆角相连接，轮廓大小得当，两侧相等，额前留发与顶部衔接自然，侧视呈水平状，后脑部弧度与顶部衔接自然。

### 2. 圆头式的修剪质量标准

两鬓和两耳上、两耳后及颈中部色调均匀，基线接头精细无痕，发型外轮廓呈圆弧形，轮廓饱满圆润，顶部圆润无凹凸，与左右两侧衔接自然圆润，两侧相等，额前弧度处理得当，后脑部弧度与顶部衔接自然。

### 3. 平圆头式的修剪质量标准

两鬓和两耳上、两耳后及颈中部色调均匀，基线接头精细无痕，发型外轮廓以方为主，方圆结合，顶部方圆结合，与左右两侧衔接方圆自然，轮廓饱满，线条流畅自然，两侧相等，额前弧度处理得当，后脑部弧度与顶部衔接自然。

### 4. 游泳式的修剪质量标准

两鬓和两耳上、两耳后及颈中部色调均匀，基线接头精细，发型外轮廓呈饱满的圆弧形，顶部与两侧以饱满的圆弧线相连，衔接自然，线条简洁明快，轮廓饱满圆润得体，两侧相等，前后高低适度，后脑部弧度与顶部衔接自然，额前刘海处理有创意。

## 四、修剪技术中的问题及其解决方法

1. 推剪男式短发发式（指平头、圆头、平圆头、游泳式）时，为什么总是达不到想要的平整和精细色调的过渡？

主要是没有控制好手中的梳子，头发的长度、色调的坡度、前片和后片间的接头都是由梳子控制和调整的，推子只不过是机械性地剪去梳子挑起的头发，只有掌握好了梳子的平衡及角度，才能推剪出满意的发型轮廓和形状。

2. 为什么发式修剪后，粗看还可以，细看总是有这样和那样的问题？

没有合理地发挥镜子的作用，通过镜子可以发现顶部的平整度、两侧的对称性。白色工作服的衬托更能使美发师一目了然，从而合理地调整和修复修剪不足的地方。

3. 为什么不是很能接受时尚发式的样子和修剪的方法及操作的动作？

思维要跳出固化和传统的框架，在平时的生活中多读、多看、多想、多接触时尚的事和物，从思想上接受时尚，随着时间的推移，就会自然地接受了。充分的接受和体会，才能享受时尚带来的新思维、新理念、新方法和新快乐。

4. 为什么无缝推剪发式轮廓总是修剪不好？

刘海头发自然下梳到鼻部，在鼻孔中线处平剪以确定长度，刘海长度在10 cm以上，千万不要夹拉发片至鼻孔部下刀，否则松开发片后头发会向上缩回而变短。顶部头发拉起后与地面水平剪至枕后部，一定要定好这片发式的中轴线。横剪顶中部发片时，以中轴线“十”字平行修剪，横剪顶右或左侧上部时要有弧度，中轴外沿发长要短于顶中部头发，横剪右或左侧下部时要呈三角修剪。顶部和刘海的发梢去薄量要少，侧部和后发际线以上的去薄量比其他部位略多些。发际线边缘切线要干净，色调幅度要低或向无色调过渡，片与片之间一定要使过渡衔接好，修剪出方中带圆的外轮廓。

## 技能要求

### 平头式的修剪技法

**操作准备**

（1）推剪操作前准备好以下工具和用品：围布、干毛巾、围颈纸、电推剪、中号梳、小抄梳、剪刀、牙剪、掸刷等。

（2）披上干毛巾。

（3）围上围颈纸。

（4）围上大围布。

（5）用梳子将头发梳通、梳顺，同时观察毛发流向、头部有无疤痕等。

**操作步骤**

平头式的操作程序为：由右至左，由下而上。由右至左即推剪右鬓部→推剪右耳后侧→推剪后颈部→推剪左耳后侧→推剪左鬓部；由下而上即先推剪色调（按由右至左的程序进行操作），再推剪四周轮廓（按由右至左的程序进行操作），最后推剪顶部，可由前向后、由后向前、由右至左、由左向右。平头式修剪前的原型如图3—21所示。

**步骤1**　用中号梳配合电推剪贴近头皮从右鬓部由下而上推剪至四周轮廓处

（骨梁区），推剪出平头式色调初样，以相同的方法依次推剪右耳上、右耳后侧、后颈部、左耳后侧、左耳上、左鬓部，推剪色调初样（见图 3—22）。

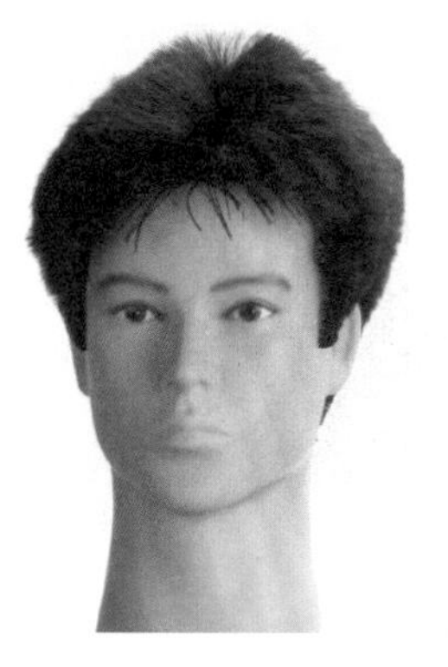

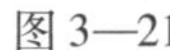

图 3—21

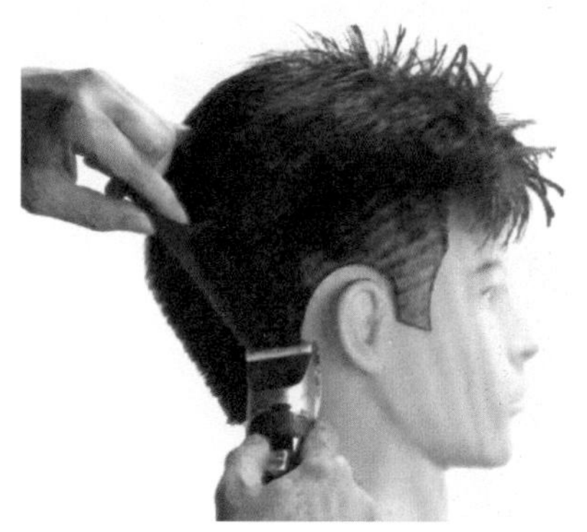

图 3—22

**步骤 2** 用小抄梳配合电推剪贴近头皮在右鬓部由下而上推剪至四周轮廓处（骨梁区），以推剪出平头式的右鬓部色调、轮廓，以相同的方法依次推剪右耳上、右耳后侧、后颈部、左耳后侧、左耳上、左鬓部的色调、轮廓（见图 3—23）。

**步骤 3** 端平中号梳并插入前额头发，确定好顶部留发的长度，用电推剪由前向后推剪至顶部（见图 3—24）。

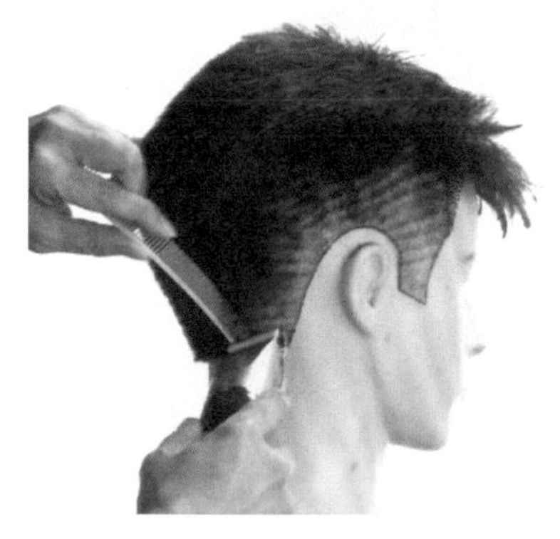

图 3—23

图 3—24

**步骤 4** 端平中号梳并插入后顶部头发，确定好顶部留发的长度，用电推剪由后至前推剪前额部（见图3—25）。

**步骤5** 端平中号梳并插入右侧顶部头发，确定好顶部留发的长度，用电推剪由右至左推剪至左侧顶部（见图3—26）。

图3—25

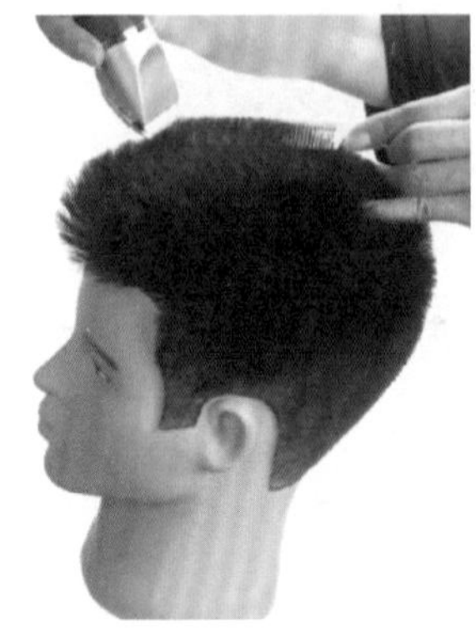

图3—26

**步骤6** 端平中号梳并插入左侧顶部头发，确定好顶部留发的长度，用电推剪由左至右推剪至右顶部（见图—27）。

**步骤7** 端平中号梳并插入后顶部头发，确定好后顶部留发的长度，用推剪后枕部至后顶部的轮廓（见图3—28）。

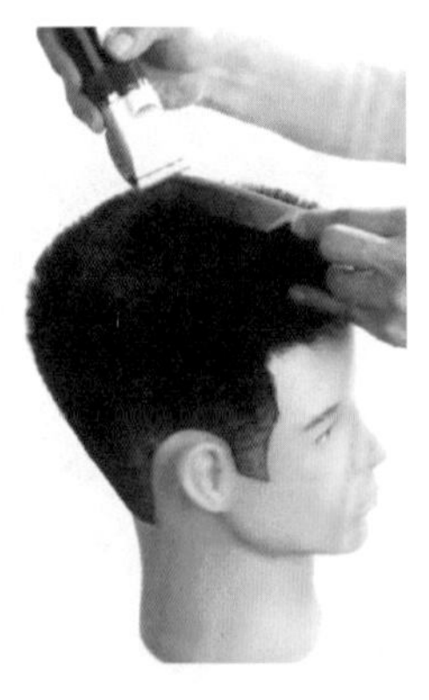

图3—27

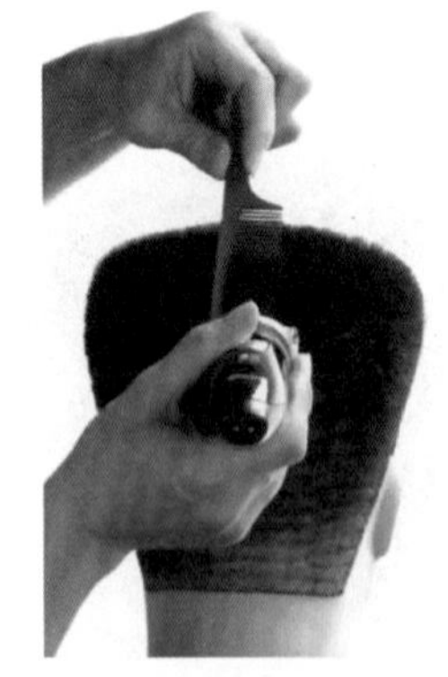

图3—28

**步骤8** 用剪刀垂直托剪法对发式进行修饰调整（见图3—29）。对整个发式进行检查、调整、修饰（见图3—30）。

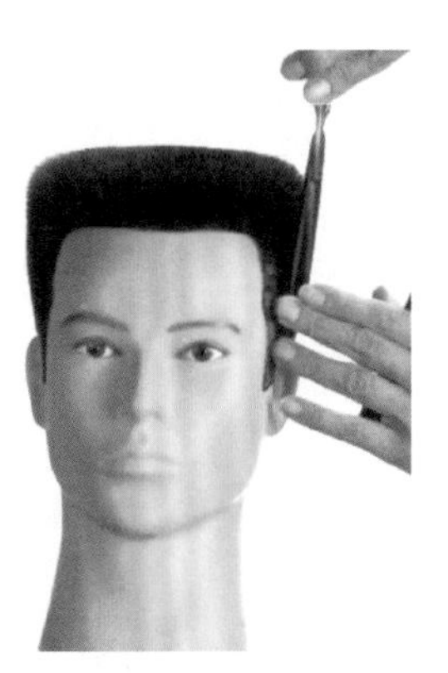

图 3—29

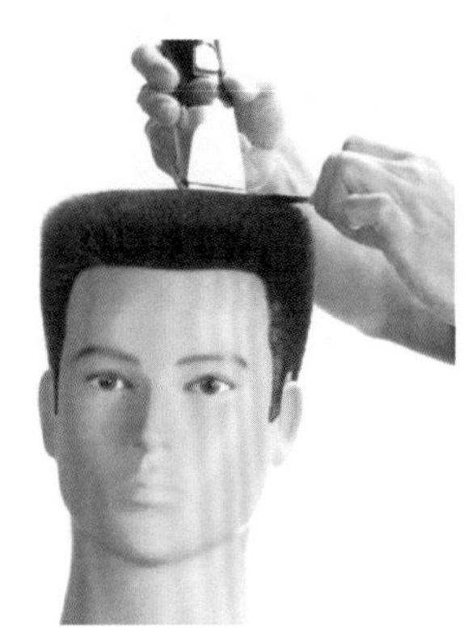

图 3—30

**步骤 9** 操作完成后的平头式正面、侧面效果如图 3—31、图 3—32 所示。

图 3—31

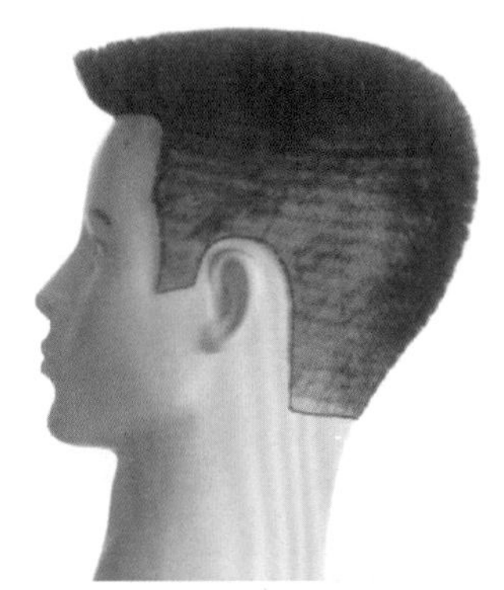

图 3—32

## 注意事项

（1）平头式的顶部、左右两侧的表面应为三个平面。

（2）平头式的正面外轮廓线应由三条直线组成。

（3）平头式的侧面外轮廓线为弧形线条。

## 圆头式的修剪技法

## 操作准备

（1）推剪操作前准备好以下工具和用品：围布、干毛巾、围颈纸、电推剪、中号梳、小抄梳、剪刀、牙剪、掸刷等。

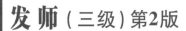

（2）披上干毛巾。

（3）围上围颈纸。

（4）围上大围布。

（5）用梳子将头发梳通、梳顺，同时观察毛发流向、头部有无疤痕等。

**操作步骤**

圆头式的操作程序为：由右至左，由下而上。由右至左即推剪右鬓部→推剪右耳后侧→推剪后颈部→推剪左耳后侧→推剪左鬓部；由下而上即先推剪色调（按由右至左的程序进行操作），再推剪四周轮廓（按由右至左的程序进行操作），最后推剪顶部，可由前向后、由后向前、由右向左、由左向右，圆头式修剪前的原型（见图3—33）。

图3—33

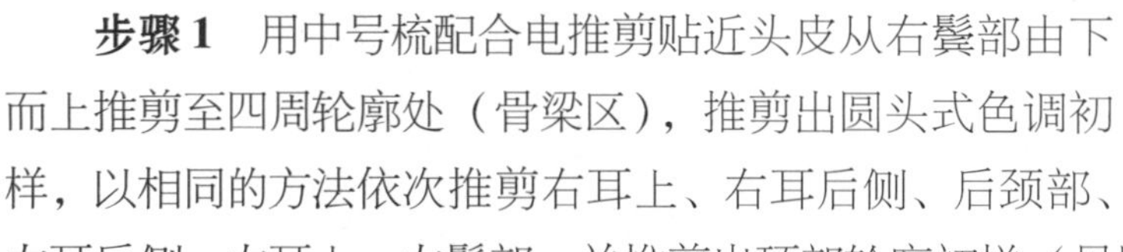

**步骤1** 用中号梳配合电推剪贴近头皮从右鬓部由下而上推剪至四周轮廓处（骨梁区），推剪出圆头式色调初样，以相同的方法依次推剪右耳上、右耳后侧、后颈部、左耳后侧、左耳上、左鬓部，并推剪出顶部轮廓初样（见图3—34、图3—35）。

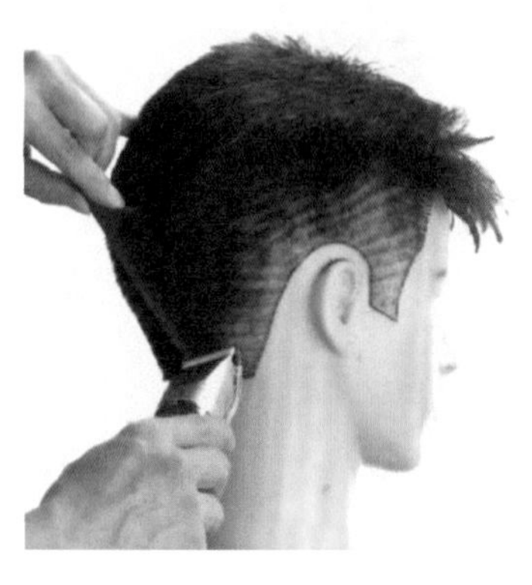

图3—34

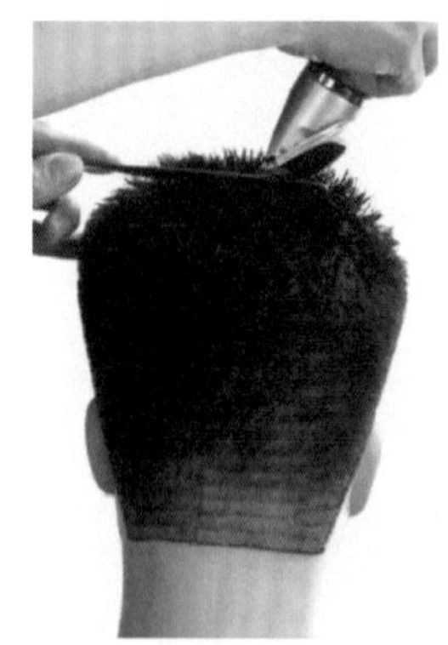

图3—35

**步骤2** 用小抄梳配合电推剪贴近头皮在右鬓部由下而上推剪至四周轮廓处（骨梁区），以推剪出圆头式的右鬓部色调、轮廓。以相同的方法依次推剪右耳上、右耳后侧、后颈部、左耳后侧、左耳上、左鬓部的色调、轮廓（见图3—36）。

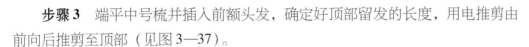

**步骤3** 端平中号梳并插入前额头发，确定好顶部留发的长度，用电推剪由前向后推剪至顶部（见图3—37）。

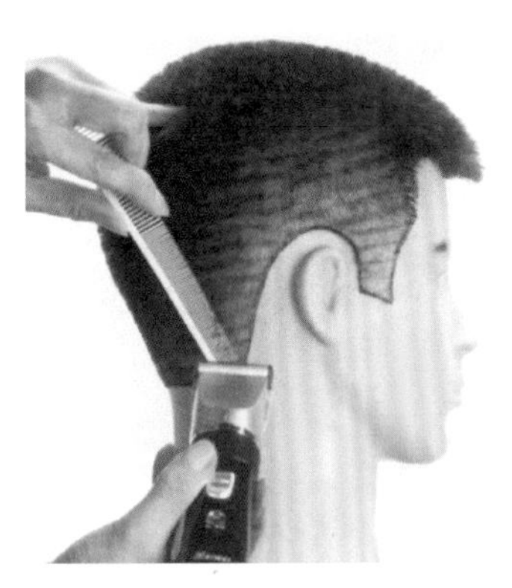

图3—36

图3—37

**步骤4** 端平中号梳并插入后顶部头发，确定好顶部留发的长度，用电推剪由后至前推剪前额部（见图3—38）。

**步骤5** 端平中号梳并插入右侧顶部头发，确定好顶部留发的长度，用电推剪由右至左推剪至左侧顶部（见图3—39）。

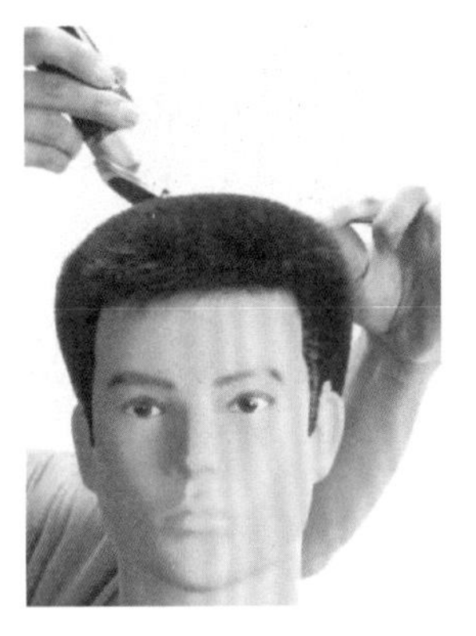

图3—38

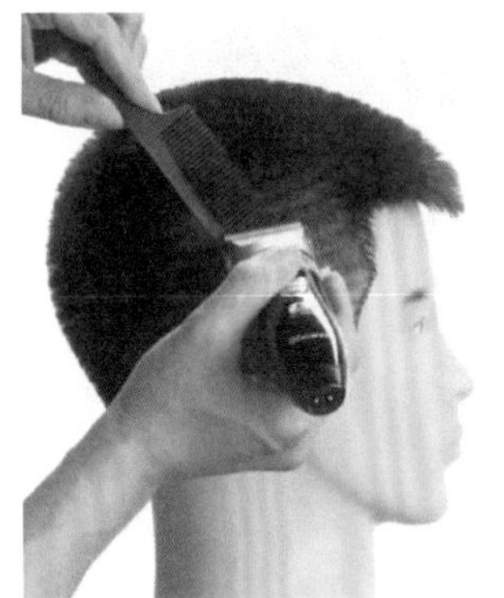

图3—39

**步骤6** 端平中号梳并插入左侧顶部头发，确定好顶部留发的长度，用电推剪由左至右推剪至右顶部（见图3—40）。

**步骤 7** 端平中号梳并插入后顶部头发，确定好后顶部留发的长度，推剪枕部至后顶部（见图 3—41）。

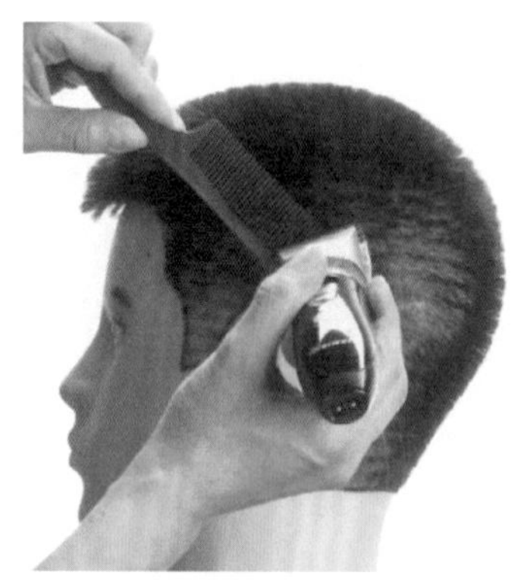
图 3—40

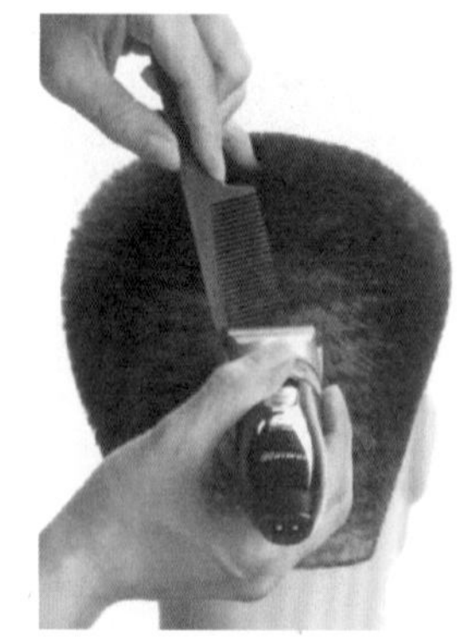
图 3—41

**步骤 8** 用垂直托剪法对整个发式进行修饰调整（见图 3—42）。对整个发式进行检查、调整、修饰（见图 3—43）。

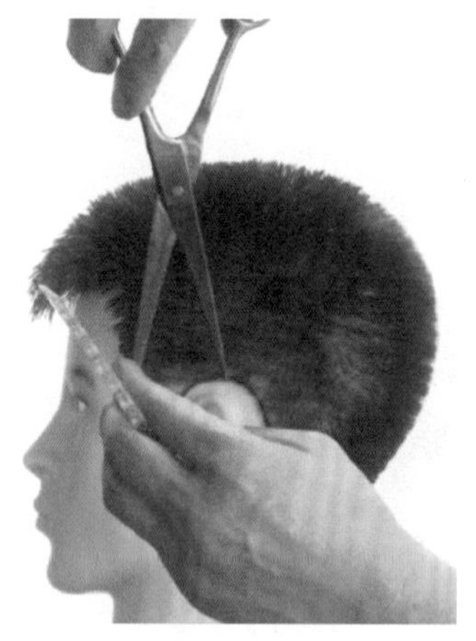
图 3—42

图 3—43

**步骤 9** 操作完成后的圆头式正面、侧面效果如图 3—44、图 3—45 所示。

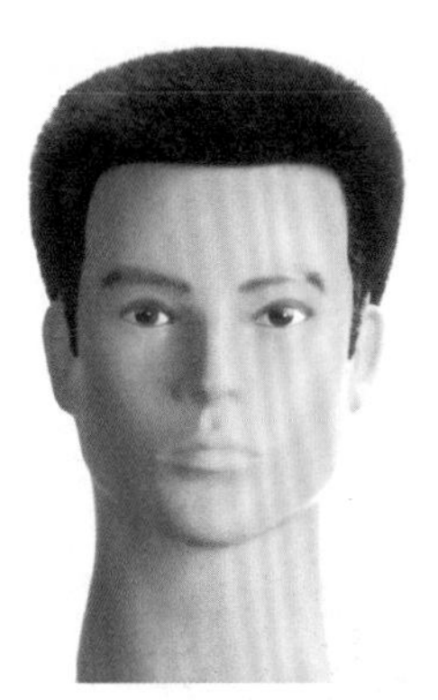

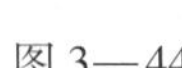
图 3—44

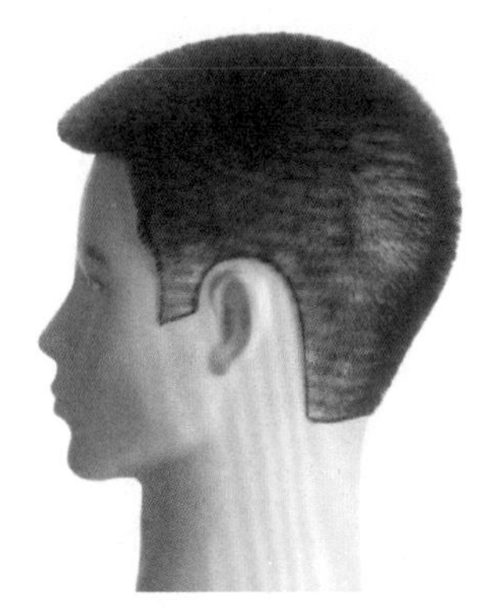

图 3—45

### 注意事项

（1）圆头式的外形轮廓呈圆弧形。

（2）顶部、左右两侧的表面为圆弧面，正面外轮廓线由三条圆弧形线条组成。

（3）侧面外轮廓线（前额正中至后颈部正中）由圆弧形线条构成。

## 男式平圆头式的修剪技法

### 操作准备

（1）推剪操作前准备好以下工具和用品：围布、干毛巾、围颈纸、电推剪、中号梳、小抄梳、剪刀、牙剪、掸刷等。

（2）披上干毛巾。

（3）围上围颈纸。

（4）围上大围布。

（5）用梳子将头发梳通、梳顺，同时观察毛发流向、头部有无疤痕等。

### 操作步骤

平圆头式的操作程序为：由右至左，由下而上。由右至左即推剪右鬓部→推剪右耳后侧→推剪后颈部→推剪左耳后侧→推剪左鬓部；由下而上即先推剪色调（按由右至左的程序进行操作），再推剪四周轮廓（按由右至左的程序进行操作），最后推剪顶部，可由前向后、由后向前、由右至左、由左向右。平圆头式修剪前的原型如图 3—46 所示。

**步骤 1** 用中号梳配合电推剪贴近头皮从右鬓部由下而上推剪至四周轮廓处（骨梁区），推剪出平圆头式色调初样，以相同的方法依次推剪出右耳上、右耳后侧、后颈部、左耳后侧、左耳上、左鬓部色调初样（见图 3—47）。

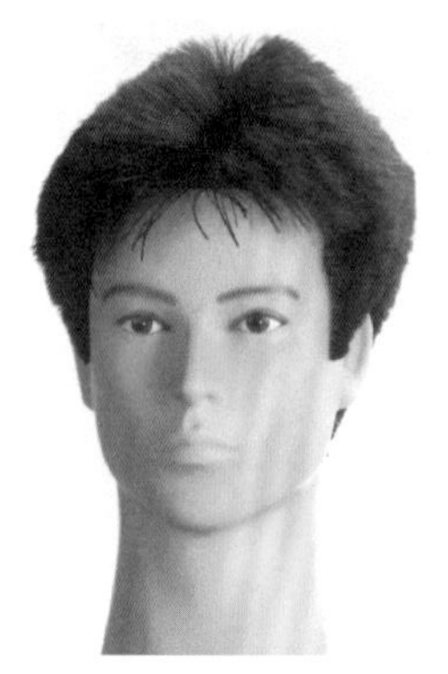

图 3—46

图 3—47

**步骤 2** 用小抄梳配合电推剪贴近头皮在右鬓部由下而上推剪至四周轮廓处（骨梁区），以推剪出平圆头式的右鬓部色调、轮廓。以相同的方法依次推剪出右耳上、右耳后侧、后颈部、左耳后侧、左耳上、左鬓部的色调、轮廓（见图 3—48）。

**步骤 3** 端平中号梳并插入前额头发，确定好顶部留发的长度，用电推剪由前向后推剪至顶部（见图 3—49）。

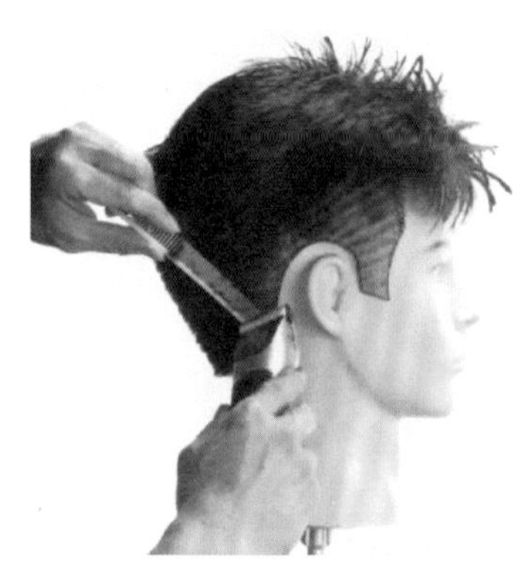

图 3—48

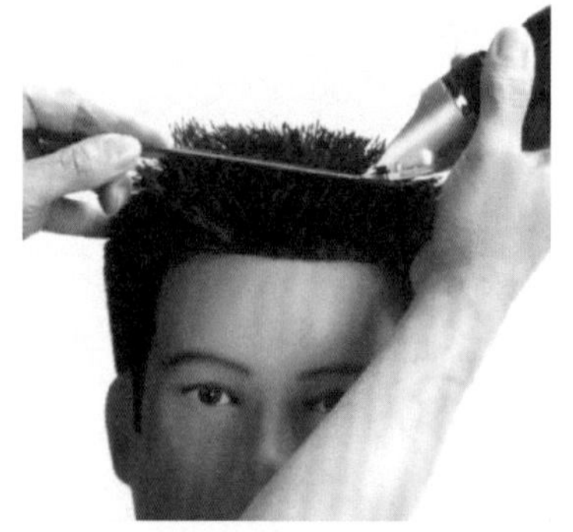

图 3—49

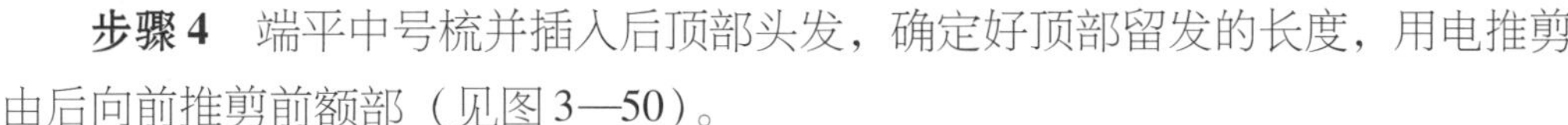

**步骤4** 端平中号梳并插入后顶部头发，确定好顶部留发的长度，用电推剪由后向前推剪前额部（见图3—50）。

**步骤5** 端平中号梳并插入右侧顶部头发，确定好顶部留发的长度，用电推剪由右至左推剪至左侧顶部（见图3—51）。

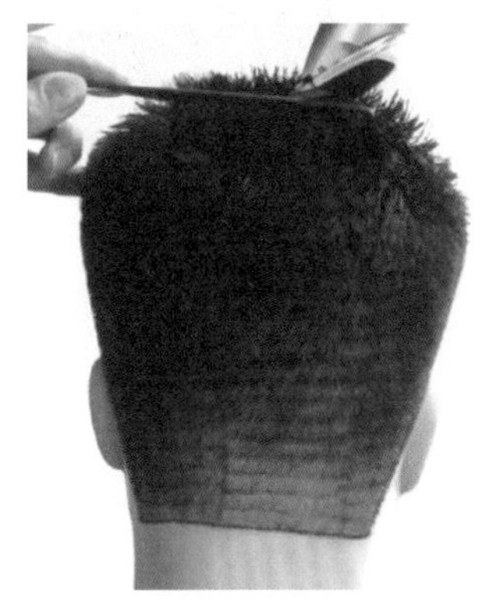

图3—50

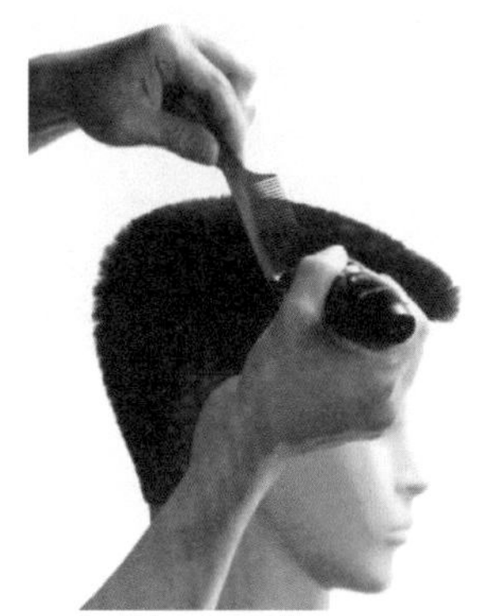

图3—51

**步骤6** 端平中号梳并插入左侧顶部头发，确定好顶部留发的长度，用电推剪由左至右推剪至右顶部（见图3—52）。

**步骤7** 端平中号梳并插入后顶部头发，确定好后顶部留发的长度，推剪枕部至后顶部（见图3—53）。

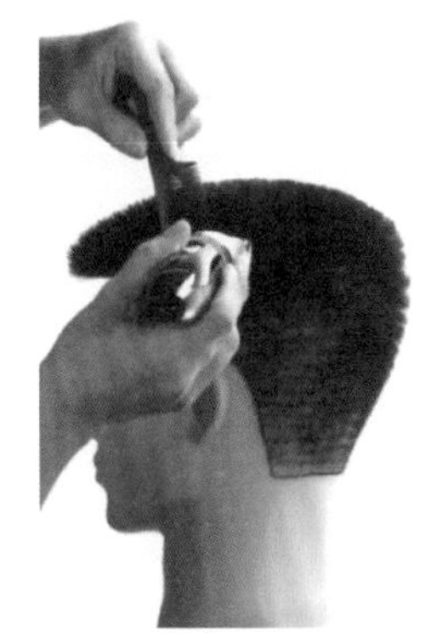

图3—52

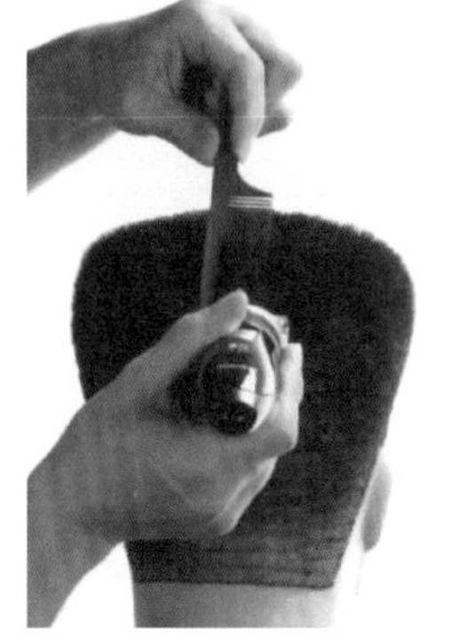

图3—53

**步骤8** 用剪刀对整个发式进行修饰调整（见图3—54）。对整个发式进行检查、调整、修饰（见图3—55）。

图3—54

图3—55

**步骤9** 操作完成后的平圆头式正面、侧面效果如图3—56、图3—57所示。

图3—56

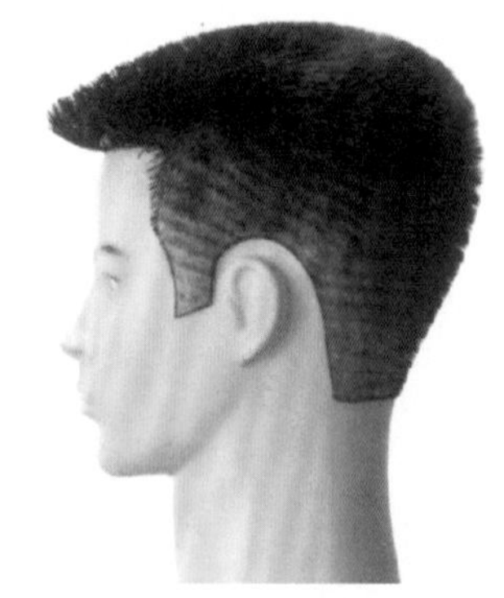

图3—57

**注意事项**

（1）平圆头式的外形轮廓以方为主，方圆结合，顶部表面为近似水平面。

（2）左右两侧的表面为两个圆弧面，正面外轮廓线由圆弧线与直线构成。

（3）顶部的外轮廓线为水平状弧线，两侧面外轮廓呈直线形并略带弧形向顶部内收，两侧与顶部相交处以圆弧线相连。

（4）侧面外轮廓线（前额正中至后颈部正中）由圆弧形线条构成。

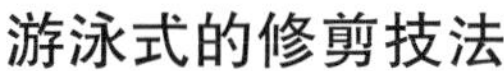

### 游泳式的修剪技法

**操作准备**

（1）推剪操作前准备好以下工具和用品：围布、干毛巾、围颈纸、电推剪、中号梳、小抄梳、剪刀、牙剪、掸刷等。

（2）披上干毛巾。

（3）围上围颈纸。

（4）围上大围布。

（5）用梳子将头发梳通、梳顺，同时观察毛发流向、头部有无疤痕等。

**操作步骤**

游泳式的操作程序为：由右至左，由下而上。由右至左即推剪右鬓部→推剪右耳后侧→推剪后颈部→推剪左耳后侧→推剪左鬓部；由下而上即先推剪色调（按由右至左的程序进行操作），再推剪四周轮廓（按由右至左的程序进行操作），最后推剪顶部，可由前向后、由后向前、由右至左、由左向右。游泳式修剪前的原型如图 3—58 所示。

**步骤 1**　用中号梳配合电推剪贴近头皮从右鬓部由下而上推剪至四周轮廓处（骨梁区），推剪出游泳式色调初样，以相同的方法依次推剪出右耳上、右耳后侧、后颈部、左耳后侧、左耳上、左鬓部的色调初样（见图 3—59）。

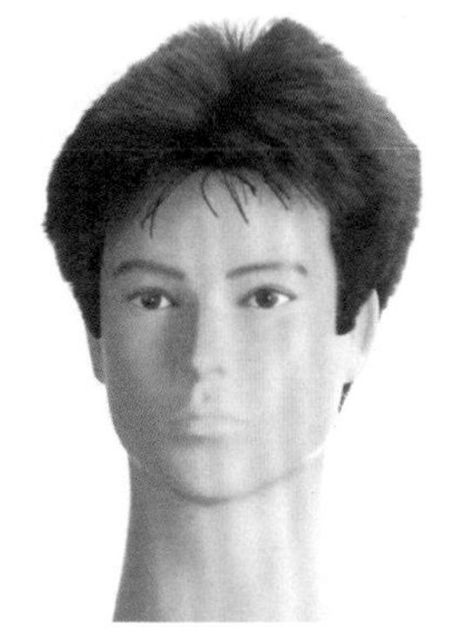

图 3—58

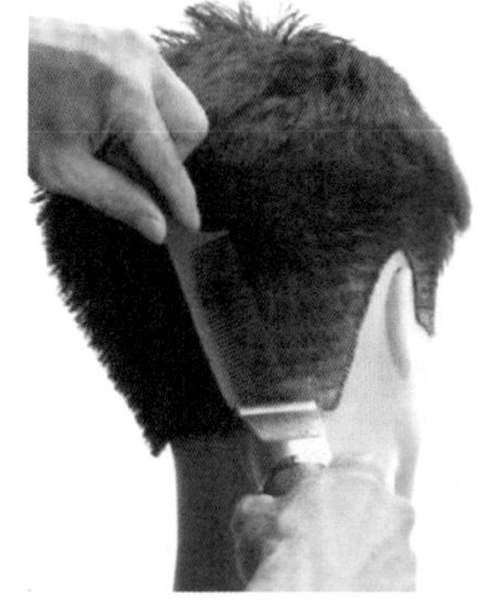

图 3—59

**步骤 2**　用小抄梳配合电推剪贴近头皮在右鬓部由下而上推剪至四周轮廓处（骨梁区），以推剪出游泳式的右侧面色调、轮廓，以相同的方法依次推剪出右耳上、右耳后侧、后颈部、左耳后侧、左耳上、左鬓部的色调、轮廓（见图3—60）。

**步骤3**　端平中号梳并插入前额头发，确定好顶部留发的长度，用电推剪由前向后推剪至顶部（见图3—61）。

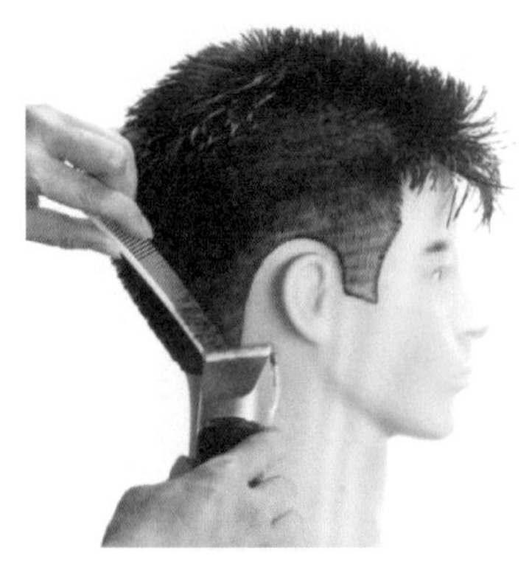

图3—60

图3—61

**步骤4**　端平中号梳并插入后顶部头发，确定好顶部留发的长度，用电推剪由后至前推剪前额部（见图3—62）。

**步骤5**　端平中号梳并插入右侧顶部头发，确定好顶部留发的长度，用电推剪由右至左推剪至左侧顶部（见图3—63）。

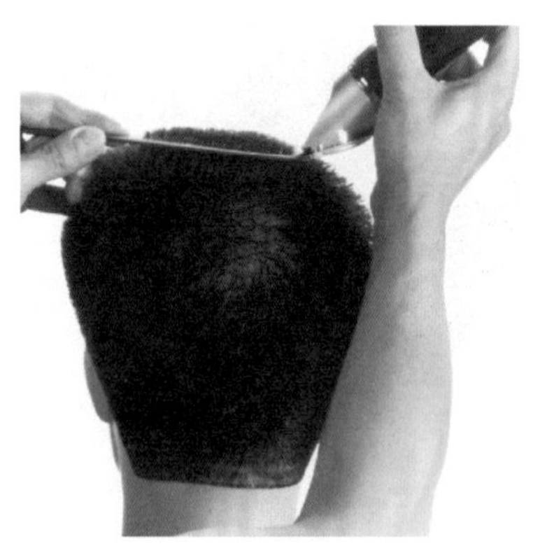

图3—62

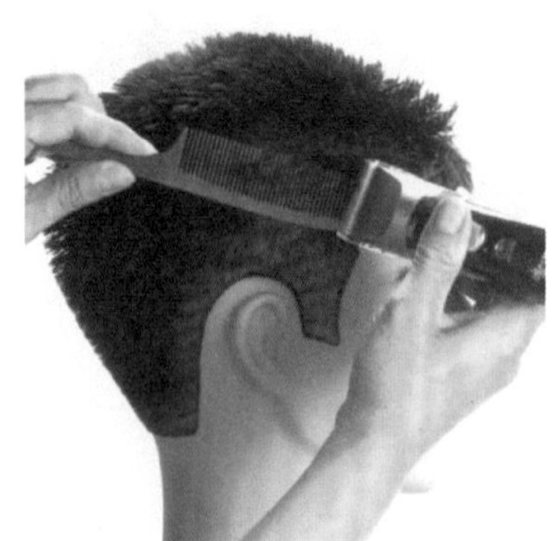

图3—63

**步骤6**　端平中号梳并插入左侧顶部头发，确定好顶部留发的长度，用电推

剪由左至右推剪至右顶部（见图3—64）。

**步骤7** 端平中号梳并插入后顶部头发，确定好后顶部留发的长度，推剪枕部至后顶部（见图3—65）。

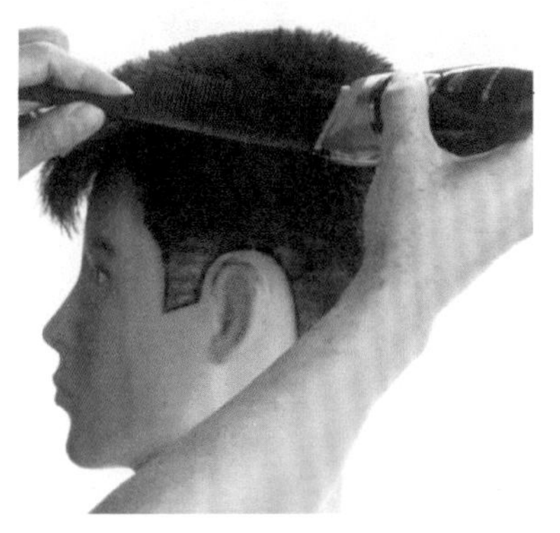

图3—64

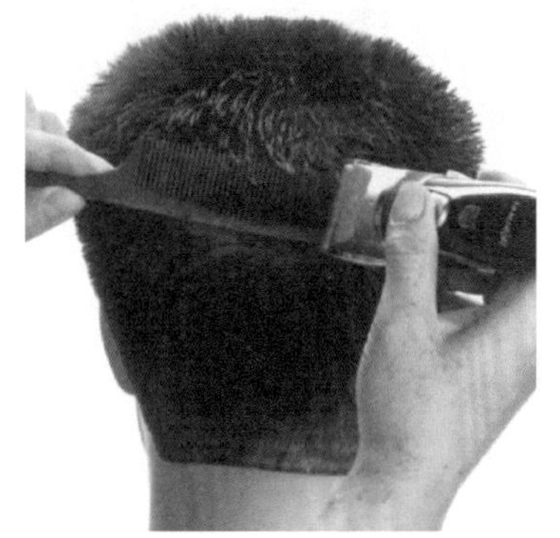

图3—65

**步骤8** 用剪刀修剪前额发丝（见图3—66）。

**步骤9** 用垂直托剪法对发式两侧进行修饰调整（见图3—67）。对整个发式进行检查、调整、修饰（见图3—68）。

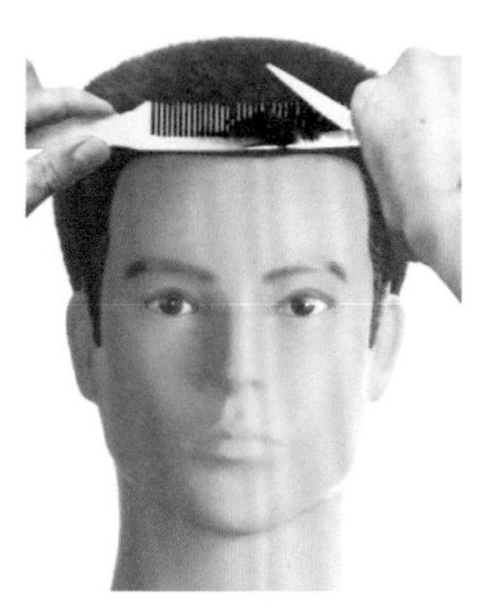

图3—66

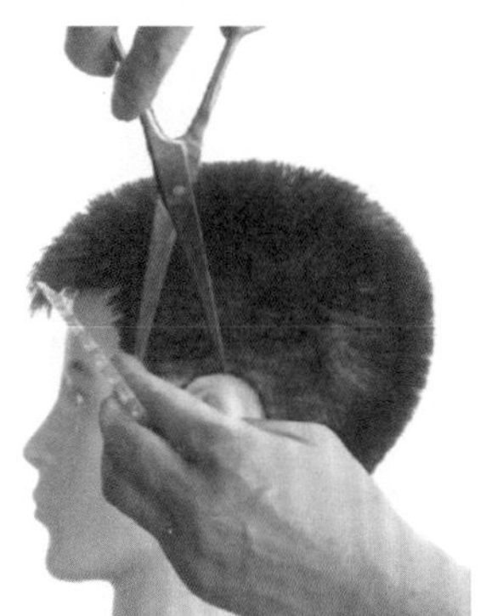

图3—67

图3—68

**步骤10** 操作完成后的游泳式正面、侧面效果如图3—69、图3—70所示。

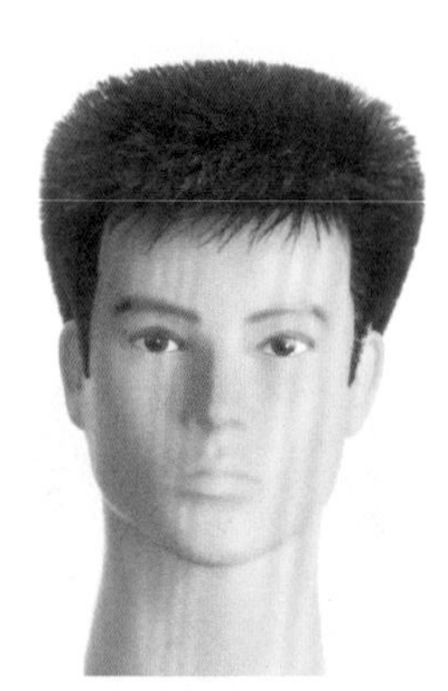

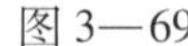

图 3—69

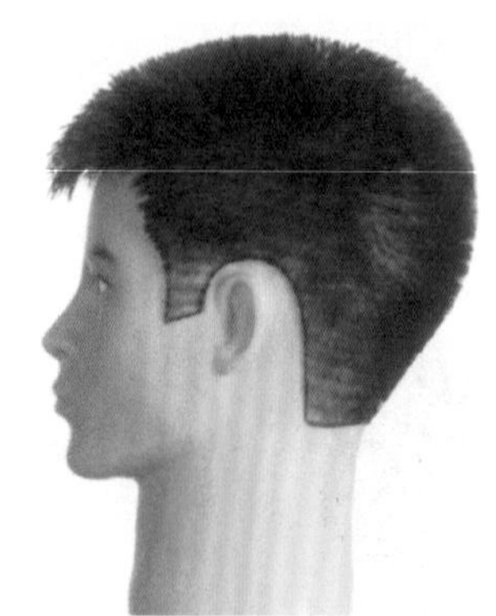

图 3—70

**注意事项**

（1）游泳式的外形轮廓呈饱满的圆弧形。

（2）顶部、左右两侧的表面为较饱满的圆弧面，正面外轮廓线由三条较饱满的圆弧形线条组成，两侧与顶部相交处以饱满的圆弧线相连。

（3）侧面外轮廓线（前额正中至后颈部正中）由饱满的圆弧形线条构成，线条简洁明快。

## 时尚短发式综合修剪的技法

**操作准备**

（1）操作前准备好以下工具和用品：剪刀、牙剪、电推剪、剪发梳、小抄梳、围布、干毛巾、围颈纸。

（2）披上干毛巾。

（3）围上围颈纸。

（4）围上大围布。

（5）用梳子将头发梳通、梳顺，同时观察毛发流向、头部有无疤痕等。

**操作步骤**

**步骤 1**　确定头发的长度，并将头发分为五个大区，逐片向后修剪顶部发区（见图 3—71）。

**步骤 2**　完成顶部发区修剪后，逐片向后修剪右侧上区头发，发长以顶部剪好的头发长度为引导线（见图 3—72）。完成右侧上区域发区修剪后，以右侧上区域头发为引导，逐片向后修剪左侧上区域头发（见图3—73）。

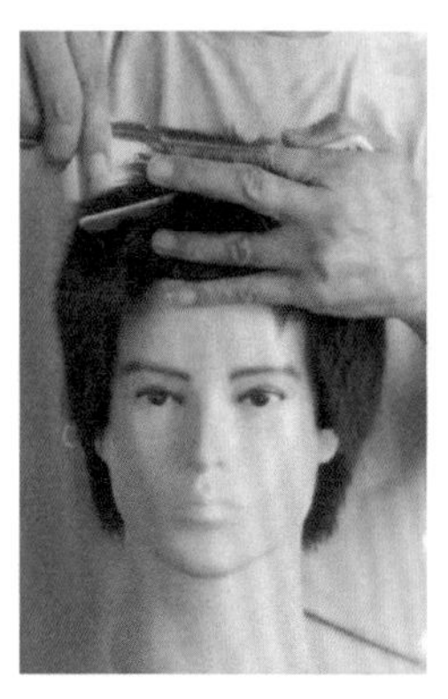
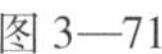

图3—71

图3—72

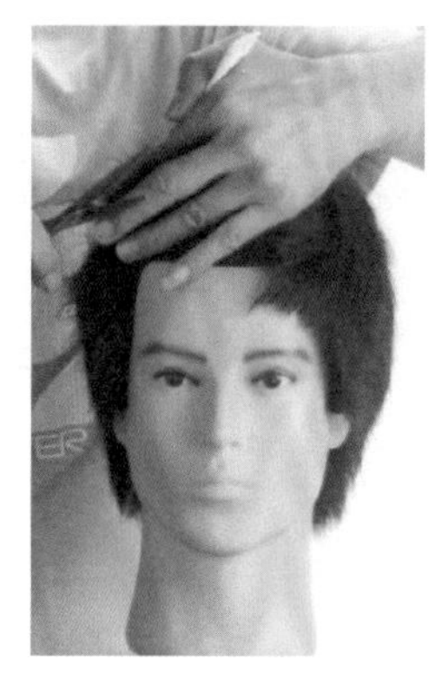

图3—73

**步骤3**　完成左侧上区域发区修剪后，以左侧上区域头发为引导，逐片向后修剪左侧下区域头发，可用挑剪的方法（见图3—74）。

**步骤4**　完成整个头部的修剪后，在顶部区域发梢右侧上部区域及整个头部发梢处进行去薄或减轻发梢发量的修剪（见图3—75、图3—76）。

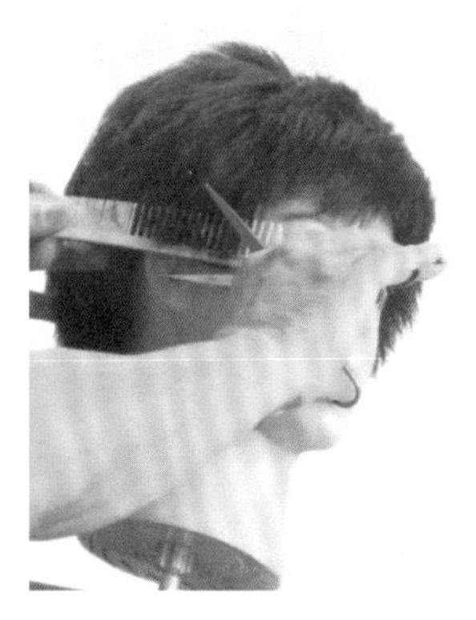

图3—74

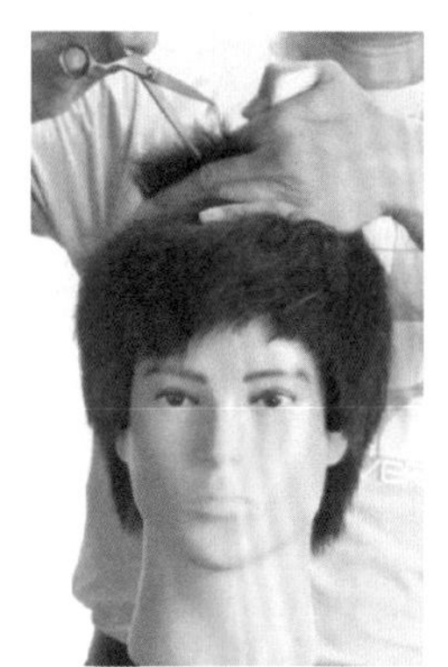

图3—75

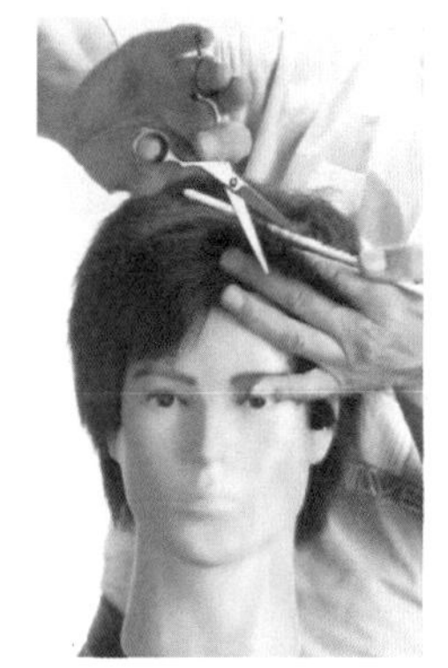

图3—76

**步骤5**　整个头部发梢处理完成后，在右侧区划出要修剪的区域并用电推剪推去该区过长的头发（见图3—77）。用剪刀的刀尖剪出区域线，修剪时要把握好剪缝的宽度（见图3—78）。

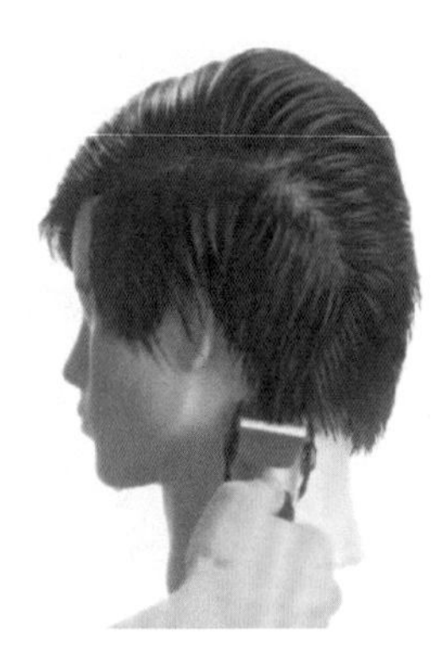

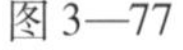

图 3—77

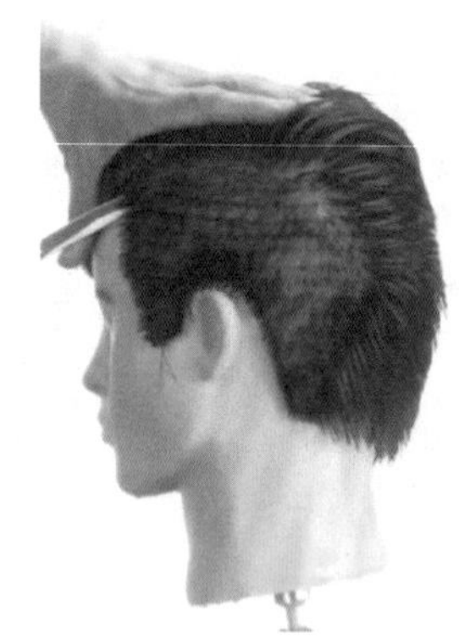

图 3—78

**步骤 6**　将修剪的区域用电推剪仔细地推剪去过长或过多的头发，头发长度不得低于 0.2 cm，否则看不出修剪效果（见图 3—79）。

**步骤 7**　根据设计的意图进行修剪，修剪图案形成后，对不足的部分进行修理，从而达到完美的效果（见图 3—80、图 3—81）

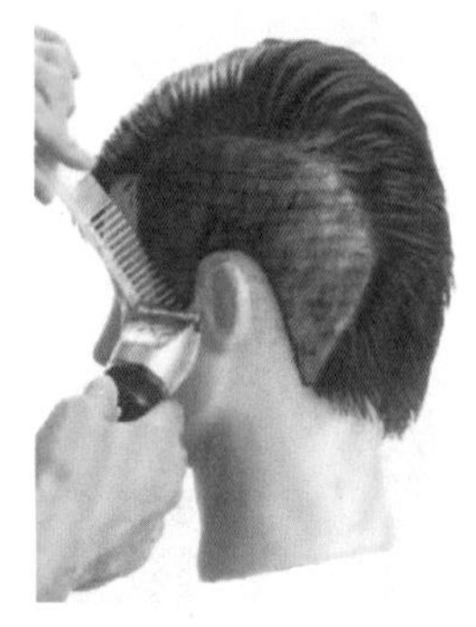

图 3—79

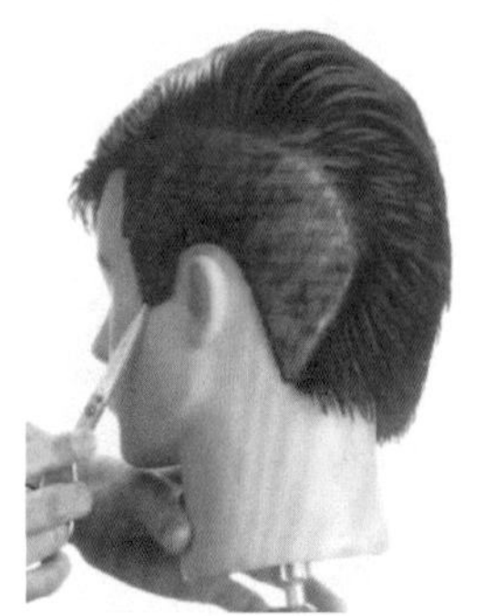

图 3—80

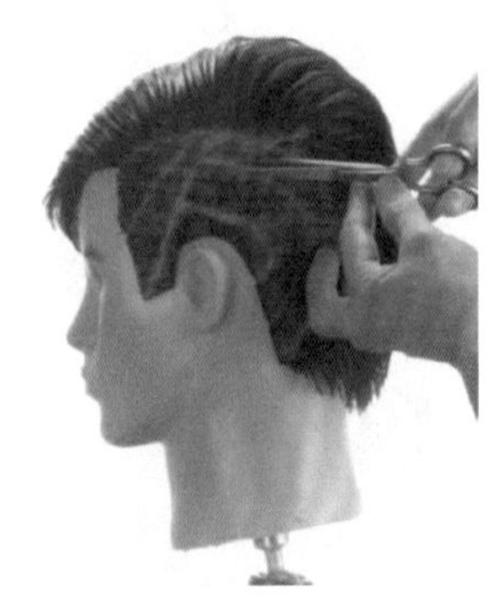

图 3—81

**步骤 8**　用剪刀对修剪区域和未修剪区域的头发进行调整，使两区的头发长短有序、层次调和（见图 3—82、图 3—83）。

**步骤 9**　用牙剪对整个区域的头发发量进行调整，使整头头发符合时尚短发的特点（见图 3—84）。

**步骤 10**　完成全部时尚短发式的修剪造型。其正面效果如图 3—85 所示。

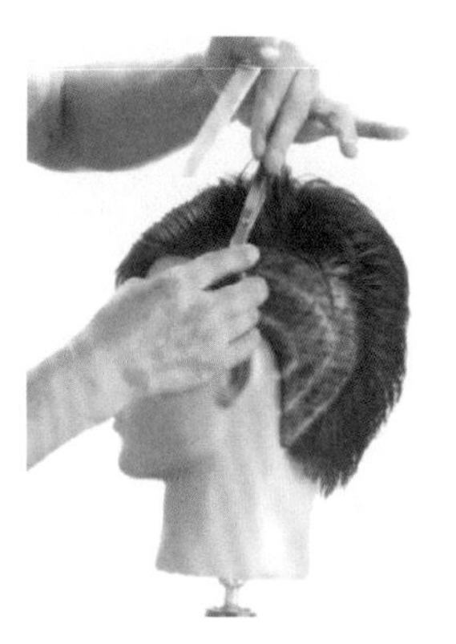
图 3—82

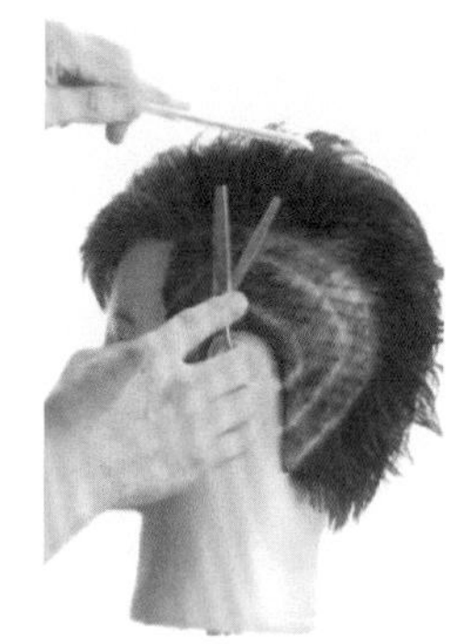
图 3—83

图 3—84

图 3—85

**注意事项**

（1）时尚短发式的综合修剪，使用电推刀、剪刀时需相互配合好。

（2）未修剪的部分发丝要有通透感，要静中有动。

（3）修剪图案要灵活自然，具有时尚感。

## 时尚中长发式综合修剪的技法

**操作准备**

（1）操作前准备好以下工具和用品：削刀、剪刀、牙剪、剪发梳、干毛巾、围布、围颈纸。

（2）披上干毛巾。

（3）围上围颈纸。

（4）围上大围布。

（5）用梳子将头发梳通、梳顺，同时观察毛发流向、头部有无疤痕等。

**操作步骤**

**步骤1** 确定头发的长度，并在枕骨处进行三角分区（见图3—86），分区可体现设计理念，用削刀逐片将三角区边沿的发片拉起，用削刀削薄、削短头发（见图3—87）。

图3—86

图3—87

**步骤2** 以第一片发片为引导，逐片将发片拉起，用削刀削薄、削短下片头发，再以前一片发片为引导，逐片将发片拉起，用削刀削薄、削短发际线边沿头发（见图3—88、图3—89）。

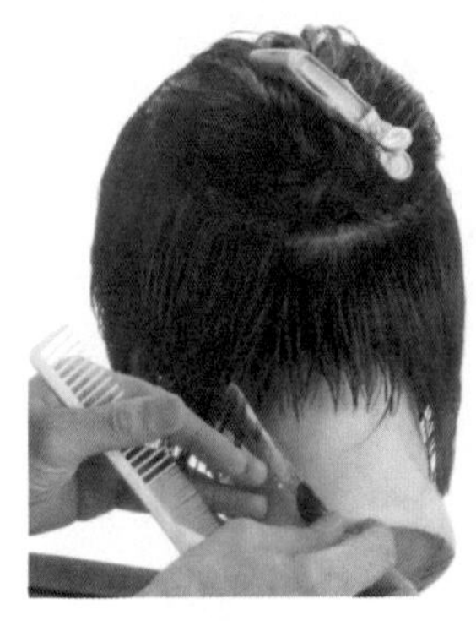

图3—88

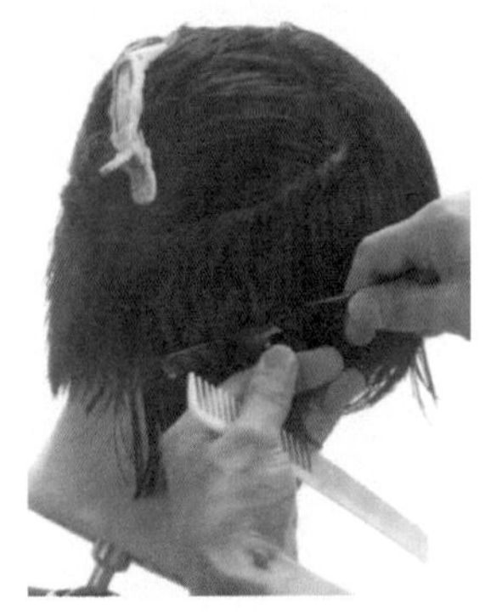

图3—89

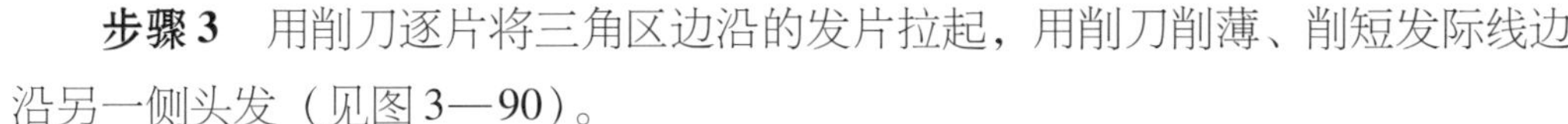

**步骤3** 用削刀逐片将三角区边沿的发片拉起，用削刀削薄、削短发际线边沿另一侧头发（见图3—90）。

**步骤4** 以前一片发片为引导，逐片将发片拉起，用削刀一片一片分份削薄、削短发际线边沿另一侧头发（见图3—91）。

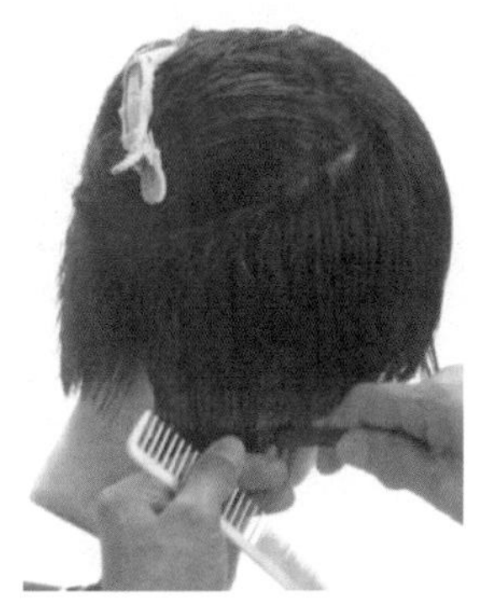

图3—90

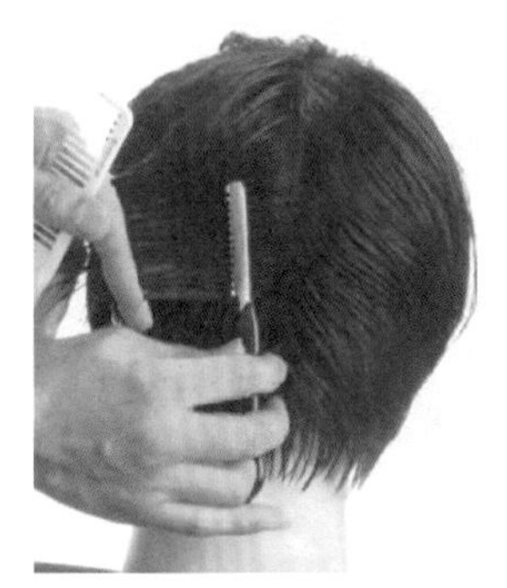

图3—91

**步骤5** 在完成后部的削切后，对顶部发区逐片将发片拉起，用削刀一片一片分份削薄、削短头发（见图3—92）。

**步骤6** 在完成后部的削切后，在额角处向后分区（见图3—93），显现出侧区。斜向拉起侧发区的发片，用削刀一片一片分份进行削薄、削短头发（见图3—94）。

图3—92

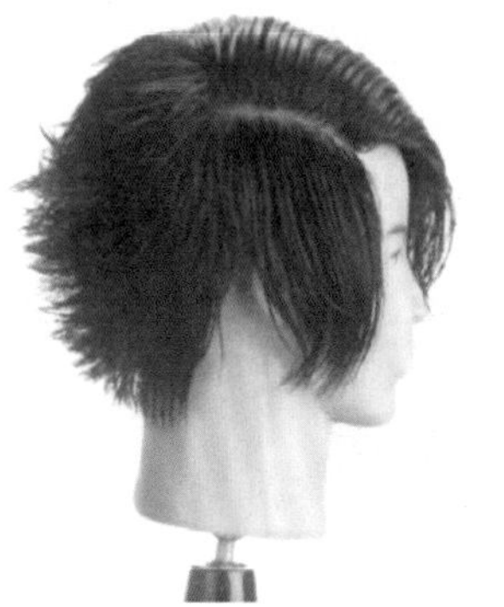

图3—93

图3—94

**步骤7** 斜向拉起侧发区的发片，用削刀一片一片分份进行另一侧削薄、削短头发（见图3—95）。

**步骤8** 完成侧发削切后，将刘海的削发区分出（见图3—96），准备斜向削切。确定刘海削发的长短，斜向拉起发片，用削刀一片一片分份进行削薄、削短头发（见图3—97）。

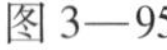
图3—95

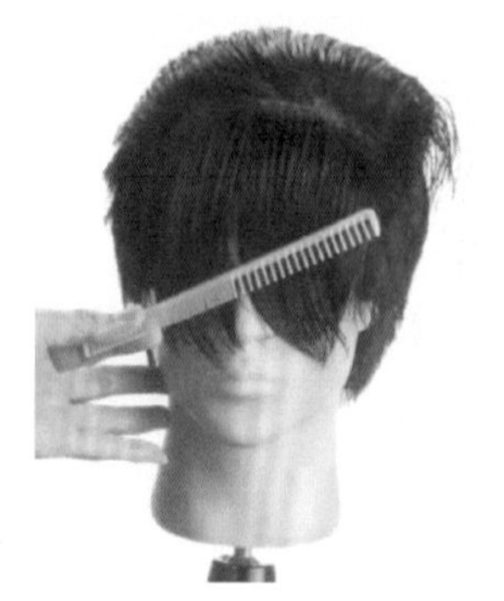
图3—96

图3—97

**步骤9** 整个头部的头发削切完成后，对枕骨上部的发量进行去薄处理，手指夹住头发提拉，竖起削刀从发根向发梢方向削切，逐片向头部的其他部分慢慢移动削切（见图3—98、图3—99）。削切完成后，检查整个发区的头发是否具有很强的通透感（见图3—100）。

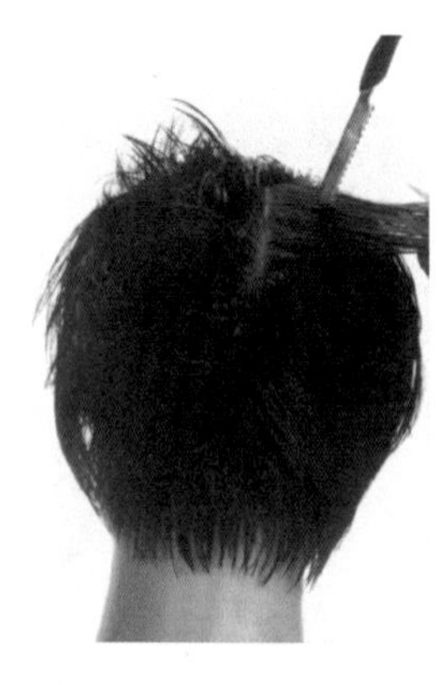
图3—98

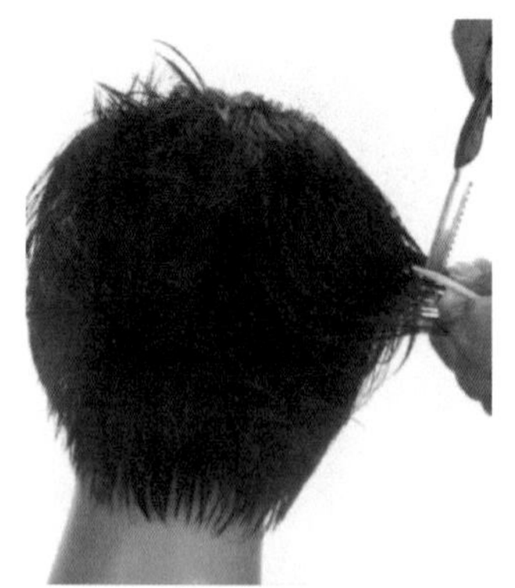
图3—99

图3—100

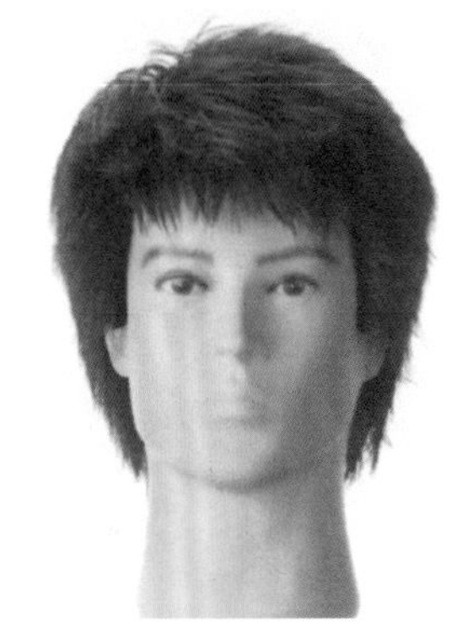
图 3—101

**步骤 10**　完成全部时尚中长发式削切造型。其正面效果如图 3—101 所示。

**注意事项**

（1）时尚中长发式应体现饱满的轮廓，发丝轻盈，通透感强。

（2）对有些部位的发丝去薄量要大些，长短的落差要大些，这样有利于造型。

## 时尚长发式综合修剪的技法

**操作准备**

（1）操作前准备好以下工具和用品：剪刀、牙剪、剪发梳、干毛巾、围布、围颈纸。

（2）披上干毛巾。

（3）围上围颈纸。

（4）围上大围布。

（5）用梳子将头发梳通、梳顺，同时观察毛发流向、头部有无疤痕等。

**操作步骤**

**步骤 1**　确定头发的长度（见图 3—102），并在枕骨部分分出三角区（见图 3—103），体现发式修剪的设计理念，用发夹固定所分出的头发。从耳后侧区开始修剪层次，确定修剪的头发长度，修剪时剪刀与发尾的纵向角度在 30°以内，进行锯齿状修剪（见图 3—104）。

图 3—102

图 3—103

图 3—104

**步骤2**　以前片修剪的头发为引导，用同样的手法对后部的另一片头发进行修剪，依次剪至另一侧耳后部（见图3—105）。两耳后部修剪完成后，提起发片用剪刀由上而下地调整两耳后部间的层次（见图3—106）。

图3—105

图3—106

**步骤3**　从前额角到枕骨下，分出头发的上区和下区（见图3—107），体现发式修剪的设计理念。修剪耳前部头发及层次，垂直分份修剪（见图3—108）。

图3—107

图3—108

**步骤4**　修剪耳后与耳前发梢的长度及层次（见图3—109）。修剪完成后，调整耳与耳前头发层次（见图3—110）。

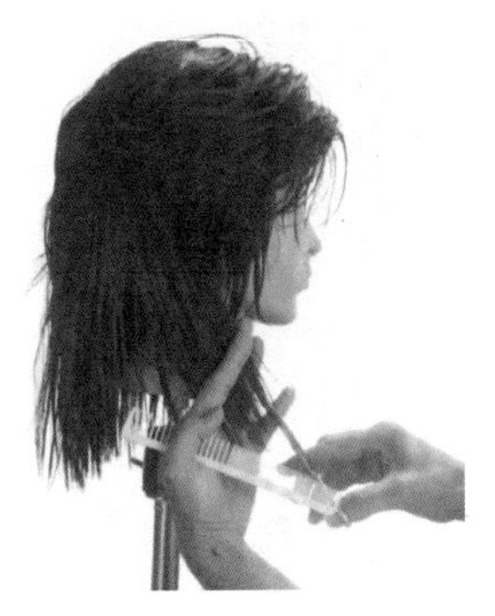

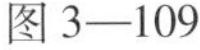

图 3—109

图 3—110

**步骤5**　拉起额中部发片，确定刘海的长度，修剪时，发尾的发片块面呈锯齿状（见图3—111）。

**步骤6**　额中部区域完成后，分片向后枕部方向一片一片修剪（见图3—112）。额中部区域至后枕部修剪完成后，修剪右侧和左侧上部区域，方法与手法与额中部区域至后枕部区域相同（见图3—113）。

图 3—111

图 3—112

图 3—113

**步骤7**　将完成后的刘海区域与脸际侧发一片一片修剪相衔接，修剪时发尾块面呈锯齿状（见图3—114）。

**步骤8**　修剪完右侧再修剪左侧，对修剪后的发尾作层次和发量的调整（见图3—115）。

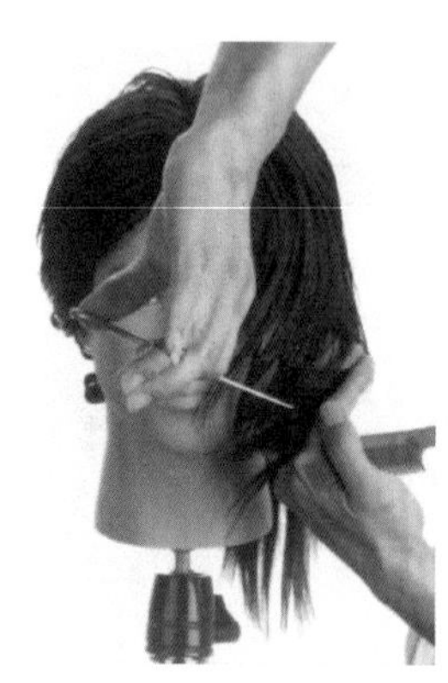
图 3—114

图 3—115

**步骤 9** 也可用牙剪调整，这会使发尾更加轻盈、飘逸（见图 3—116）。

**步骤 10** 完成时尚长发式的修剪造型。其正面效果如图 3—117 所示。

图 3—116

图 3—117

**注意事项**

（1）确定头发长度不宜过短，否则无法扎发。

（2）头发的层次调和，符合脸型、头型、发式等特点。

（3）增加头上部头发的动感，体现时尚感。

## 无缝推剪式综合修剪技法

**操作准备**

（1）操作前准备好以下工具和用品：剪刀、牙剪、电推剪、剪发梳、小抄梳、干毛巾、围布、围颈纸。

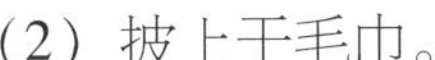

（2）披上干毛巾。

（3）围上围颈纸。

（4）围上大围布。

（5）用梳子将头发梳通、梳顺，同时观察毛发流向、头部有无疤痕等。

**操作步骤**

**步骤1** 确定刘海的长度，这也是无缝推剪发式发长最长的部分，其发长不短于10 cm，否则会影响最终的发式造型（见图3—118）。

**步骤2** 顶部引导线是：以头部前额中线处，向后梳出0.8 cm宽的发片向上提拉，按刘海留发的长度，平行向后修剪至枕骨部拉平的头发（见图3—119）。

图3—118

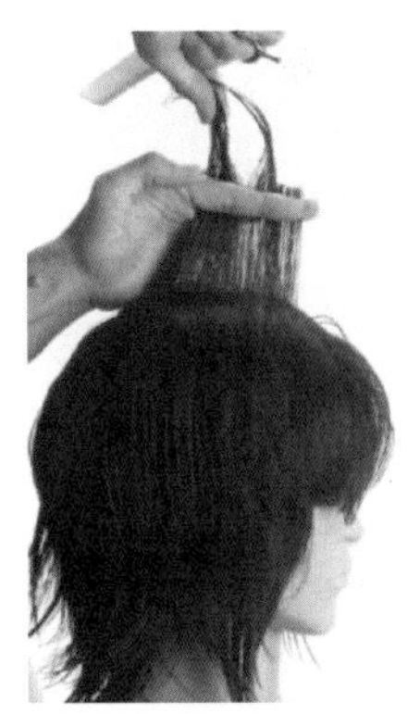

图3—119

**步骤3** 分出要修剪的中发区，根据顶部引导线，以第一片发片修剪顶部区域，提拉角度与头皮呈90°，修剪切口为0°。用同样的手法修剪完成中部区域，枕部头发向上提拉修剪，头发过短会影响饱满度（见图3—120、图3—121）。

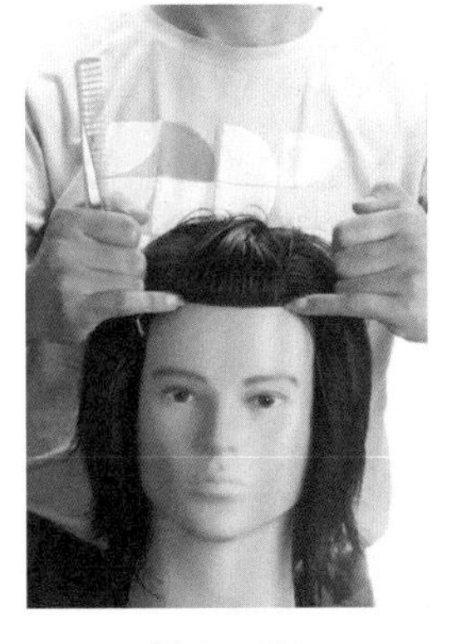

图3—120

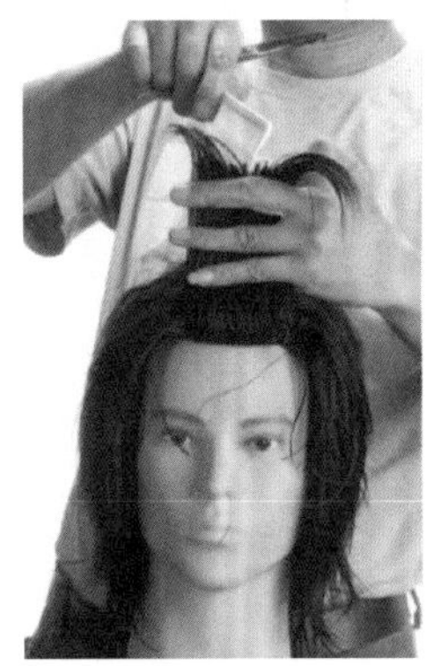

图3—121

**步骤 4**　以顶部区域的边线为引导线，修剪右侧发上区域头发，以额角第一片发片逐片向后修剪至枕中线，向偏右侧方向提拉发片，修剪时发片鬓下部边线头发要略短于另一侧边线头发（见图 3—122、图 3—123）。

图 3—122

图 3—123

**步骤 5**　以右侧部区域的边线为引导线，修剪右侧发下区域头发，以鬓前第一片发片逐片向后修剪，向偏右下侧方向提拉发片，修剪时发片鬓下部边线发片要贴近于发际线，另一侧边线头发与上部发片连接（见图 3—124、图 3—125）。

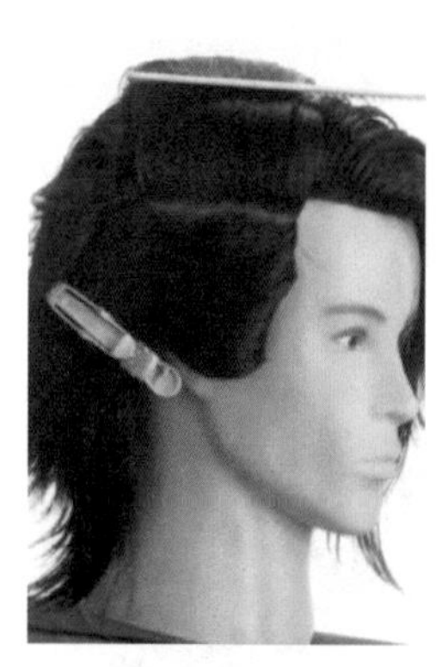

图 3—124

图 3—125

**步骤 6**　以顶部区域的边线为引导线，修剪左侧发上区域头发，以额角第一片发片逐片向后修剪，向偏左侧方向提拉发片，修剪时发片鬓下部边线头发要略短于另一侧边线头发（见图 3—126、图 3—127）。

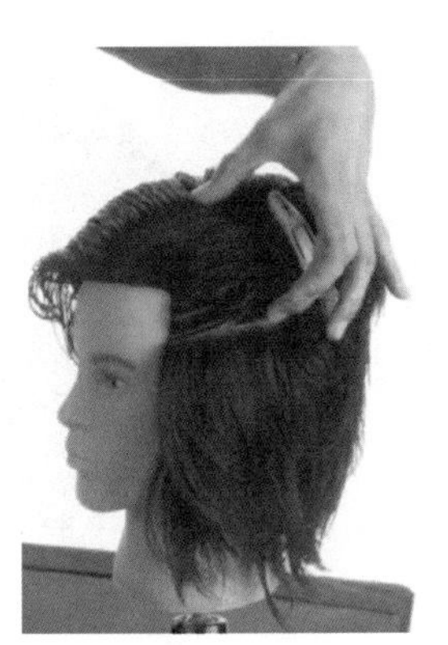

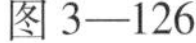

图 3—126

图 3—127

**步骤 7** 以顶部区域的边线为引导线，修剪左侧发上区域头发，以额角第一片发片逐片向后修剪至枕中线，向偏左侧方向提拉发片，修剪时发片鬓下部边线头发要略短于另一侧边线头发（见图 3—128、图 3—129 ）。修剪枕骨下部头发时，下边线贴近后发际线，另一侧边线与枕边线头发连接，竖着提拉发片更便于平行提拉，完成枕下发区域的修剪（见图 3—130）。

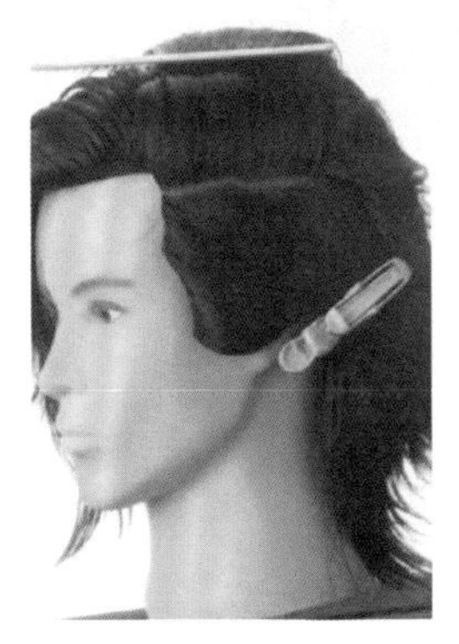

图 3—128

图 3—129

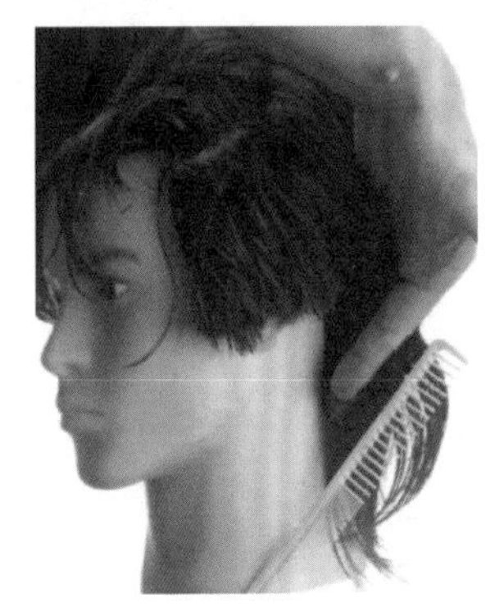

图 3—130

**步骤 8** 用推剪推出鬓角→耳上→耳后→后侧部发际线的连接线色调，推剪色调时宜低不宜高，推剪连接线要干净、分明（见图 3—131 、图 3—132、图 3—133）。

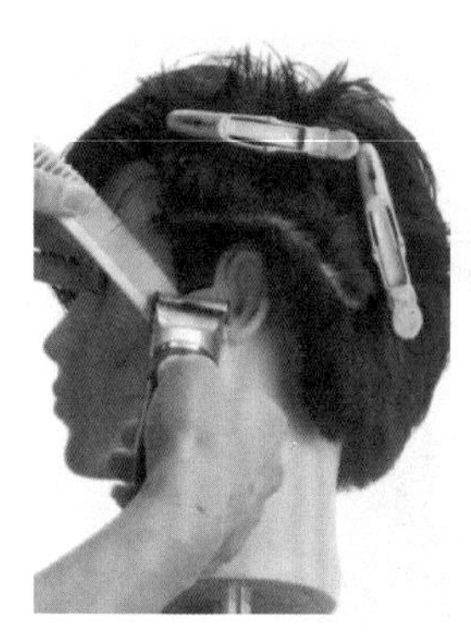

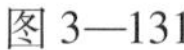

图 3—131

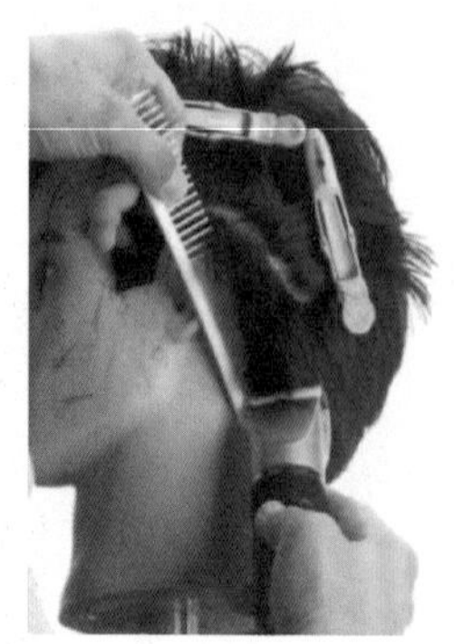

图 3—132

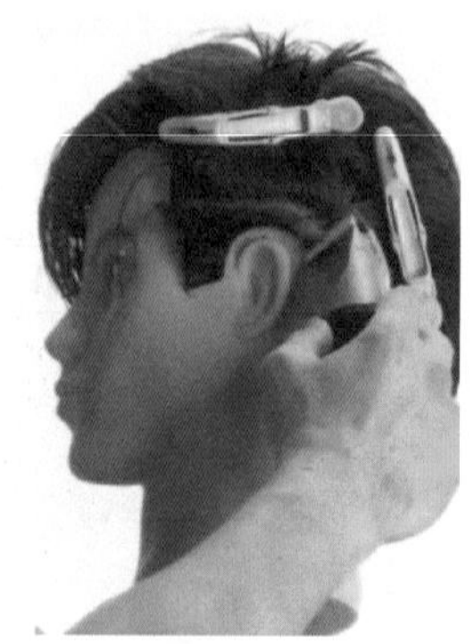

图 3—133

**步骤 9**　推剪后发际线边缘的色调宜低不宜高，过短或过高会影响发式饱满度（见图 3—134、图 3—135 ）。

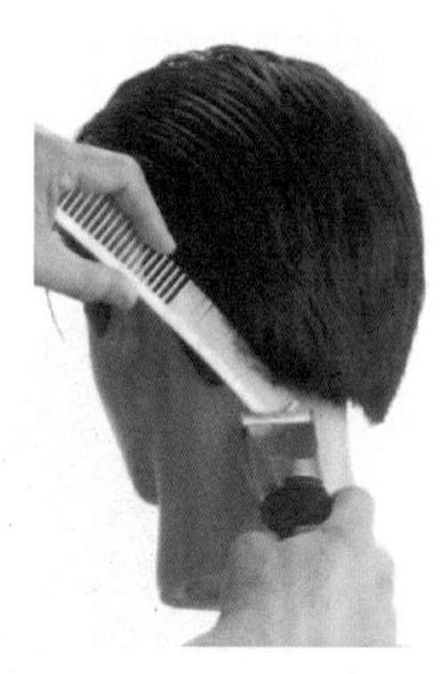

图 3—134

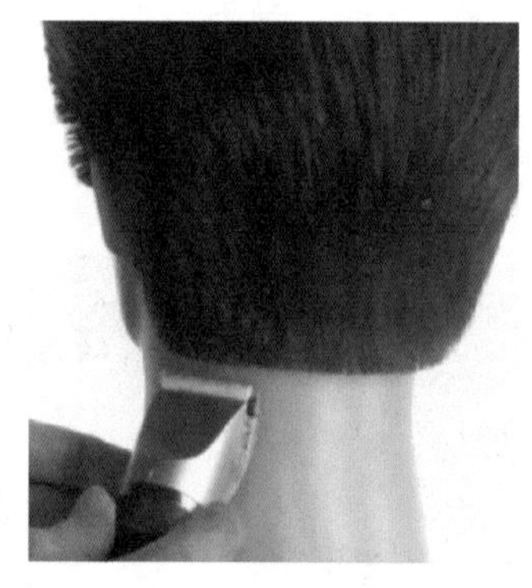

图 3—135

**步骤 10**　对刘海区域进行发量调整，调整时控制好发长，过短会影响刘海造型的探出程度。刘海区域发量调整后，对顶部区域发量作调整，调整时不易去薄过多，否则会影响发式的顶部纹理处理（见图 3—136 、图 3—137）。

**步骤 11**　逐层对头部的左右侧、后部的发尾作相应区域的发量调整，厚薄要有度，不要影响轮廓的饱满度（见图 3—138）。

**步骤 12**　完成无缝推剪发式的推剪和厚薄调整。其正面效果如图 3—139 所示。

图3—136

图3—137

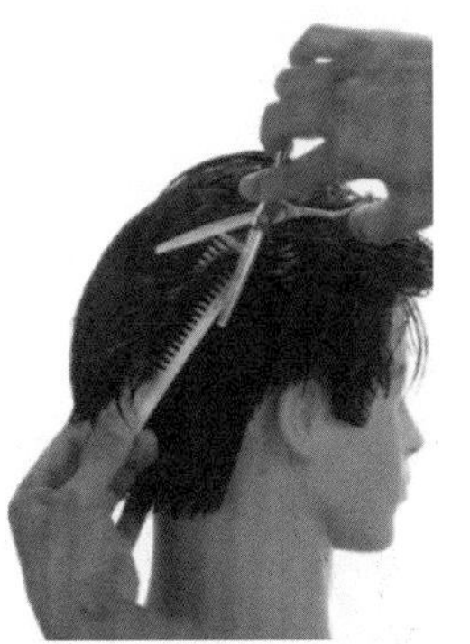
图3—138

图3—139

**注意事项**

（1）无缝推剪轮廓要饱满，前部和枕骨上部的头发一定要长。

（2）工具和手法的变换要配合适当。

（3）在刘海处、顶部、后部、两侧进行去发时，去发量一定要把握好度。

### 低色调波浪式综合修剪技法

**操作准备**

（1）推剪操作前准备好以下工具和用品：围布、干毛巾、围颈纸、电推剪、中号梳、小抄梳、剪刀、牙剪、掸刷等。

（2）披上干毛巾。

（3）围上围颈纸。

（4）围上大围布。

（5）用梳子将头发梳通、梳顺，同时观察毛发流向、头部有无疤痕等。

**操作步骤**

男式低色调波浪发式属于长发类发型中的长发式，根据长发式要求，确定长发式色调、发式轮廓线的位置，推剪时按照由右至左、由下而上的顺序进行操作。

男式低色调波浪发式的操作程序为：由右至左，由下而上。由右至左即推剪右鬓部→推剪右耳后侧→推剪后颈部→推剪左耳后侧→推剪左鬓部；由下而上即先推剪色调（按由右至左的程序进行操作），再推剪四周轮廓（按由右至左的程序进行操作），最后修剪顶部层次，调整头发厚薄（见图3—140）。

**步骤1** 用中号梳配合电推剪从右鬓部由下而上推剪出色调的初样，以相同的方法依次推剪右耳上、右耳后侧、后颈部、左耳后侧、左耳上、左鬓部头发，完成男式低色调波浪发式色调初样（见图3—141）。

图3—140

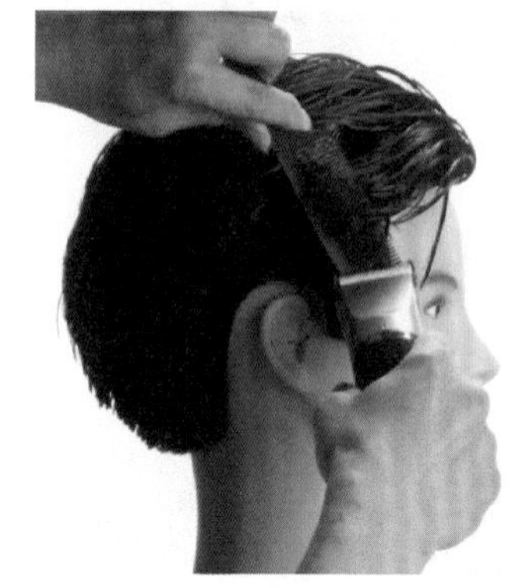

图3—141

**步骤2** 用小抄梳的前端贴住右鬓部，根据低色调波浪发式轮廓线的位置及留发长度确定角度以推剪色调，推剪出右鬓部色调。以相同的方法依次推剪出右耳上、右耳后侧、后颈部、左耳后侧、左耳上、左鬓部色调（见图3—142）。

**步骤3** 用中号梳配合电推剪推剪右鬓部、右耳上、右耳后侧、后颈部、左耳后侧、左耳上、左鬓部发式轮廓线。以产生齐圆的发式轮廓线。推剪发式轮廓线如图3—143所示。

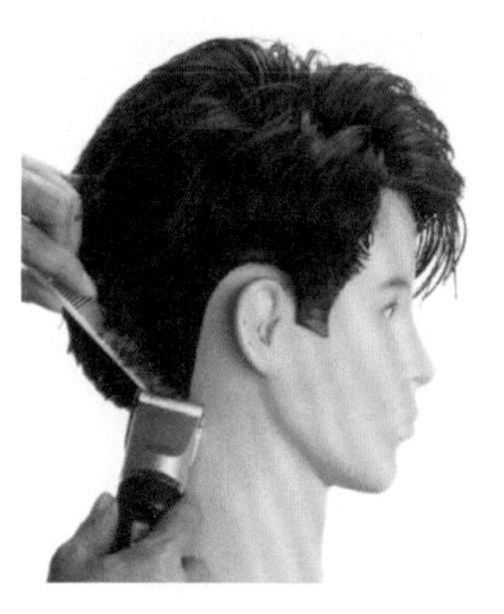

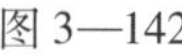
图 3—142

图 3—143

**步骤 4**　以均等层次的修剪方法，从前额至头顶，分层划片，将发片提拉，与头皮呈 90°，使用活动设计线，手位与头部曲线平行，按序分批由前额往后顶部修剪成均等层次，后枕部采用低层次混合形修剪方法进行修剪，修剪顶部层次如图 3—144 所示。

**步骤 5**　用夹剪的方法修剪发式轮廓线，在两侧和后脑部分，手位倾斜，将顶部和发式轮廓线处的头发用弧线连接，修剪成低层次，使上下部分连接，用夹剪法修剪发式轮廓线，如图 3—145 所示。

图 3—144

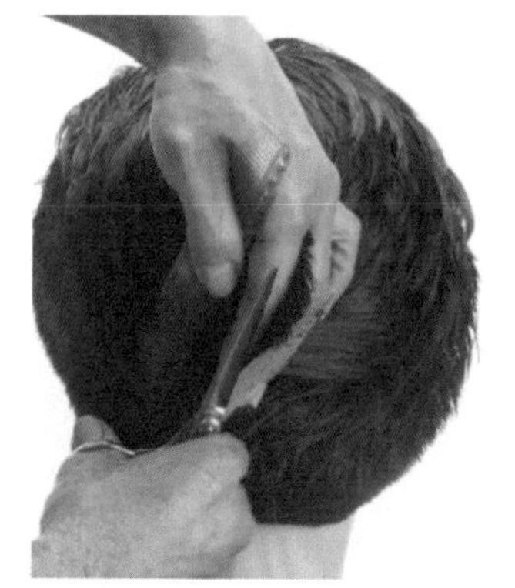

图 3—145

**步骤 6**　用挑剪的方法修饰发式轮廓线一圈。从右鬓发开始，将发式轮廓线处的头发缓慢向上梳起，用挑剪的方法修饰由于头发堆积而形成的重量线，使上下两部分连接得较为和谐，并且把轮廓线修饰成弧形。挑剪法修剪发式轮廓线如图 3—146 所示。

**步骤 7** 用挑剪的方法修剪额前层次。根据低色调波浪式的要求，额前头发的长度略放长些（见图 3—147）。

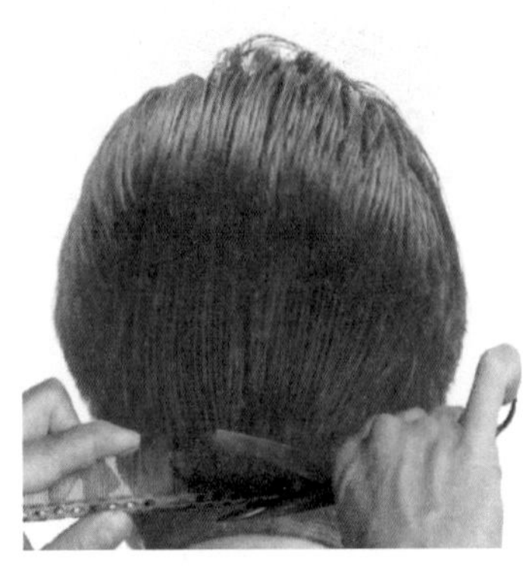

图 3—146

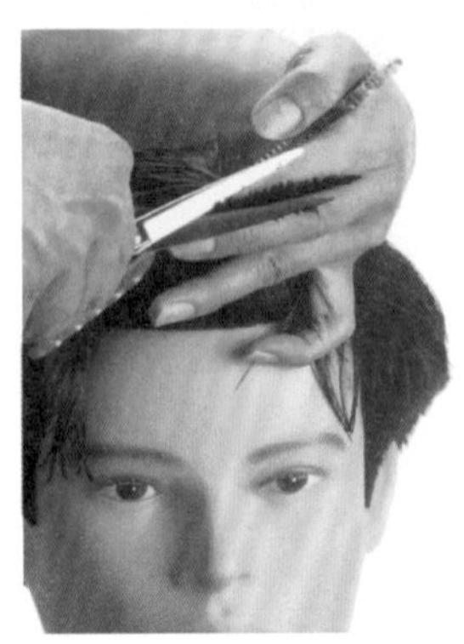

图 3—147

**步骤 8** 用刀尖剪的方法来处理发梢，减轻发梢的重量，用牙剪调整头发厚度（见图 3—148、图 3—149）。

**步骤 9** 用梳子将头发全部梳通、梳顺，检查一遍，对发式作最后的修饰调整，对发式轮廓线四周的发梢毛边可用垂直托剪的方法修饰（见图 3—150）。

图 3—148

图 3—149

图 3—150

**步骤 10** 男式低色调波浪式修剪完成，其正面、侧面、后面效果如

图 3—151、图 3—152、图 3—153 所示。

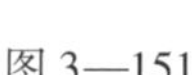

图 3—151

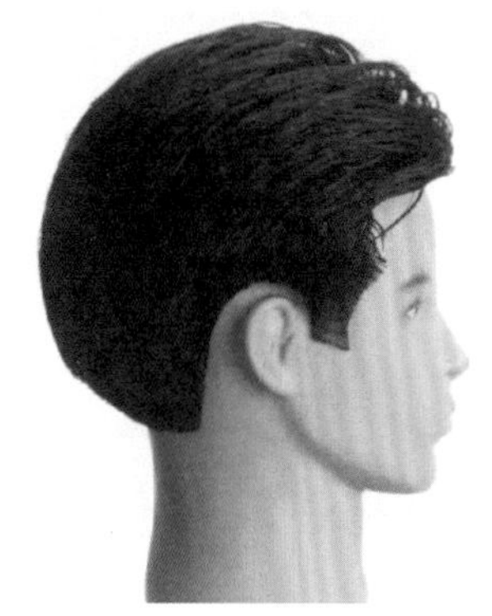

图 3—152

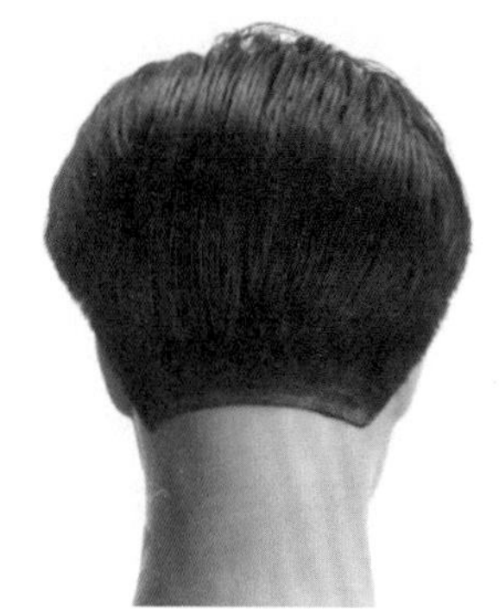

图 3—153

**注意事项**

（1）男式低色调波浪式的发式轮廓线定位要准确，两侧发式轮廓线高度要一致。

（2）后颈部低色调，幅度大于 1 cm，小于 2.5 cm，色调均匀。

（3）头发层次为参差层次。

（4）在修剪顶部层次时可采用夹剪的方法，也可采用挑剪的方法，也可夹剪与挑剪结合进行。

## 第 2 节　女发修剪

### 学习目标

- 了解各类女式发型的修剪要求。
- 熟知修剪中角度提拉、变化与层次的关系。
- 掌握各类女式发型的修剪方法。

### 知识要求

#### 一、各种女发层次的综合修剪技术和概念

正确运用科学的修剪技术、修剪手法及修剪概念在女士发式修剪的过程中至

关重要。从人的头部发量分布来看，头发有粗细和疏密之分，从人的头型来看，有大、小、长、圆之分，从人体的身形来看，有高、矮、胖、瘦之分。故在女发层次的综合修剪技术和概念上，要求美发师在设计修剪的创作过程中，必须对各种女发的层次、修剪技巧、创作概念有充分的发挥与认识，要适应发型的千变万化和时代的变化，不能用一种发型来代替多种发型、用一种修剪方法完成多种发式要求。由于观察角度、审美观的不同，每个人对事物有着独特的见解和认识，对美发师来说，必须对以上的这些有框架式的定义和独特的展现能力，才能让修剪技术对发型质量标准起到主导作用，才会实现科学的艺术设计原理和概念为发型设计创作的技术标准。

对脸型较为圆短的人来说，修剪顶部头发时，发长要剪得短些，层次的参差度要强些，起到推高顶部高度的视觉效果，两侧修剪时，发长要剪得长些，层次的参差度低些，起到收紧两侧的蓬松度的效果。而对脸型较长的人来说，设计外轮廓时，顶部不能剪得过短或有过多的参差层次，起到降低顶部高度的视觉效果，两侧头发的修剪要略短或层次参差度强些，显现蓬松，起到增加两侧的宽度的效果。脸型、头型是美发师首先要考虑的因素，肩的宽窄、脖子的长短、个子的高矮、脸型的变化、个人的气质和职业的类别、着装的时尚程度等因素也不能忽视。其次要考虑的是合理的分区、合理的分份、提拉角度的变化、垂直或偏移的修剪技巧及牙剪、削刀对层次纹理立体发型处理等修剪技术在发式中充分的体现。最后，在发型设计中还有一项重要因素需美发师考虑，即头发的颜色。头发的颜色或是部分头发的颜色能体现设计的范围和深度，影响着发型设计中的纹理结构和效果。从光学的角度来讲，光源照射到某物体上，反射到人的眼中，人就会感知颜色，光源的强弱和物体的光滑与粗糙都会使人产生不同的视觉效果。顺畅光滑而不失稳重的发丝纹理结构对光的反射相对比较平均，而粗糙、活动的发丝纹理结构对光的反射相对比较散乱，也就是说，发式不同的纹理结构会使人产生不同的颜色视觉效果。

美发师在设计的过程中总是遵循运用艺术领域的普遍原则，即点、线、面，在发型修剪设计的过程中更离不开这三个基本要素。

点是修剪造型要素的基础。点的位置、点的排列、点的大小使人产生不同的视觉感，点的方向变化能形成强烈的节奏感。在发型修剪的过程中，正确、合理、巧妙运用和发挥点的作用，可突出发型的表现力和感染力，达到修剪造型的完美效果。

线是点与点间的连接延伸。线又分为直线和曲线两大类。直线中有水平线、垂直线和斜线。发型修剪中直线的变化运用会影响“型”的变化。发丝方向感的左右控制可运用水平线，发丝量感的控制可运用垂直线，发丝倾斜度、量感和动感的产生和控制可运用斜线，发丝动感美的线条、柔软视觉效果的产生常运用曲线，有规律、有变化和自由发展的曲线是波纹线。曲线（波纹线）做出的发型虽平淡但流畅，虽轻松但具动感。线的变化与组合会产生不同的形状，形状的变化也会影响着人的感觉和心理。发丝就是发型修剪中的线，将发丝的线条结构进行组合、变化，就可实现美丽、动人的发式，满足人们的爱美之心。

面是线的扩大，是线的组合和移动。面有平面和曲面，平面的发式效果给人的感觉是沉静、稳定，曲面的发式效果给人的感觉是活泼、动感。发式造型是通过面的构成和组合变化而产生的。

立体感是指用物体的长度、宽度和高度（深度）来表现空间面积范围。发式造型的立体感是通过点、线、面及层次、角度的组合运用表现出来的。在发式修剪过程中，将发丝的线条通过角度、方向、层次、剪刀切口的变化，可修剪出清晰的发式轮廓，如果角度变化大，轮廓线就随着角度和层次的变化而改变。线的组合是面，每根头发都有一个圆形的面，多根头发在一起就形成了多个面，这多个面的组合就形成几何形体，也就构成了发型的立体效果。立体的发式造型有一个正面、两个侧面、一个背面、一个顶面。这五个面的组合构成一个完美的发式整体造型，即头发外观轮廓造型。

发式是指头发造型，是人体的一小部分。作为一名优秀的美发师，还必须要充分考虑设计对象的脸型、年龄、性格、体型、职业、服饰等因素，强调发型与脸型、年龄、性格、体型、职业、服饰等的和谐和统一，注意综合修剪中各种女式发型层次的特点，充分体现自然美、实用美、整体和谐美。

所有的头发自然垂落，修剪的头发堆积在同一条设计线上形成发量线。根据发式要求，可在不同的范围进行修剪，形成其他样式的固体发式的型。

高层次型（大层次、渐增层次型）：修剪时顶部头发最短，后颈发际线处的头发最长，由顶部的发长逐渐向下增加延长。同样根据发式要求，可在不同的范围，以不同的角度大于90°的提拉角度进行修剪，形成大层次样式的发型。

低层次型（边沿层次型）：修剪时从后颈发际线处取一发片定为指引线，以提拉角度的方式一层一层（一片一片）按顺序由下至上叠加修剪，已修剪的发片即成为下一发片的新的设计线，形成上长下短的区域层次范围（小于45°）。同样，根据发式要求在不同范围，运用不同的角度，以由低至高形成的角度变化修剪成区域边沿层次样式的发型。

均等层次型：修剪时根据头形的弧度，修剪成等长的头发长度。为了达到头发长度的一致，所有头发必须以头肌线90°角提拉发片，并且以每片发片的头顶设计线为长度指引线进行中枢放射修剪，修剪过的每一发片即成为下一发片新的长度指引线。

综合层次型：修剪综合层次型发型时，以上三种层次型修剪的方法均可混合使用，根据发型设计的需要，采取两种以上的层次进行组合修剪，可以剪出更奇特、更新颖的发型。

### 1. 短发式综合层次修剪技术和概念（经典，现代）

美发师在短发式综合层次修剪操作中，大部分采用两种或两种以上的修剪方法进行交替或混合修剪（综合层次修剪）。

在进行女式短发高层次型（渐增层次型）与低层次型（边沿层次型）的综合修剪时，首先要了解其长度的混合特征：高层次型（渐增层次型）是一个完全不平滑的活动纹理，而低层次型（边沿层次型）体现出重量区和最大宽度及蓬松感。

技术要求：根据所要设计发型重量区域（骨梁区），分成上区（内区）、下区（外区）两个区，并用发夹固定，头顶外区为低层次结构，内区为高层次结构，在骨梁区以垂直头肌线90°水平提拉发片，选择上区和下区的汇合衔接修剪。

### 2. 中长发式综合层次修剪技术和概念（经典，现代）

美发师在中长发式综合层次修剪操作中，均等层次型（等长层次）也称球形层次，修剪时根据头形的弧度修剪成等长的头发长度，达到头发长度一致的效果。操作时以中枢放射垂直于头肌线90°角提拉发片，并且每片发片以头顶设计线为长度指引线，让修剪后的每一片发片成为下一发片新的长度指引线，达到均

等效果。高层次型（渐增层次型）由顶部最短处发长逐渐向后颈发际线处增加延长。

技术要求：头顶内区修剪成均等层次型（等长层次型），外区修剪成高层次型（渐增层次型），在骨梁区以90°角提拉，水平提拉发片与均等层次型（等长层次型）长度汇合衔接，进行高层次型（渐增层次型）修剪，头发长度为中长发（到肩部）。

### 3. 长发式综合层次修剪技术和概念（经典，现代）

美发师在长发式综合层次修剪操作中，低层次型（边沿层次型）的修剪可以获得最大宽度和膨胀感，形成一个平滑的纹理组合。头顶内区为低层次型（边沿层次型），外区为高层次型（渐增层次型）。

技术要求：以骨梁区为界，分出上、下两个区，先从骨梁区开始修剪（内区），以90°角水平提拉发片，确定发长后向内45°角修剪，骨梁区以下（外区）做高层次型（渐增层次型）修剪，从后颈中间垂直分出一片发片，以90°提拉发片，衔接骨梁区（内区），最短发长向外45°角修剪出高层次型（渐增层次型）。

### 4. 时尚发型式综合层次修剪技术和概念（长，短）

时尚发型区别于古典和传统的发式。时尚发型的特点是紧跟时代的流行趋势，修剪技术和概念要有所提升，要有新的突破和理念及创作灵感，能引领当时的潮流趋势。

女式时尚发型包括低层次型（边沿层次型）与平直式单一层次型（固体型）、不对称的时尚（Bobo）发型的综合修剪。

技术要求：以骨梁区为界，分出上（内区）、下（外区）两个区，头顶内区修剪成低层次型（边沿层次型），外区（耳后区）修剪成单一层次型（固体型）。头顶内区左侧发长修剪至耳下（盖耳处），右侧发长与左侧发长在后脑处（骨梁区）衔接，修剪成斜向前且发长逐渐增加至嘴角处。其发型特点为：具有时尚的时代感，在传统发型修剪的基础上有了新的突破，标新立异的轮廓给人新颖、时尚的美感。

## 二、修剪与提拉角度和层次的变化关系

### 1. 修剪与提拉角度的关系

修剪与提拉发片的角度影响着层次的变化。随着提拉或移动发片角度的变

化，头发的层次效果也在跟着变化，最终的效果在变化中产生。提拉的高低和角度变化将决定修剪的发长，把握和注意发片提拉角度的变化，是修剪出完美发型的基本条件。发片的提拉角度有高有低，提拉越高，层次越明显，提拉越低，层次越不明显。顾客的头发的条件、头型等因素也会影响发式修剪的最终效果。

### 2. 角度与层次的变化关系

如何决定修剪的长度排序、层次纹理及发量的变化关系呢？修剪时提拉起来的头发与头肌线会形成一定的角度，当头发自然下垂，即0°角时，所产生的层次是一个固定的发量厚重的固体型。当发片提拉至45°角修剪时，随着角度和层次的上移，会产生边沿层次结构。当头发与头肌线以90°角提拉发片修剪时，一个均等层次结构便会产生。也就是说头发距离设计线越远，头发的长度就越长。所以，不同的具体发式造型是在角度与层次的变化关系中形成的。

## 三、女式长、中、短各类波浪式发型修剪的质量标准

### 1. 长发波浪修剪的质量标准

长度常规定在肩膀以下约20 cm。

层次不能太明显，过高的层次会使波浪过于松散。

波浪之间的连接要自然、流畅，浪峰和浪谷无外翻。

### 2. 长发波浪式修剪的操作要领（经典）

（1）标准五分区。根据顾客头型进行区域分配，侧部前后区域头发量感分配不可差距太大而不协调，刘海区域根据顾客头型设定，依据额头宽度分配，刘海区域不可过宽或者过窄。

（2）发型轮廓修剪及长度的设定。将后部区域分为上、下两个部分，根据顾客头型设定，比例要协调，一般控制在枕骨的位置，头发自然落差为0°，设定发型长度在肩胛骨处，外轮廓形状设定为水平且呈略微圆弧形，两侧略高，要有一定的倾斜度，然后再提拉角度进行刀削层次，一般提拉角度为15°～30°，下部区域头发层次要偏低，不可过高，修剪两侧头发时要注意保留轮廓，不可破坏外轮廓形状。

（3）修剪层次。将上半部分头发分出头顶保留区，再依据下部区域头发长

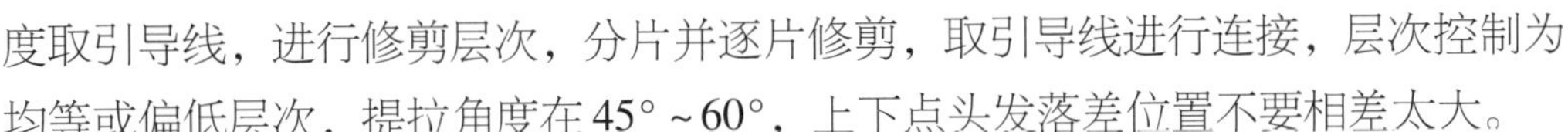

度取引导线，进行修剪层次，分片并逐片修剪，取引导线进行连接，层次控制为均等或偏低层次，提拉角度在45°~60°，上下点头发落差位置不要相差太大。

（4）两侧区域的修剪。将两侧区域分成上下两个部分，先保留头顶部不动，两侧自然提拉角度为15°~30°，取后部发片作为引导，进行刀削层次。

（5）头顶部的刀削。首先取头顶发束确定所需要的长度，决定层次落差的位置，然后两侧全部取斜发片向后交叉，与下部区域连接，做斜向刀削。

（6）刘海区域刀削。刘海设定为斜长刘海，长度设定在下颚以下5 cm的位置，设定好长度后取刘海发片往反方向提拉，并且提拉15°左右的角度，做斜向刀削，与脸际连接，刘海长度、形状及层次一起完成。另一侧用相同方式与脸际连接。

（7）削除多余的头发。所有头发全部向前梳，与前半部分头发做连接，多余的头发全部削除。

（8）去量刀削，修饰打薄。依据顾客发量及发质状况，做针对性的修饰去量，要求发梢成尖锥状，轮廓部分不可去量太多，头发太薄会没有量感，整体也不可过于厚重而失去轻盈感。

（9）发尾的连接处理。用剪刀进行修剪，全头取放射发片，逐层提拉角度，做发尾的连接处理。

注意事项：长发波浪式主要以刀削、削划剪和抓剪等方式来完成，刀削的角度一般为45°，如需直接切割长度，角度可加大至90°，削划剪注意由发梢至发根，以削略带剪，一定不能直接剪，抓剪只能完成基本层次，不能达到发梢成尖锥状的效果，一定要进行打薄处理。美发师的站姿及站位应随修剪区域的变化而变化，动作手势要标准大方，发片要直，不可漏发，角度提拉准确，下刀动作熟练，准确干脆，不可拖泥带水，每片发片修剪，引导线要清晰，连接要准确，不出现断层脱节。

### 3. 长发波浪式修剪的操作要领（现代）

（1）长发波浪式修剪要依据顾客头型与发质要求，协调性地分成五个区域。分区时，侧部的前后发量分配不可差距太大，刘海区域宽窄要根据顾客额头宽度进行分配。

（2）以枕骨部的中部为平行线，将头后部区域分为上下两个部分，用发夹

固定上部头发，下部区域头发自然呈0°角垂下。长发波浪的修剪长度在肩胛骨处，修剪时发式外轮廓形状线为水平略有圆弧，两侧略高，有一定的斜度。层次修剪时，按轮廓的外沿线发丝提拉角度进行层次修剪，尾部区域层次要低，过高会脱节或缺乏量感，保留两侧轮廓形状。

（3）完成枕下部的修剪后，将上半部头发自然0°角垂下，分出头顶保留区并用发夹固定，取出下部修剪好的头发作为上部头发修剪的引导线，逐片进行修剪至整个上部区域内的头发修剪完。修剪时，层次控制均等偏低，上下连接点头发落差位置不要相差太大。

（4）侧发区修剪时，顶部保留区头发不动，将两侧区域分成上下两个部分，下侧部头发自然0°角垂下，不提拉角度，依后部修剪好的发长向前30°～45°斜度前移定出前点长度，以前高后低的轮廓线连接后部区域。长度确立后进行层次的修剪，修剪层次轮廓时头发自然垂下不动，保留轮廓的完整性，提拉角度要低，上下连接点头发落差位置不要太明显。

（5）修剪头顶区域时，根据头发生长的规律将毛发流向自然散落，取上下部区域头发发片，依下部发片为引导提拉角度修剪连接。提拉时，头顶层次设定均等偏高，加大头发上下点的落差距离，提升效果的蓬松感，顶部两侧依次垂直提拉发片，按引导发片连接修剪至整个发式完成。

（6）刘海区域修剪时，先确定刘海长度在下颚以下5 cm的位置，设定好长度，然后取刘海发片倾向反侧斜向修剪出刘海形状。修剪刘海层次时，层次不可修剪过高，提拉角度要与其他部位相衔接，避免脱节断层。

（7）发量调整时，根据顾客的发量、发质等状况，做针对性的修饰去量处理，效果要求发梢成尖锥状，去量太多或太薄会造成没有量感，发量过于厚重则失去轻盈感，所以在去发量时一定要保持发式的和谐性、统一性、完美性。

### 4. 中长发波浪修剪的质量标准

长度常规定在肩膀以下约5 cm。

层次不能太明显，过高的层次会使波浪过于松散。

波浪之间的连接要自然、流畅，浪峰和浪尾无外翻。

### 5. 中长发波浪式修剪的操作要领（经典）

（1）标准五分区。根据顾客头型进行标准均匀的区域分配，侧部前后区域

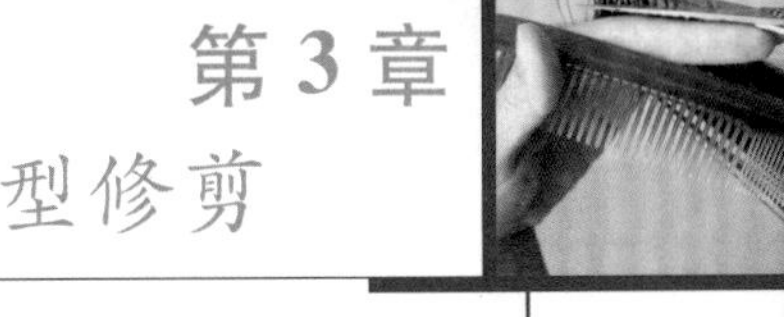

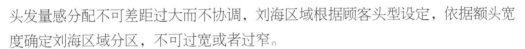

头发量感分配不可差距过大而不协调，刘海区域根据顾客头型设定，依据额头宽度确定刘海区域分区，不可过宽或者过窄。

（2）发型轮廓修剪及长度的设定。将后部区域分为上下两个部分，根据顾客头型设定，比例要协调，一般控制在枕骨的位置，自然落差为0°角，设定发型长度在齐肩处，外轮廓形状设定为水平且呈略微圆弧形，两侧略高，有一定的倾斜度，然后再提拉角度进行刀削层次，一般提拉角度为15°～30°，下部区域层次要偏低，不可过高，修剪两侧头发时注意保留轮廓，不可破坏外轮廓形状。

（3）修剪层次。将上半部分头发分出头顶保留区，再依据下部区域头发长度取引导线，进行刀削层次，分片并逐一修剪，取引导线进行连接，层次控制为均等或偏低层次，角度提拉为45°～60°，上下点头发落差位置不要相差太大。

（4）两侧区域的修剪。将两侧区域分成上下两个部分，先保留头顶部不动，两侧自然提拉角度为15°～30°，取后部发片作为引导，进行刀削层次。

（5）头顶部的刀削。首先取头顶发束确定所需要的长度，决定层次落差的位置，然后两侧全部取斜发片向后交叉，与下部区域连接，做斜向刀削。

（6）刘海区域刀削。刘海设定为斜长刘海，长度设定在下颚的位置，设定好长度后取刘海发片往反方向提拉，提拉角度约为15°，做斜向刀削，与脸际连接，刘海长度、形状及层次一起完成，另一侧以相同方式与脸际连接。

（7）削除多余的头发。所有头发全部向前梳，与前半部分头发做连接，多余的全部削除。

（8）去量刀削，修饰打薄。依据顾客发量及发质状况，做针对性的修饰去量，要求发梢成尖锥状，轮廓部分不可去量太多，头发太薄没有量感，整体也不可过于厚重而失去轻盈感。

（9）发尾的连接处理。用剪刀进行修剪，全头取放射发片，逐层提拉角度，做发尾的连接处理。

注意事项：这类发型主要以刀削、削划剪和抓剪完成，刀削的角度一般为45°，如需直接切割长度，角度可加大至90°，削划剪注意由发梢至发根，以削略带剪，一定不能直接剪，抓剪只能完成基本层次，不能达到发梢成尖锥状的效果，一定要进行打薄处理。美发师的站姿及站位应随修剪区域的变化而变化，动作手势标准大方，发片要直，不可漏发，角度提拉准确，下刀动作熟练，准确干脆，不可拖泥带水，每片发片修剪时，引导线要清晰，连接要准确，不出现断层脱节。

### 6. 中长发波浪式修剪的操作要领（现代）

（1）标准五分区。根据顾客头型进行标准均匀的区域分配，侧部前后区域头发量感分配不可差距太大而不协调，刘海区域根据顾客头型设定，依据额头宽度分配，刘海区域不可过宽或者过窄。

（2）发型轮廓修剪及长度的设定。将后部区域分为上下两个部分，根据顾客头型设定，比例要协调，一般控制在枕骨的位置，自然落差为0°角，设定发型长度在齐肩的位置，外轮廓形状设定为水平且呈略微圆弧形，两侧略高，有一定的倾斜度，然后再提拉角度进行修剪层次，下部区域头发层次要偏低，不可修剪得过高，修剪两侧头发时注意保留轮廓，不可破坏外轮廓形状。

（3）修剪层次。将上半部分头发分出头顶保留区，再依据下部区域头发长度取引导线，进行层次修剪，分片并逐片修剪，取引导线进行连接，层次控制为均等或偏低层次，上下点头发落差位置不要相差太大。

（4）两侧区域的修剪。将两侧区域分成上下两个部分，先保留头顶部不动，侧部区域先保持自然落差，不提拉角度，与后部区域轮廓连接，修剪设定侧部轮廓为前高后低，倾斜度设定为30°～45°，然后再提拉角度，取后部区域作为引导，修剪层次，不动头发轮廓，保留轮廓的完整性。

（5）头顶区域修剪。将头顶区头发全部按自然毛发流向分散开来，头顶后部按放射点取放射形发片，取下部区域头发作为引导，提拉角度修剪连接，头顶层次设定为均等或偏高，加大头发上下点的落差距离，头顶两侧，依次剪去直立发片，按引导连接修剪至脸际。

（6）刘海区域修剪。刘海设定为斜长刘海，长度设定在下颚的位置，设定好长度后取刘海发片倾向反侧做斜向修剪，设定刘海形状，最后提拉刘海角度，修剪刘海层次，层次不可修剪得过高。

（7）连接修剪。刘海修剪完成后，取脸际侧部头发，和刘海做连接修剪，避免脱节断层，同时可略微加大脸际层次的展开面。

（8）去量刀削，修饰打薄。依据顾客发量及发质状况，做针对性的修饰去量，要求发梢成尖锥状，轮廓部分不可去量太多，头发太薄没有量感，整体也不可过于厚重而失去轻盈感。

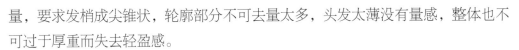

注意事项：美发师的站姿及站位应随修剪区域的变化而变化，动作手势标准大方，发片要直，不可漏发，角度提拉准确，下刀动作熟练，准确干脆，不可拖泥带水，每片发片修剪，引导线要清晰，连接要准确，不出现断层脱节。

### 7. 短发波浪修剪的质量标准（经典）

长度常规定在肩膀以上。

层次不能太明显，过高的层次会使波浪过于松散。

波浪之间的连接要自然、流畅，浪峰和浪尾无外翻。

### 8. 短发波浪式修剪的操作要领（经典）

（1）标准五分区。根据顾客头型进行标准均匀的区域分配，侧部前后区域头发量感分配不可差距太大而不协调，刘海区域根据顾客头型设定，依据额头宽度分配，刘海区域不可过宽或者过窄。

（2）发型轮廓修剪及长度的设定。将后部区域分为上、下两个部分，根据顾客头型设定，比例要协调，一般控制在枕骨的位置，自然落差为0°，设定发型长度在颈背的位置，外轮廓形状设定为水平且呈略微圆弧形，两侧略高，有一定的倾斜度，然后再提拉角度进行修剪层次，下部区域层次要偏低，不可修剪得过高，修剪两侧头发时要注意保留轮廓，不可破坏外轮廓形状。

（3）修剪层次。将上半部分头发分出头顶保留区，再依据下部区域头发长度取引导线，进行刀削层次，分片并逐片修剪，取引导线进行连接，层次控制为均等或偏低层次，上下点头发落差位置不要相差太大。

（4）两侧区域的修剪。将两侧区域分成上、下两个部分，先保留头顶部不动，侧部区域先保持自然落差，不提拉角度，与后部区域轮廓连接，修剪设定侧部轮廓为前高后低，倾斜度设定为30°～45°，然后再提拉角度，取后部区域作为引导，刀削层次，不动头发轮廓，保留轮廓的完整性。

（5）头顶区域修剪。将头顶区头发全部按自然毛发流向分散开来，头顶后部按放射点取放射形发片，取下部区域头发作为引导，提拉角度修剪连接，头顶层次设定为均等或偏高，加大头发上下点的落差距离，头顶两侧，依次修剪直立

发片，按引导线连接修剪至脸际。

（6）刘海区域修剪。刘海设定为斜长刘海，长度设定在鼻尖的位置，设定好长度后取刘海发片倾向反侧做斜向修剪，设定刘海形状，最后提拉刘海角度，修剪刘海层次，层次不可修剪得过高。

（7）连接修剪。刘海修剪完成后，取脸际侧部头发，和刘海做连接修剪，避免脱节断层，同时可略微加大脸际层次的展开面。

（8）去量刀削，修饰打薄。依据顾客发量及发质状况，做针对性的修饰去量，要求发梢成尖锥状，轮廓部分不可去量太多，头发太薄没有量感，整体也不可过于厚重而失去轻盈感。

注意事项：这类发型主要以刀削、削划剪和抓剪完成，刀削的角度一般为45°，如需直接切割长度，角度可加大至90°，削划剪注意由发梢至发根，以削略带剪，一定不能直接剪，抓剪只能完成基本层次，不能达到发梢成尖锥状的效果，一定要进行打薄处理，美发师的站姿及站位应随修剪区域的变化而变化，动作手势标准大方，发片要直，不可漏发，角度提拉准确，下刀动作熟练，准确干脆，不可拖泥带水，每片发片修剪，引导线要清晰，连接要准确，不可出现断层脱节。

### 9. 短发波浪式修剪的操作要领（现代）

（1）标准五分区。根据顾客头型进行标准均匀区域的分配，侧部前后区域头发量感分配不可差距太大而不协调，刘海区域根据顾客头型设定，依据额头宽度分配，刘海区域不可过宽或者过窄。

（2）发型轮廓修剪及长度的设定。将后部区域分为上、下两个部分，根据顾客头型设定，比例要协调，一般控制在枕骨的位置，自然落差为0°，设定发型长度在颈背的位置，外轮廓形状设定为水平且呈略微圆弧形，两侧略高，有一定的倾斜度，然后再提拉角度进行修剪层次，下部区域层次要偏低，不可修剪得过高，修剪两侧头发时要注意保留轮廓，不可破坏外轮廓形状。

（3）修剪层次。将上半部分头发分出头顶保留区，再依据下部区域头发长度取引导线，进行修剪层次，分片并逐一修剪，取引导线进行连接，层次控制为均等或偏低层次，上下点头发落差位置不要相差太大。

（4）两侧区域的修剪。将两侧区域分成上、下两个部分，先保留头顶部不

动，侧部区域先保持自然落差，不提拉角度，与后部区域轮廓连接，修剪设定侧部轮廓为前高后低，倾斜度设定在30°~45°之间，然后再提拉角度，取后部区域作为引导，修剪层次，不动头发轮廓，保留轮廓的完整性。

（5）头顶区域修剪。将头顶区头发全部按自然毛发流向分散开来，头顶后部按放射点取放射形发片，取下部区域头发作为引导，提拉角度修剪连接，头顶层次设定为均等或偏高，加大头发上下点的落差距离，头顶两侧，依次修剪直立发片，按引导线连接修剪至脸际。

（6）刘海区域修剪。刘海设定为斜长刘海，长度设定在鼻尖的位置，设定好长度然后取刘海发片倾向反侧做斜向修剪，设定刘海形状，最后提拉刘海角度，修剪刘海层次，层次不可修剪得过高。

（7）连接修剪。刘海修剪完成后，取脸际侧部头发和刘海做连接修剪，避免脱节断层，同时可略微加大脸际层次的展开面。

（8）去量刀削，修饰打薄。依据顾客发量及发质状况，做针对性的修饰去量，要求发梢成尖锥状，轮廓部分不可去量太多，头发太薄没有量感，整体也不可过于厚重而失去轻盈感。

注意事项：美发师的站姿及站位应随修剪区域的变化而变化，动作手势标准大方，发片要直，不可漏发，角度提拉准确，下刀动作熟练，准确干脆，不可拖泥带水，每片发片修剪，引导线要清晰，连接要准确，不可出现断层脱节。

### 10. 时尚发型式综合修剪的质量标准（长，短）

时尚长发型综合修剪的质量标准如下：

（1）长度。发式长度超出发际线15 cm以上，根据发式要求局部可更短或超常修剪。

（2）层次。发式层次不宜过高或太明显，根据发式要求局部层次可无限发挥，可进行混合层次修剪。

（3）造型。发式造型丰富，有飘逸感，发丝衔接自然流畅，纹理清晰，动静结合，充分显现时代气息。

### 11. 时尚短发型综合修剪的质量标准

（1）长度方面。可在发际线10 cm以内，局部区域可根据发式要求调节发长

与厚薄。

（2）层次方面。长短有序，也可根据发式要求进行变化，可选择单一层次和多种层次交替使用，达到时尚的效果。

（3）造型方面。内外轮廓衔接自然，具有引领潮流的时尚感，达到整体协调的视觉效果。

## 四、修剪技术问题的解决方法

### 1. 经典与现代波浪发式修剪问题的解决方法

（1）长度问题。发型的长度直接影响发型最后的效果及表现的风格。在确定发型长度的时候，需要考虑头发自然垂落的位置，是否存在逆生长的毛发流向、发旋，是否有烫发或者天然卷等。同时也需要考虑后部确定的长度，放至两侧胸前的长度位置。在确定长度的时候不可将发片拉得太紧，尽量保持头发的自然垂落状态，不可直接修剪得太短，可先定略微长一点，如不合适，再做调整修剪。

（2）层次问题。发型修剪过程中，头发层次的高低非常重要，其直接影响最后发型成型的效果和表现的风格。层次的高低由发片提拉角度的高低和修剪工具与发片所形成的切口大小来决定。如果修剪完，层次过低，会导致最后头发的波浪堆积在一起，无法表现出效果，这时候需要提高发片的角度再做修剪，加大层次展开面；如果修剪完，层次过高，会导致头发的花型过于松散，甚至脱节，这时候需要适当修短发型下方头发的长度，使整体层次展开面变小，但这也会导致发型长度变短，引起发式的改变。所以在下一次修剪的时候，要特别注意提拉发片的角度不能太高，以及下刀修剪的角度不能太大。

（3）修饰去量问题。发型修剪完成后，修饰非常重要，这会影响发梢的融合感、波浪花型表现的空间感和连接的紧密性。如发型修剪完成，发尾出现结块和不融合现象，则可提起发片，针对发梢做修饰去量处理；如波浪花型堆积不易展开和进行融合连接，则需要提起发片，做发片内部空间的修饰，或者采用倒削的修饰技巧。

### 2. 现代发型修剪问题的解决方法

在修剪的过程中，每区、分份、分片及提拉角度必须按发式要求进行，提拉角度不应过高或过低。除提拉角度外，还要注意剪刀切口的角度，如果把握不好会影响发尾的量感和纹理的流向。

（1）修剪中对层次的认识。发式的层次决定着发式的最后效果。发式的层次有多种，对每种层次的认识要加强，以便深刻理解层次对发式效果的作用，灵活巧妙地利用好各种层次的变化。在组合层次修剪时，要把握好层次与层次衔接处的连接与过渡，衔接有痕时要明显可见，过渡无痕时要过渡自然，达到整体和谐的效果。

（2）修剪中对型的把握。修剪创作的根本目的是通过人体头部的发型体现效果，必须要考虑到顾客的头型、脸型、体型、头发发量、生长方向及其他特殊情况。只有对美发的相关知识深刻了解，不断提高自身的艺术修养、业务知识、专业技术水平，勤练修剪过程中的各种技法，才能正确地把握好对型的控制。

## 技能要求

### 女士经典型长发波浪式的修剪技法

**操作准备**

（1）操作前准备好以下工具和用品：毛巾、围布、剪刀、削刀、剪发梳、毛发刷、喷水壶、发夹等。

（2）设定发型长短。发长为过肩。

**操作步骤**

**步骤 1** 先将头发分为 5 个区域，左右侧面对称（见图 3—154、图 3—155）。

图 3—154

图 3—155

**步骤 2** 确定发型长度，从后颈部开始，以自然落差 0°修剪，然后取出一束发片从右侧后部落差 0°向前倾斜 45°修剪，另一侧以相同方式修剪（刀削）（见图 3—156、图 3—157、图 3—158）。

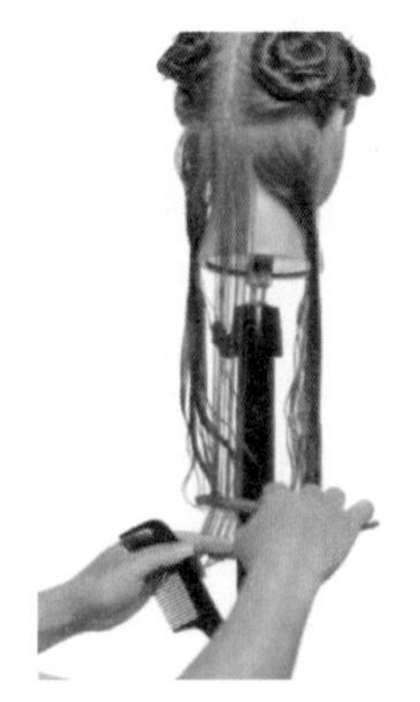

图 3—156

图 3—157

图 3—158

**步骤 3** 确定层次高低，一般以层次角度为 15°～45°修剪，取后右侧颈部头发提拉角度为 45°，以后部底线为引导，向前倾，提拉发片 45°修剪，另一侧以相同方式修剪（刀削）（见图 3—159、图 3—160、图 3—161）。

图 3—159

图 3—160

图 3—161

**步骤 4** 右侧提取一束发片角度为 15°～45°，并倾斜 45°开始修剪，慢慢由下往上提取发片移动进行修剪，后部左右两侧以相同方式修剪，注意上下层次衔接，另一侧以相同方式修剪（刀削）（见图 3—162、图 3—163、图 3—164）。

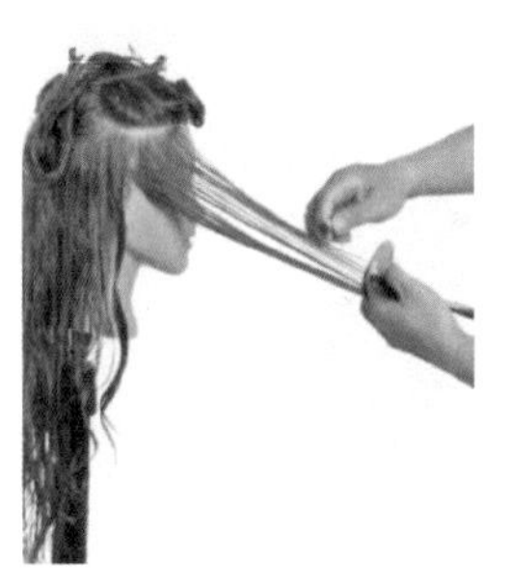
图3—162

图3—163

图3—164

**步骤5** 修剪刘海区域时，确定刘海长度及层次高低，提取刘海一束发片以角度为15°～45°向前倾45°修剪，与两侧连接（见图3—165、图3—166、图3—167）。

图3—165

图3—166

图3—167

**步骤6** 修剪顶部区域时，先从顶部提取一束发束，自然往前梳理，并以刘海的长度为基准进行修剪，把头发往后梳理，提取一束发片衔接后枕部的层次，进行修剪（见图3—168、图3—169、图3—170）。

**步骤7** 检查整个发型层次衔接的差异，调整厚薄，修整处理发梢，采用抓剪、滑剪、牙剪及其他不同的修剪方法进行修饰（见图3—171、图3—172、图3—173）。

图 3—168　　图 3—169　　图 3—170

图 3—171　　图 3—172　　图 3—173

**步骤 8**　正面效果及后面效果如图 3—174、图 3—175 所示。

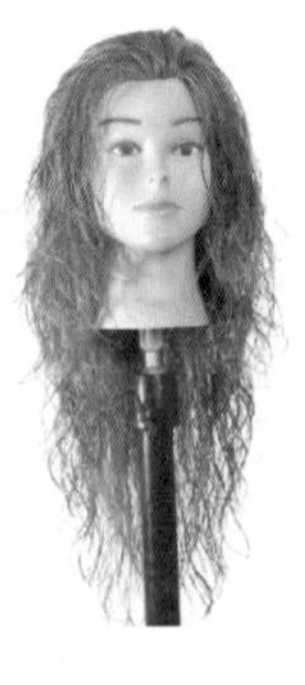

图 3—174

图 3—175

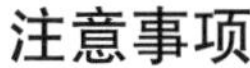

**注意事项**

（1）外轮廓为圆弧形状。

（2）用削刀削切出的头发长度及层次的效果要自然。

（3）要求所有头发发尾呈笔尖状，使头发线条易于成 S 形。

## 现代型长发波浪式的修剪技法

**操作准备**

（1）操作前准备好以下工具和用品：围布、剪刀、削刀、锯齿剪刀、梳子。

（2）设定发型长短。

**操作步骤**

**步骤 1**　将头发分为 5 个大区，左右侧面对称（见图 3—176、图 3—177、图 3—178）。

图 3—176

图 3—177

图 3—178

**步骤 2**　修剪外轮廓（头发轮廓沿线）。下方区修剪，确定发型长度，先提取中分线一束发片并使其自然落差 0°进行修剪，然后左右两侧发片以自然落差 0°向前倾 45°进行修剪（见图 3—179、图 3—180、图 3—181）。

**步骤 3**　两侧用同样的方法来确定发型长度（见图 3—182、图 3—183）。

**步骤 4**　修剪内轮廓（指的是发型的层次高低）。以底线为标准，根据发型层次需求进行修剪，一般提拉角度小于 90°，先剪下方区，修剪时取后部中心线一束发片，确定层次高低进行修剪，然后以此作为层次高低的标准线，再先右后左，或先左后右分区、分片以标准线为基础随头型左右移动进行修剪

（见图 3—184、图 3—185、图 3—186）。

图 3—179

图 3—180

图 3—181

图 3—182

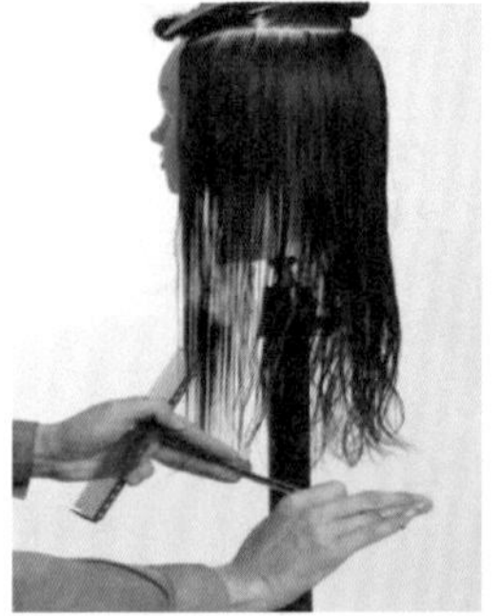

图 3—183

图 3—184

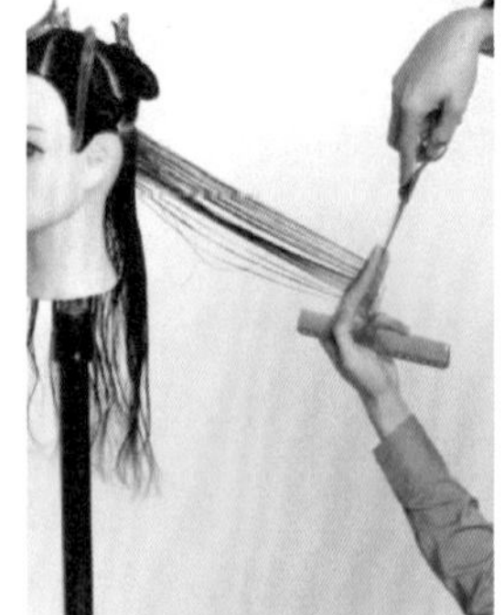

图 3—185

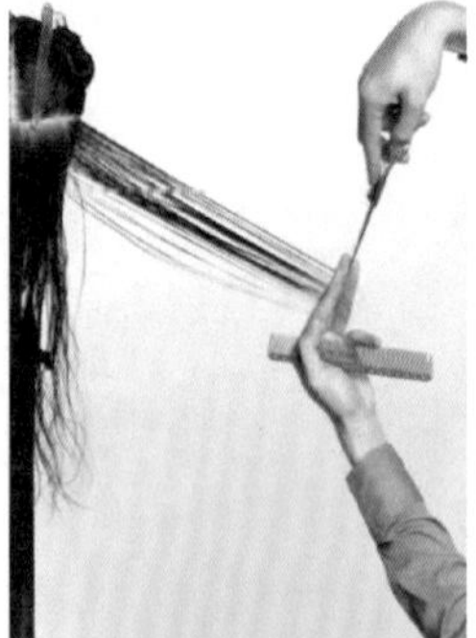

图 3—186

**步骤 5** 修剪上方区（U 形区）后部，以下方区底线为引导，提拉角度为 90°，分层、分区、分片左右移动进行修剪（见图 3—187、图 3—188、图 3—189）。

图 3—187

图 3—188

图 3—189

**步骤 6** 修剪 U 形区的左右两侧，以底线为引导，提拉角度为 90°，分层、分区、分片左右移动进行修剪（见图 3—190、图 3—191、图 3—192）。

图 3—190

图 3—191

图 3—192

**步骤 7** 修剪顶部头发，以下部头发为引导，提拉角度大于 90°进行修剪（见图 3—193、图 3—194、图 3—195）。

**步骤 8** 然后移向右侧进行修剪（见图 3—196、图 3—197）。

图 3—193

图 3—194

图 3—195

图 3—196

图 3—197

**步骤 9** 用同样角度和方法进行左侧修剪（见图 3—198、图 3—199）。

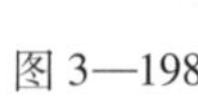
图 3—198

图 3—199

**步骤10**　修剪刘海，分出刘海三角区（见图3—200、图3—201）。

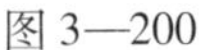
图3—200

图3—201

**步骤11**　修剪刘海区域层次，发片向前提拉45°并倾斜45°，分区、分片移动修剪，并与侧面（另一侧）相连接（见图3—202、图3—203、图3—204）。

图3—202

图3—203

图3—204

**步骤12**　修剪完成后，采用不同手法对发梢及发量进行调整（见图3—205、图3—206、图3—207）。

**步骤13**　正面、侧面及后面效果如图3—208、图3—209、图3—210所示。

图 3—205

图 3—206

图 3—207

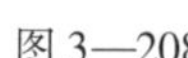
图 3—208

图 3—209

图 3—210

## 注意事项

（1）现代型长发波浪（波纹）块面要卷曲自然，线条流畅，呈曲线 S 形。

（2）层次较为经典并具有时代感，更加突出线条及发型的动感美。

### 经典型中长波浪式的修剪技法

## 操作准备

（1）操作前准备好以下工具和用品：围布、剪刀、削刀、梳子。

（2）设定发型长短。

## 操作步骤

**步骤 1**　先将头发分为 5 个区域，左右侧面对称（见图 3—211、图 3—212、图 3—213）。

图3—211

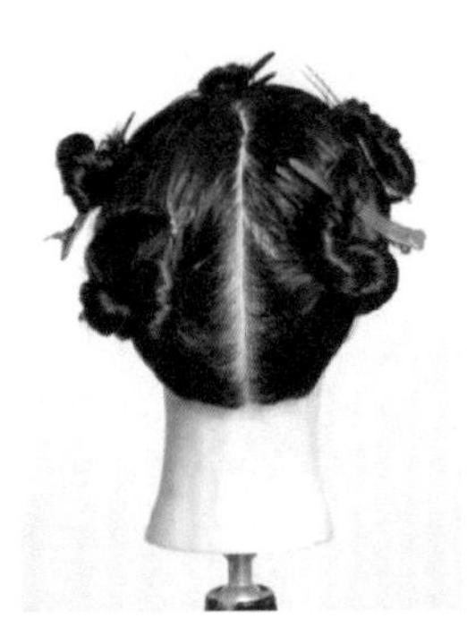
图3—212

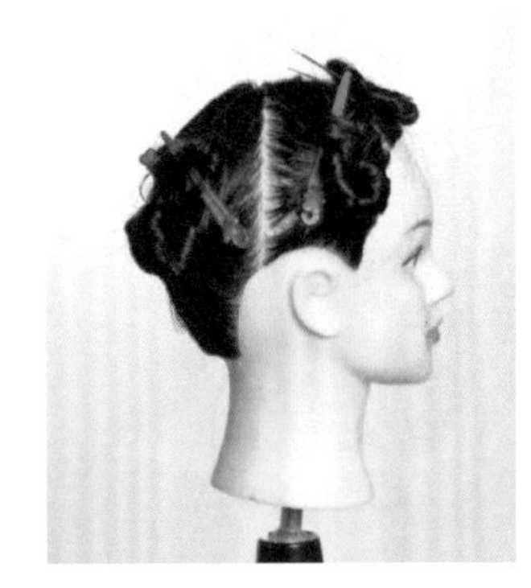
图3—213

**步骤2** 确定发型长度及底线基本层次。从后颈部开始，以自然落差稍提角度（约15°）进行修剪，然后取出一束发片从右侧后部用相同手法修剪，另一侧以相同方式修剪（刀削）（见图3—214、图3—215、图3—216）。

图3—214

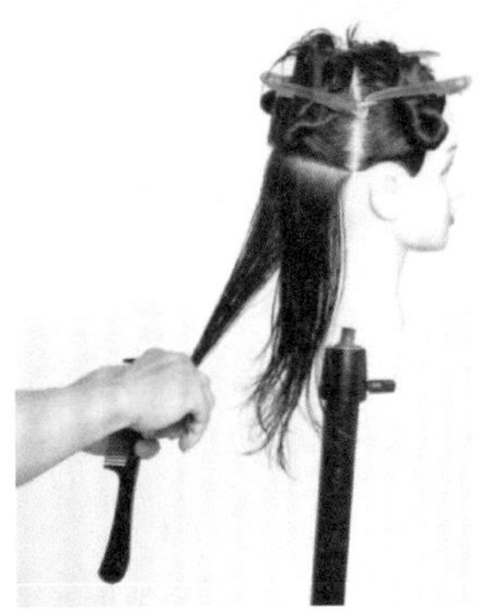
图3—215

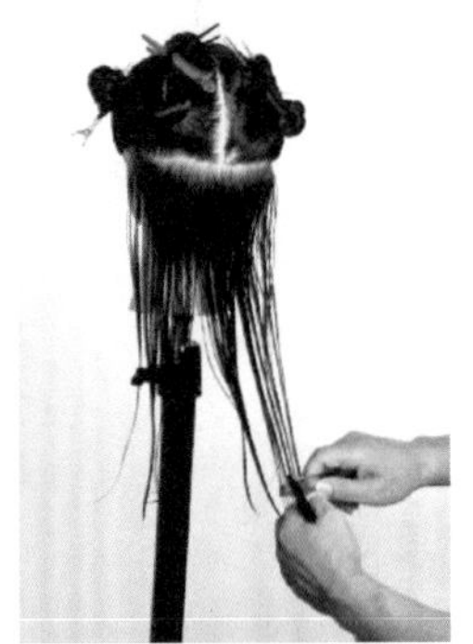
图3—216

**步骤3** 右侧面提取一束发片，以自然落差稍提角度（约15°）修剪，另一侧用相同方式修剪（刀削）（见图3—217、图3—218、图3—219）。

**步骤4** 确定层次高低。一般以层次角度为15°～45°开始修剪，取后颈部发片提拉角度为45°，以后部底线为引导，提拉发片角度为45°，进行左右修剪，先剪后颈部中心线然后先左后右或先右后左进行修剪（刀削）（见图3—220、图3—221、图3—222）。

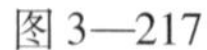
图 3—217

图 3—218

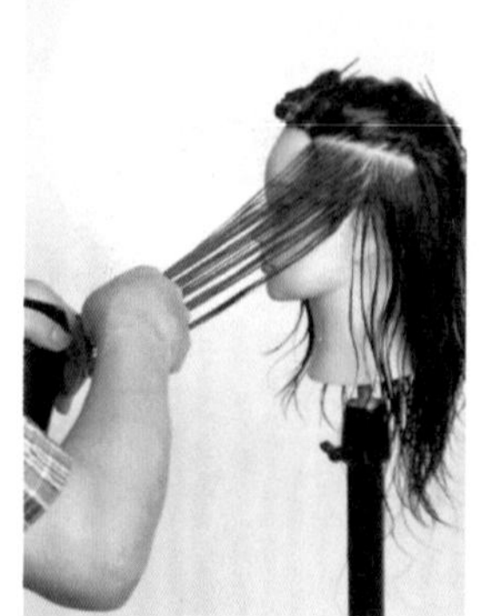
图 3—219

图 3—220

图 3—221

图 3—222

**步骤 5**　开始修剪右侧部层次，以后右侧部底线为引导，发片向前倾 45°，移动并提拉 45° 开始修剪，由下往上进行右侧部分修剪，另一侧以相同方式修剪。（刀削）（见图 3—223、图 3—224、图 3—225）。

**步骤 6**　修剪刘海区域时，确定刘海长度及基本边沿层次。提取一束发片自然向右倾斜 45°，稍提角度修剪（刀削），并与两侧连接（见图 3—226、图 3—227）。

**步骤 7**　修剪刘海层次，确定刘海层次高低。提取刘海一束发片以角度为 15°～45°，向右倾斜 45°，并连接侧面及顶部进行修剪（刀削），另一侧用相同方式修剪（见图 3—228）。

图 3—223

图 3—224

图 3—225

图 3—226

图 3—227

图 3—228

**步骤 8** 修剪顶部区域，确定顶部长度，连接四周使层次衔接自然，从后顶部开始修剪，左右自然移动，最后把刘海区及两侧区往后梳理，提取一束发片进行修剪（刀削）（见图 3—229、图 3—230、图 3—231）。

**步骤 9** 检查整个发型层次衔接的差异，调整、修整头发厚薄及发梢，并用抓剪及不同的其他修剪方法进行修饰（见图 3—232、图 3—233、图 3—234、图 3—235、图 3—236、图 3—237）。

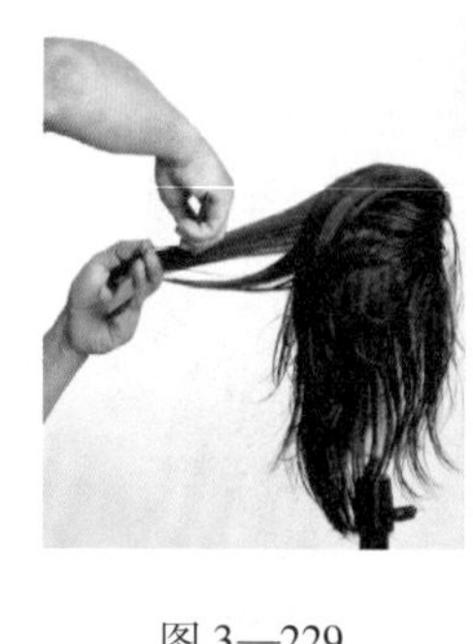

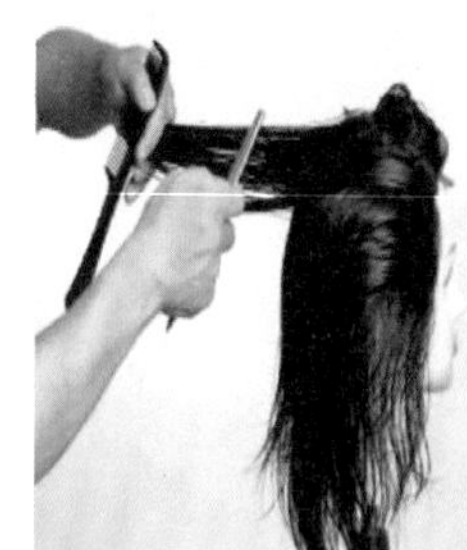

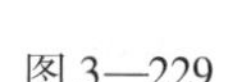

图 3—229　　图 3—230　　图 3—231

图 3—232　　图 3—233　　图 3—234

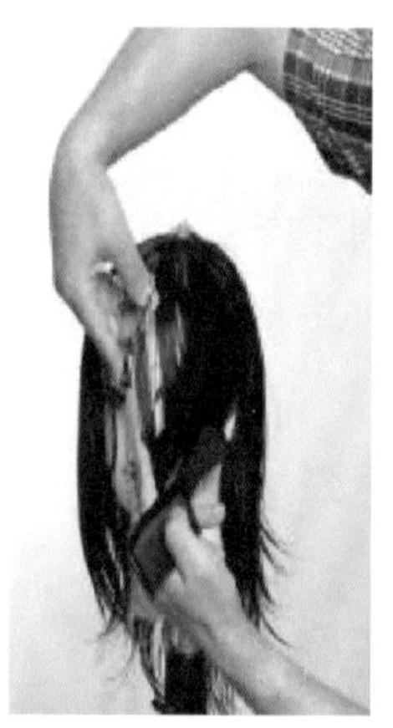

图 3—235　　图 3—236　　图 3—237

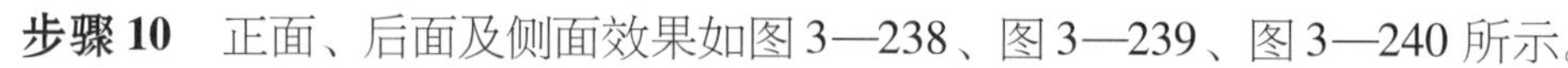

**步骤 10**　正面、后面及侧面效果如图 3—238、图 3—239、图 3—240 所示。

图3—238　　图3—239　　图3—240

**注意事项**

(1) 外轮廓为圆弧形状。

(2) 用削刀削切出的头发长度及层次的效果要自然。

(3) 要求所有头发发尾呈笔尖状，使头发线条易于成S形。

## 现代型中长波浪式的修剪技法

**操作准备**

(1) 操作前准备好以下工具和用品：围布、剪刀、削刀、锯齿剪刀、梳子。

(2) 设定发型长短。

**操作步骤**

**步骤1**　将头发分5个大区，左右侧面对称（见图3—241、图3—242、图3—243）。

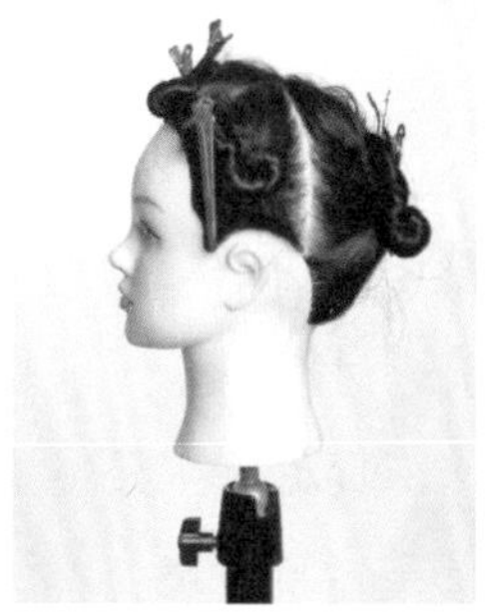

图3—241　　图3—242　　图3—243

**步骤 2** 修剪外轮廓（头发轮廓沿线）。下方区修剪，确定发型长度，先提取中分线一束发片并以自然落差 0°进行修剪，然后以左右两侧发片自然落差 0°向前倾 45°进行修剪（见图 3—244、图 3—245、图 3—246）。

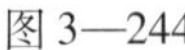
图 3—244

图 3—245

图 3—246

**步骤 3** 两侧用同样的方法来确定发型长度（见图 3—247、图 3—248、图 3—249）。

图 3—247

图 3—248

图 3—249

**步骤 4** 修剪内轮廓（指的是发型的层次高低）。以底线为标准，根据发型层次需求进行修剪，一般提拉角度小于 90°，先剪下方区，修剪时取后部中心线一束发片，确定层次高低进行修剪，然后以其作为层次高低的标准线，再先右后左，或先左后右分区、分片以标准线为基础，随头型左右移动进行修剪（见图 3—250、图 3—251、图 3—252）。

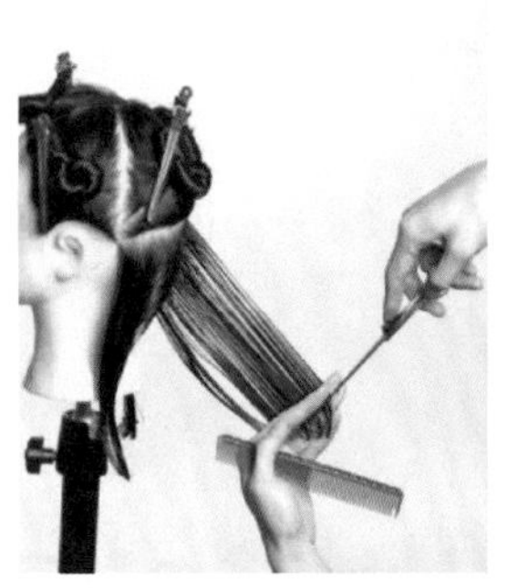

图3—250

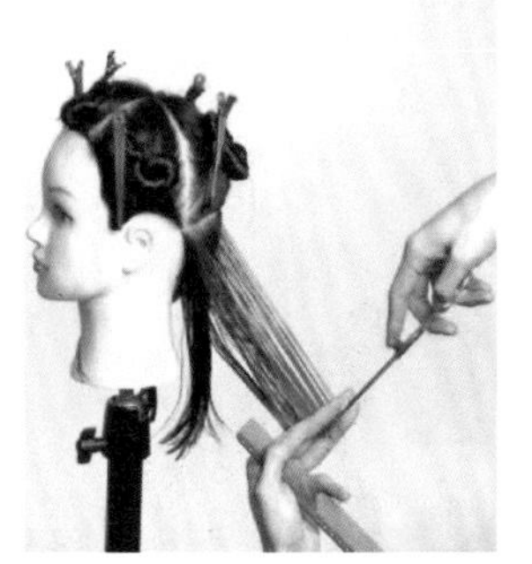

图3—251

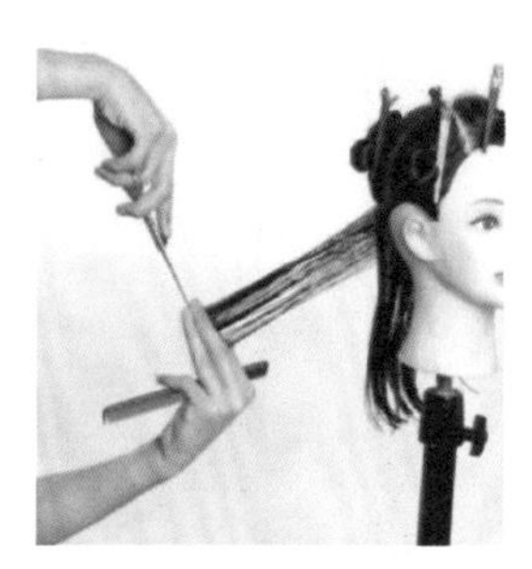

图3—252

**步骤5** 修剪上方区（U形区）后部，以下方区底线为引导，提拉角度为90°，分层、分区、分片左右移动进行修剪（见图3—253、图3—254、图3—255、图3—256）。

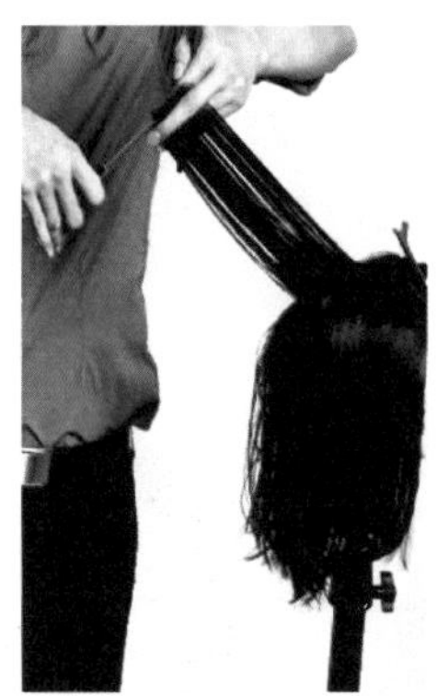

图3—253

图3—254

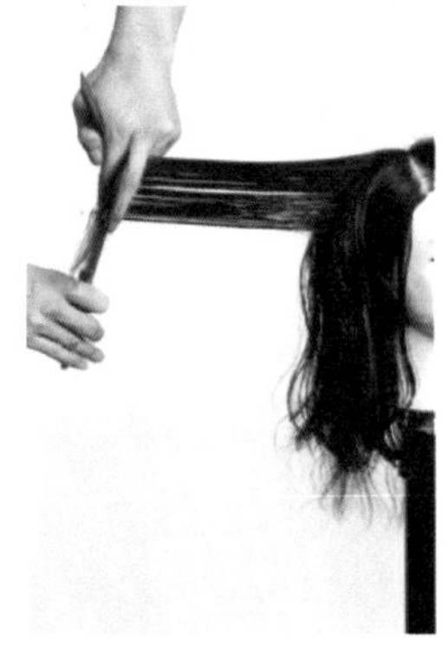

图3—255

图3—256

**步骤 6**　修剪 U 形区的左右两侧，以底线为引导，提拉角度为 90°，分层、分区、分片左右移动进行修剪（见图 3—257、图 3—258、图 3—259）。

图 3—257

图 3—258

图 3—259

**步骤 7**　修剪刘海，分出刘海三角区（见图 3—260）。

**步骤 8**　修剪刘海区域，发片向前提拉并倾斜 45°，分区、分片移动修剪，并与侧面（右侧）相连接（见图 3—261、图 3—262）。

图 3—260

图 3—261

图 3—262

**步骤 9**　取刘海区域衔接左侧，修剪手法相同（见图 3—263、图 3—264）。

**步骤 10**　修剪顶部头发，以下部头发为引导且提拉角度大于 90°进行修剪（见图 3—265）。

**步骤 11**　然后移向左、右侧进行修剪（见图 3—266、图 3—267）。

**步骤 12**　修剪刘海层次并连接顶部（见图 3—268）。

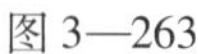

图 3—263

图 3—264

图 3—265

图 3—266

图 3—267

**步骤 13** 修剪完成后，再做一次轮廓、发梢、发量的调整与修饰（见图 3—269、图 3—270、图 3—271、图 3—272）。

图 3—268

图 3—269

图 3—270

图 3—271

图 3—272

**步骤 14** 正面、侧面及后面效果如图 3—273、图 3—274、图 3—275 所示。

图 3—273

图 3—274

图 3—275

### 注意事项

（1）现代型中长波浪（波纹）块面要卷曲自然，线条流畅，成曲线 S 形。

（2）层次要较为经典且具有时代感，更加突出线条及发型的动感美。

## 经典型短发波浪式的修剪技法

### 操作准备

（1）操作前准备好以下工具和用品：围布、剪刀、削刀、梳子。

（2）设定发型长短。

**操作步骤**

**步骤 1**　先将头发分为 5 个区域，左右两侧对称（见图 3—276、图 3—277、图 3—278）。

图 3—276

图 3—277

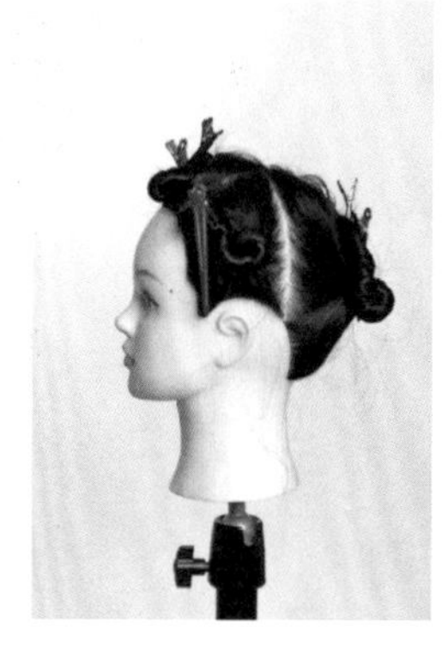

图 3—278

**步骤 2**　确定发型长度。从后颈部开始，以自然落差 0°修剪，然后取出一束发片从右侧后部落差 0°向前倾斜 45°修剪，另一侧用相同方式修剪（刀削）（见图 3—279、图 3—280、图 3—281）。

图 3—279

图 3—280

图 3—281

**步骤 3**　侧面提取一束发片确定基本长度及边沿层次，用便捷的手法进行修剪，另一侧用相同方式修剪（刀削）（见图 3—282、图 3—283）。

图 3—282

图 3—283

**步骤 4**　修剪枕部层次并确定高低，一般以层次角度为 15°～45°修剪，取后颈部中心线提拉角度为 45°，由上往下移动，进行修剪。另一侧用相同方式修剪（刀削）（见图 3—284）。

**步骤 5**　慢慢由下往上提取发片，移动进行修剪，左右后部两侧用相同方式修剪，注意上下层次的衔接（刀削）（见图 3—285、图 3—286、图 3—287）。

图 3—284

图 3—285

**步骤 6**　开始修剪右侧部层次，以后右侧部底线为引导，发片向前倾斜 45°，移动并提拉 45°开始修剪，由下往上进行右侧部分修剪，另一侧用相同方式修剪（刀削）（见图 3—288、图 3—289、图 3—290）。

图 3—286

图 3—287

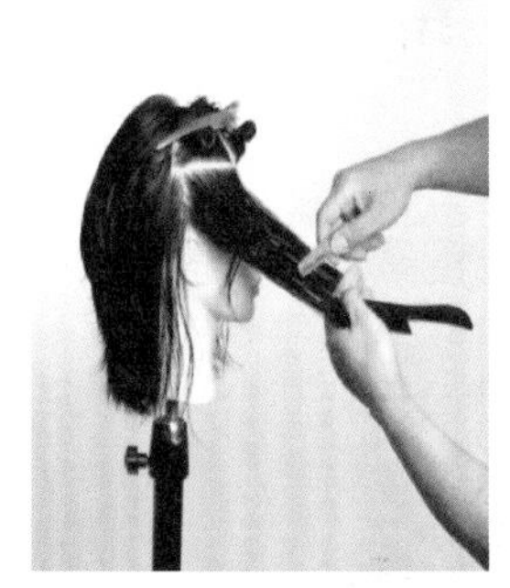
图 3—288

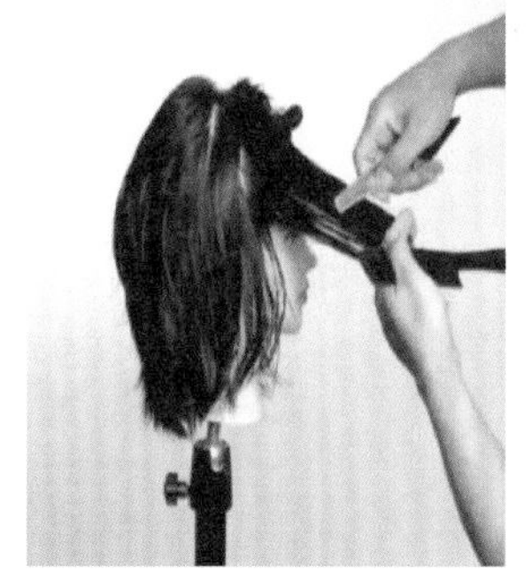
图 3—289

图 3—290

**步骤 7**　修剪刘海区域时，确定刘海长度，提取发片，以落差 0°向前倾斜 45°修剪，与两侧连接（见图 3—291、图 3—292）。

图 3—291

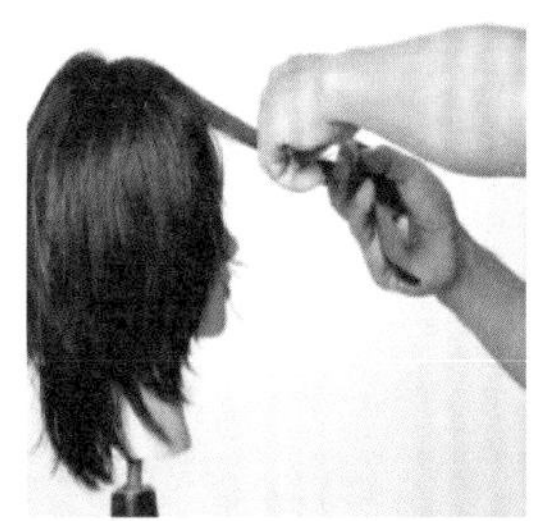
图 3—292

**步骤 8** 修剪刘海层次，确定刘海层次高低，提取刘海一束发片，以角度为 15°～45°向前倾 45°并连接侧面及顶部进行修剪，另一侧用相同方式修剪（见图 3—293、图 3—294）。

图 3—293

图 3—294

**步骤 9** 修剪顶部区域时，确定顶部长度并衔接四周外轮廓，一般采取从后侧部开始修剪（见图 3—295、图 3—296、图 3—297）。

图 3—295

图 3—296

图 3—297

**步骤 10** 检查整个发型层次衔接的差异，做调整、修整处理，并用抓剪及其他不同的修剪方法进行修饰（见图 3—298、图 3—299、图 3—300、图3—301、图 3—302、图 3—303）。

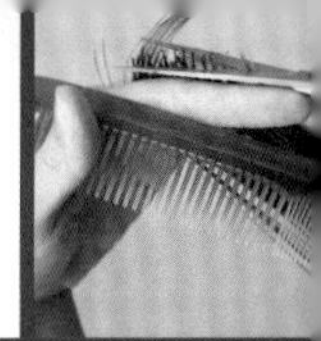

图 3—298

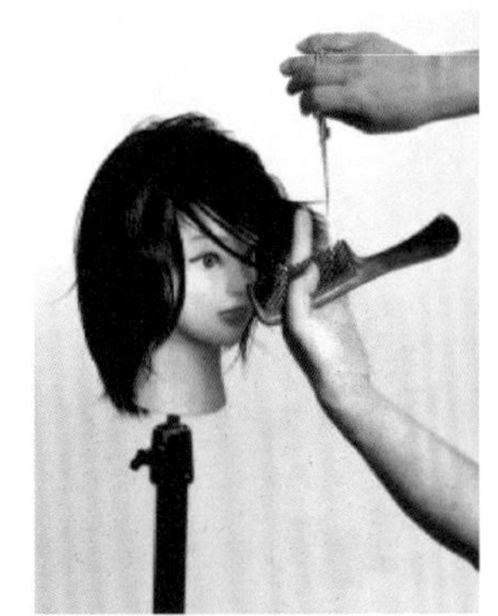

图 3—299

图 3—300

图 3—301

图 3—302

图 3—303

**步骤 11** 最后由上至下提取发片进行发梢处理（见图 3—304、图 3—305）。

图 3—304

图 3—305

**步骤 12**　正面、后面及侧面效果如图 3—306、图 3—307、图 3—308 所示。

图 3—306

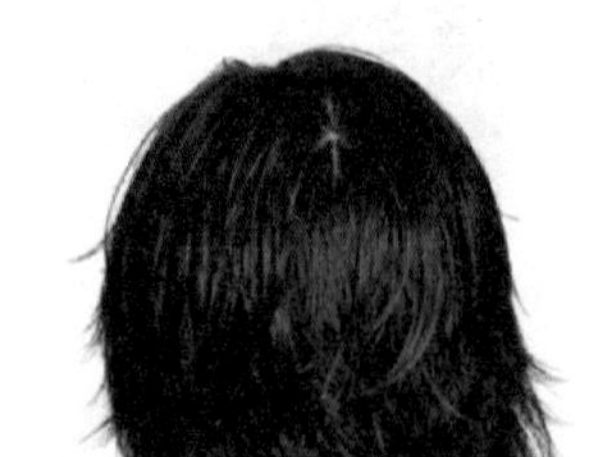
图 3—307

图 3—308

### 注意事项

（1）外轮廓为圆弧形状。

（2）用削刀削切出的头发长度及层次的效果要自然。

（3）要求所有头发发尾呈笔尖状，使头发线条易于成 S 形状。

## 现代型短发波浪式的修剪技法

### 操作准备

（1）操作前准备好以下工具和用品：围布、剪刀、削刀、锯齿剪刀、梳子。

（2）设定发型长短。

### 操作步骤

**步骤 1**　将头发分为 5 个大区，左右两侧对称（见图 3—309、图 3—310、图 3—311）。

**步骤 2**　修剪外轮廓（头发轮廓沿线）。下方区修剪，确定发型长度，先提取中分线一束发片并以自然落差 0°进行修剪，然后左右两侧发片以自然落差 0°向前倾 45°进行修剪（见图 3—312、图 3—313、图 3—314）。

**步骤 3**　两侧用同样的方法提取中分线一束发片并以自然落差 0°进行修剪（见图 3—315、图 3—316）。

图 3—309

图 3—310

图 3—311

图 3—312

图 3—313

图 3—314

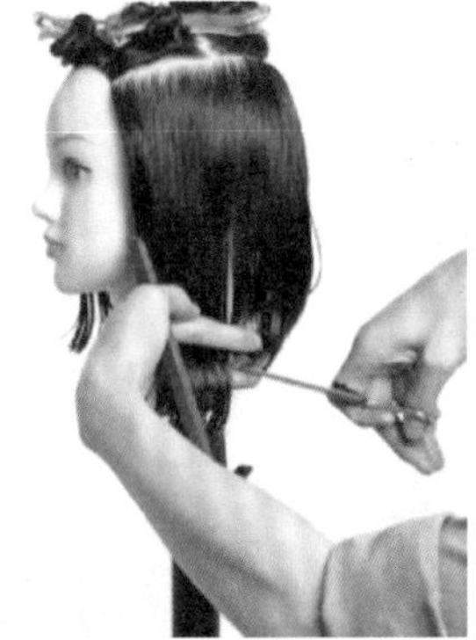
图 3—315

图 3—316

**步骤 4** 修剪内轮廓（指的是发型的层次高低）。以底线为标准，根据发型层次需求可进行修剪，一般提拉角度小于90°，先剪下方区，修剪时取后部中心线一束发片，确定层次高低进行修剪，然后以其作为层次高低的标准线，再先右后左，或先左后右分区、分片以标准线为基础，随头型左右移动进行修剪（见图3—317、图3—318、图3—319）。

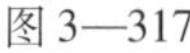
图3—317

图3—318

图3—319

**步骤5** 修剪上方区（U形区）后部，以下方区底线为引导，提拉角度为90°，分层、分区、分片左右移动进行修剪（见图3—320、图3—321、图3—322）。

图3—320

图3—321

图3—322

**步骤6** 修剪U形区的左右两侧，以底线为引导，提拉角度为90°，分层、分区、分片左右移动进行修剪（见图3—323、图3—324、图3—325）。

图3—323

图3—324

图3—325

**步骤7** 修剪顶部头发，以下部头发为引导且提拉角度大于90°进行修剪（见图3—326、图3—327）。

图3—326

图3—327

**步骤8** 然后移向右侧进行修剪（见图3—328），用同样的角度和方法进行左侧修剪（见图3—329）。

**步骤9** 修剪刘海，分出刘海三角区（见图3—330）。

**步骤10** 修剪刘海区域，发片向前提拉45°，并倾斜45°，分区、分片移动修剪，并与侧面（右侧）相连接（见图3—331、图3—332）。修剪刘海层次连接，前刘海与顶部的长发相连（见图3—333）。

**步骤11** 调整头发发量可用滑剪、锯齿剪等，可由下往上、由后部至两侧调整，最后调整刘海（见图3—334、图3—335、图3—336）。

图 3—328

图 3—329

图 3—330

图 3—331

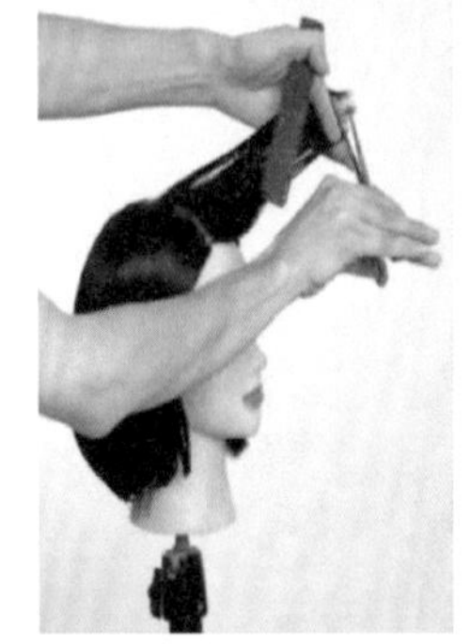

图 3—332

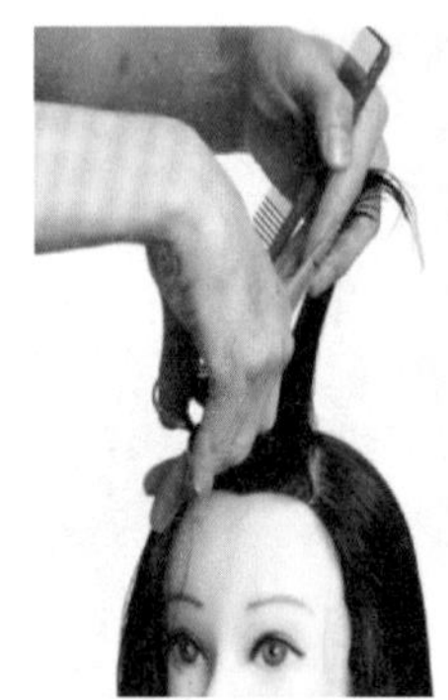

图 3—333

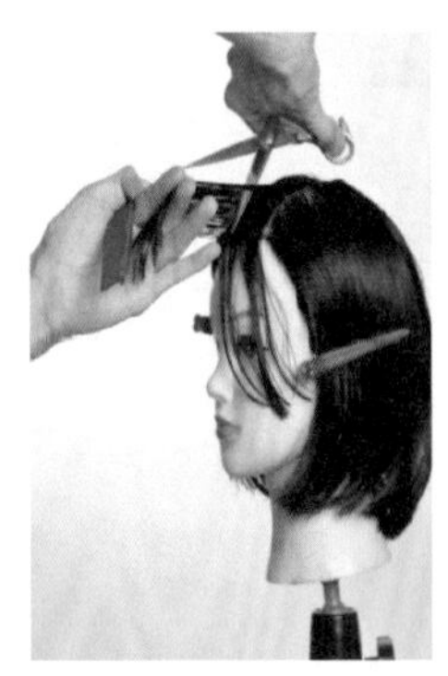

图 3—334

图 3—335

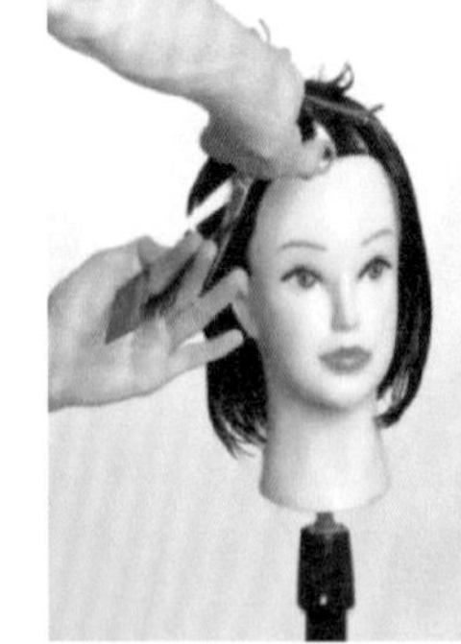

图 3—336

**步骤 12** 修剪完成后，做最后一次抓剪及其他手法检查发型，并作调整

（见图3—337、图3—338、图3—339）。

图3—337

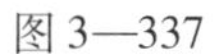

图3—338

图3—339

**步骤13** 正面、后面及侧面效果如图3—340、图3—341、图3—342所示。

图3—340

图3—341

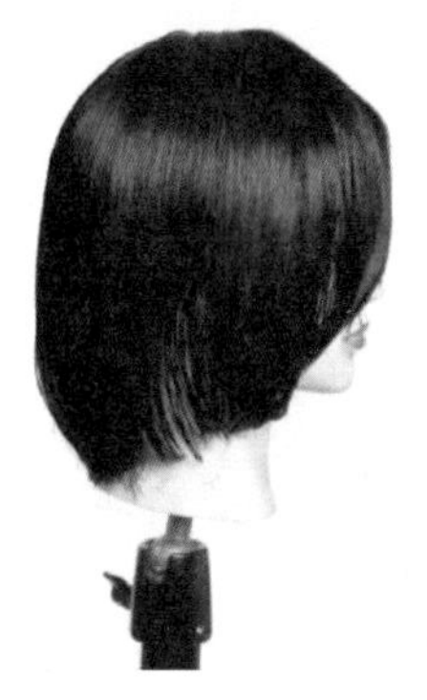

图3—342

**注意事项**

（1）现代型短发波浪（波纹）的块面要卷曲自然，线条流畅，成曲线S形。

（2）层次要较为经典并具有时代感，更加突出线条及发型的动感美。

## 时尚长发式综合修剪技法

**操作准备**

（1）操作前准备好以下工具和用品：剪刀、削刀、梳子。

（2）设定发型长短。

**操作步骤**

**步骤1**　对头发进行U形分区（见图3—343、图3—344）。

**步骤2**　从U形区中取一份垂直发片，在头部位置端正的情况下，发片垂直于地面向上提拉，剪一条平行于地面的引导线（见图3—345、图3—346）。

图3—343

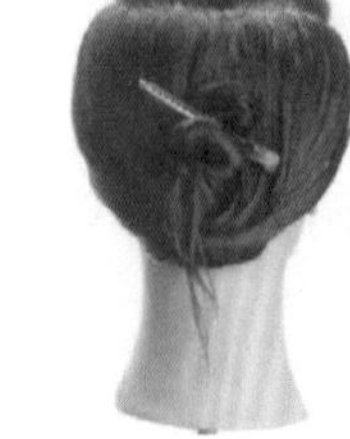

图3—344

图3—345

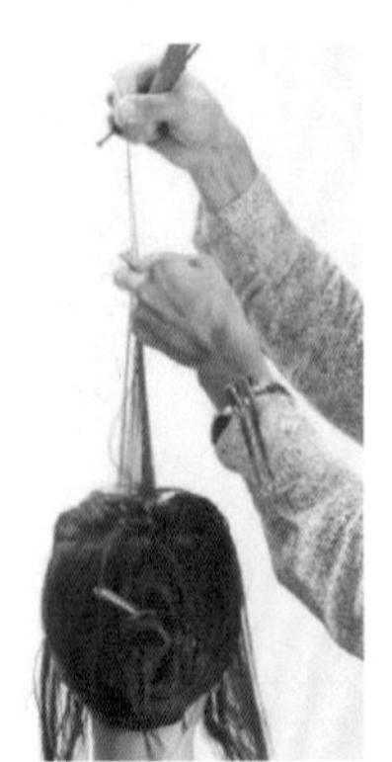

图3—346

**步骤3**　U形区发片垂直于地面向上提拉，长度以引导线为标准，平行于地面修剪（见图3—347、图3—348）。

**步骤4**　U形区以下的头发（后面）水平分发片，保持头位直立，发片垂直于地面向上提拉，以U形区的头发作为引导线进行修剪（见图3—349、图3—350）。

图3—347

图3—348

图3—349

图3—350

**步骤5**　U形区以下的头发（右侧面）水平分发片，保持头位直立，发片垂直于地面向上提拉，以 U 形区的头发作为引导线进行修剪（见图 3—351、图 3—352）。

**步骤 6** U 形区以下的头发（左侧面）水平分发片，保持头位直立，发片垂直于地面向上提拉，以 U 形区的头发作为引导线进行修剪（见图 3—353、图 3—354）。

图 3—351

图 3—352

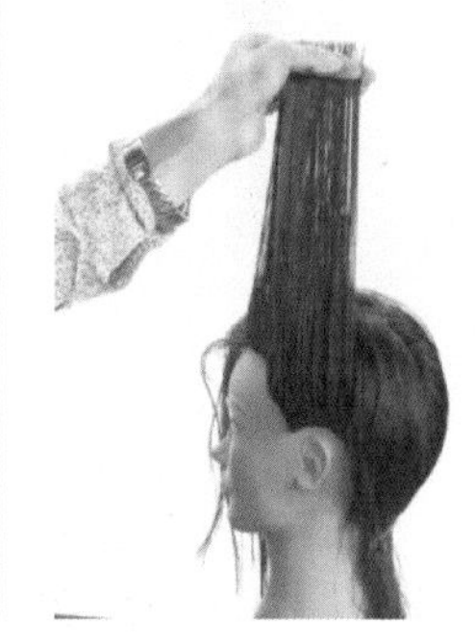
图 3—353

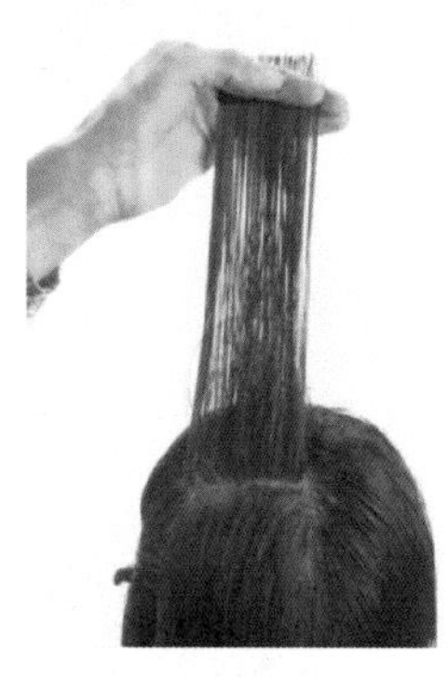
图 3—354

**步骤 7** 刘海区的修剪，分出刘海区，斜向 30°分出一份发片，平行于地面拉出，剪出一条平行于分份线的引导线（见图 3—355、图 3—356）。修剪后的效果如图 3—357 所示。

图 3—355

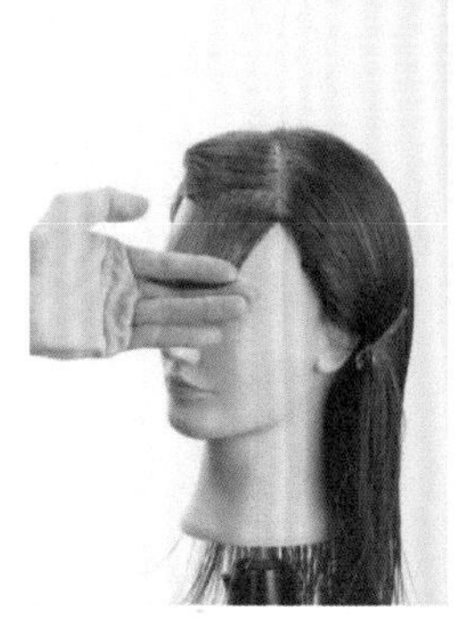
图 3—356

图 3—357

**步骤 8** 修剪左侧轮廓线，斜向后分发片（见图 3—358、图 3—359）。

**步骤 9** 修剪右侧轮廓线和后面轮廓线并吹干头发进行纹理化处理（见图 3—360、图 3—361、见图 3—362）。

图 3—358

图 3—359

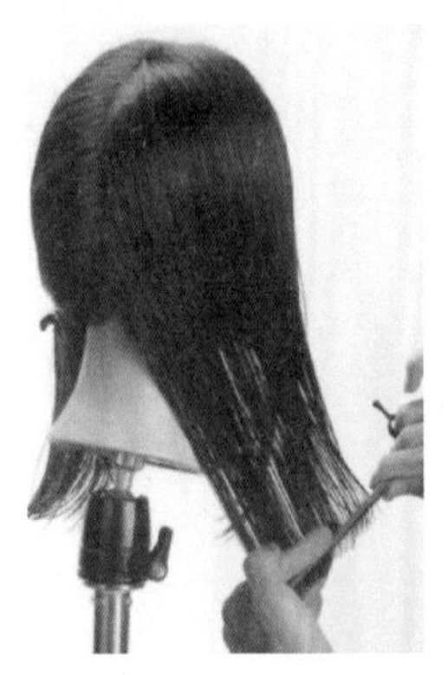
图 3—360

图 3—361

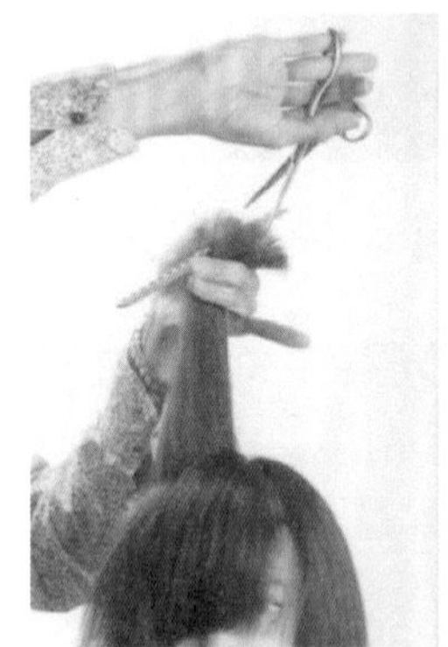
图 3—362

**步骤 10** 正面、侧面效果如图 3—363、图 3—364 所示。

图 3—363

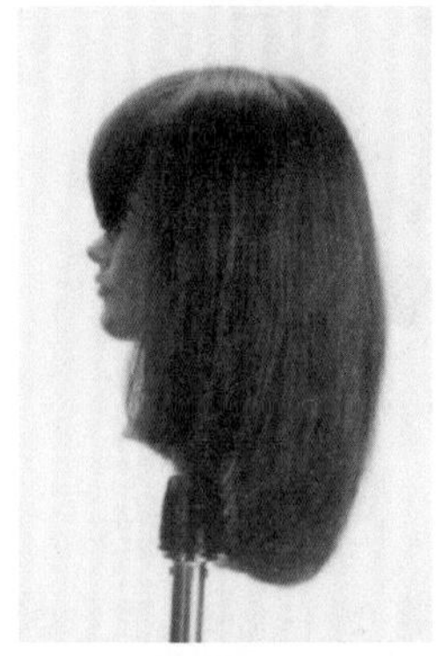
图 3—364

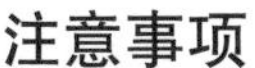

**注意事项**

（1）注意层次与结构的连接。

（2）提拉角度要一致。

## 时尚短发式综合修剪技法

**操作准备**

（1）操作前准备好以下工具和用品：剪刀、削刀、梳子。

（2）设定发型长短。

**操作步骤**

**步骤 1**　分区如图 3—365 所示。

**步骤 2**　垂直分发片，头位向前低 15°，发片水平向下 45°提升修剪出引导线（见图 3—366、图 3—367）。

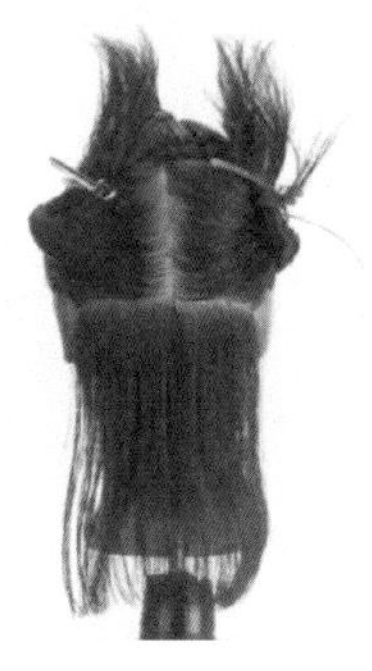

图 3—365

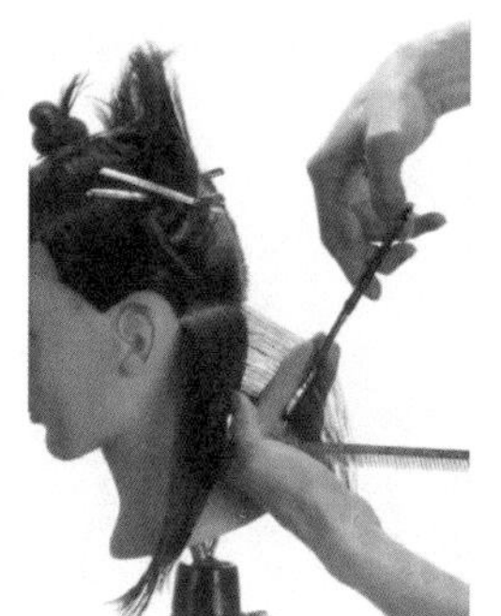

图 3—366

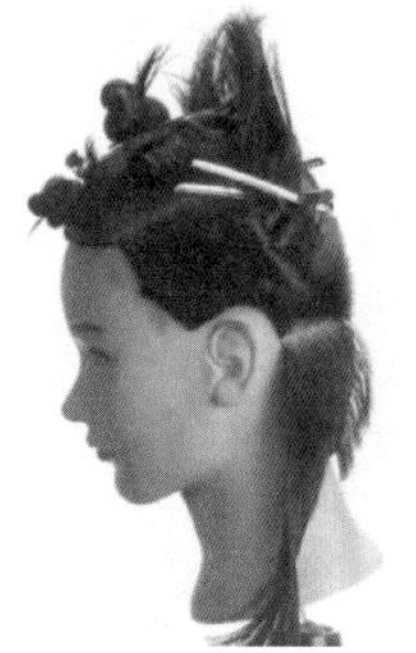

图 3—367

**步骤 3**　分区如图 3—368 所示，垂直分发片，发片水平向下 45°提升，以下面区域的头发为引导线修剪。

**步骤 4**　U 形区下后面头发，垂直分发片，发片向下 30°提升，以先剪下面的头发为引导线修剪。U 形区左侧面头发垂直分发片，发片向下 30°提升，修剪方形层次（见图 3—369、图 3—370）。

**步骤 5**　U 形区右侧的头发用同样的方法修剪（见图 3—371）。

**步骤 6**　U 形区头发，水平向上提升 45°，以 U 形区下方头发长度为引导线进行修剪（见图 3—372）。

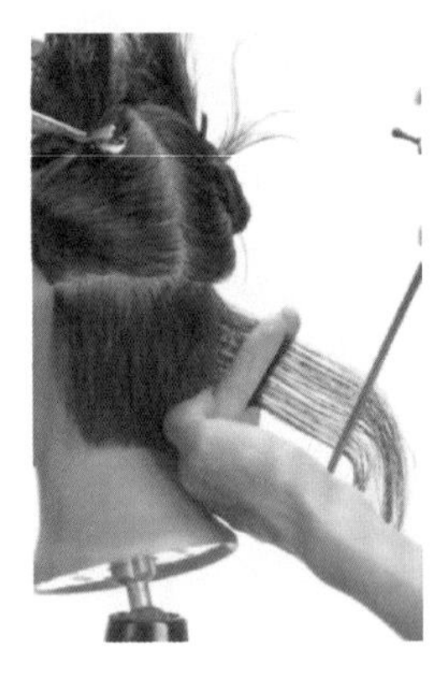

图 3—368

图 3—369

图 3—370

**步骤 7** U 形区前面头发，水平向上提升 45°修剪。U 形区与左侧面头发连接，水平向下提拉 30°，以侧面的头发长度为指引修剪（见图 3—373、图 3—374）。

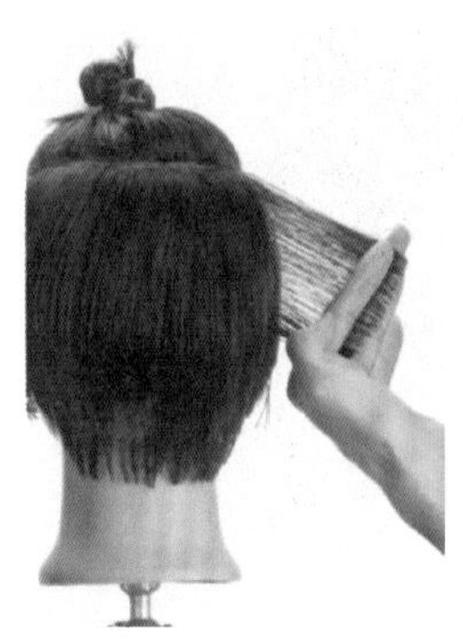

图 3—371

图 3—372

图 3—373

图 3—374

**步骤 8** 用同样的方法连接右侧面头发（见图 3—375）。

**步骤 9** 头发吹干后，进行头发的纹理处理（见图 3—376）。

**步骤 10** 修饰头发的外轮廓（见图 3—377）。

**步骤 11** 正面、侧面及后面效果如图 3—378、图 3—379、图 3—380 所示。

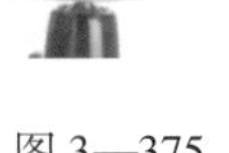

图 3—375

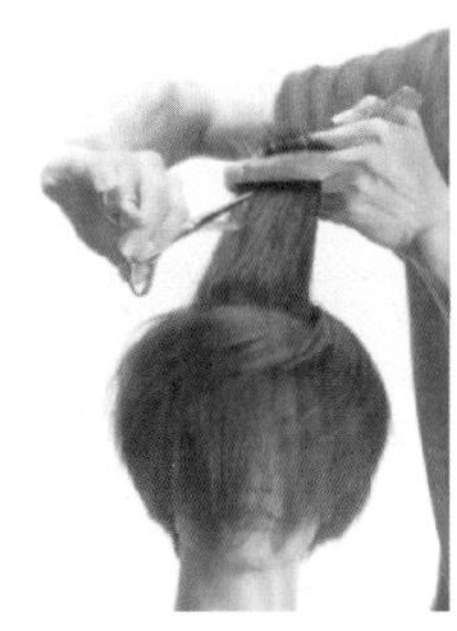

图 3—376

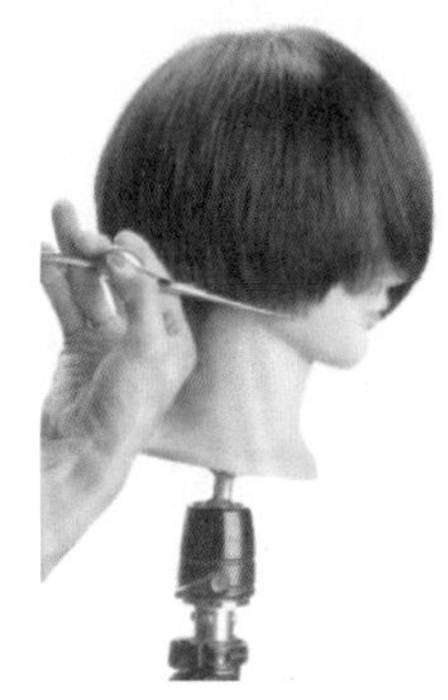

图 3—377

图 3—378

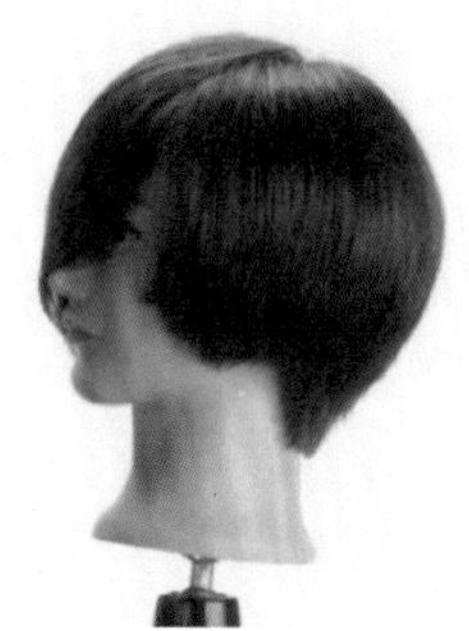

图 3—379

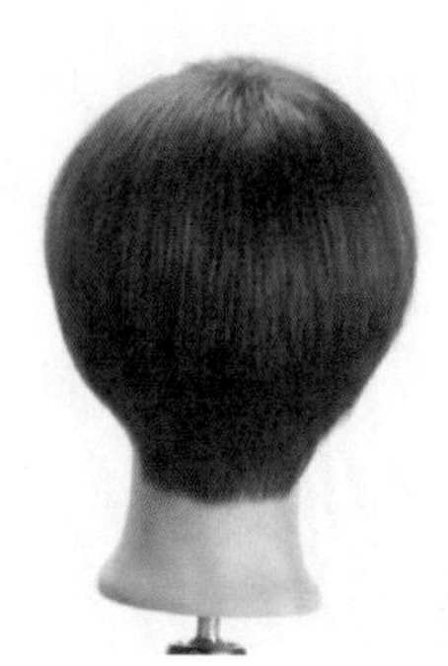

图 3—380

**注意事项**

（1）注意层次与结构的连接。

（2）保持提拉角度的统一性。

## 测 试 题

### 一、填空题（将正确的答案填在横线空白处）

1. 长发现代波浪式修剪的发型长度设定在____________，刘海长度设定在____________。

2. 短发现代波浪式修剪的发型长度设定在____________，刘海长度设定在____________。

3. 中长现代波浪式修剪的发型长度设定在____________，刘海长度设定在____________。

4. 中长现代波浪式修剪的发型侧部轮廓设定的形状为____________，倾斜度控制在____________。

5. 长发现代波浪式修剪的发型头顶部的层次修剪为____________。

6. 设计师在设计的过程中总是遵循运用艺术领域的普遍原则，即____________。

7. 立体感是指用物体的长度、____________和____________来表现空间面积范围。

8. 层次是指发式修剪过程中，____________、方向、修剪的长短等形成的修剪效果。

9. 头发距离设计线越远，头发的长度就____________。

**二、单项选择题（选择一个正确的答案，将相应的字母填入括号中）**

1. 短发现代波浪式修剪的发型，第一步修剪的区域为（　　）。
   A. 刘海区域　B. 侧部区域　C. 后部区域　D. 左右部区域

2. 长发现代波浪式修剪的发型，刘海需要与（　　）进行连接。
   A. 头顶区域　B. 侧部区域　C. 后部区域　D. 左右部区域

3. 中长现代波浪式修剪的发型，刘海长度设定在（　　）位置。
   A. 下颚　B. 下颚以下 5 cm　C. 鼻尖　B. 下颚以下 8 cm

4. 中长现代波浪式修剪的发型需要分出（　　）个区域。
   A. 4　B. 5　C. 6　D. 7

5. 长发现代波浪式修剪的发型，后部区域修剪的层次控制在（　　）。
   A. 低层次　B. 均等层次　C. 高层次　D. 坡度层次

6. （　　）是点与点间的连接延伸，线又分为直线和曲线两大类。
   A. 点　B. 线　C. 面　D. 块

7. 操作时以中枢放射垂直于头肌线（　　）角提拉发片。
   A. 30°　B. 45°　C. 90°　D. 100°

8. 美发师应提高自身的艺术修养和业务知识，不断提升（　　）水平。
   A. 专业技术　B. 学习水平　C. 计算机知识　D. 效率

9.（　　）是线的扩大，是线的组合和移动。

A. 点　　B. 线　　C. 面　　D. 块

**三、判断题（请将判断结果填入括号中，正确的填"√"，错误的填"×"）**

1. 短发现代波浪式修剪的发型头顶层次为均等层次。（　　）
2. 中长现代波浪式修剪的发型刘海长度在鼻尖。（　　）
3. 长发现代波浪式修剪的发型侧部轮廓为前高后低。（　　）
4. 长发现代波浪式修剪的发型后部层次为低层次。（　　）
5. 短发现代波浪式修剪的发型后部发型外轮廓为中间短两边长。（　　）
6. 正确运用科学的修剪技术和修剪手法在女士发式修剪的过程中至关重要。（　　）
7. 发式的层次决定着发式的最后效果。（　　）
8. 当提拉发片至90°角修剪时，随着角度和层次的上移，会产生边沿层次结构。（　　）
9. 光源的强弱和物体的光滑与粗糙都会使人产生不同的视觉效果。（　　）

## 测试题答案

**一、填空题**

1. 肩胛骨处　下颚以下5 cm　2. 颈背的位置　鼻尖的位置
3. 齐肩的位置　下颚的位置　4. 前高后低　30°～45°
5. 高层次　6. 点、线、面　7. 宽度　深度　8. 提拉的角度　9. 越长

**二、单项选择题**

1. C　2. B　3. A　4. B　5. B　6. B　7. C　8. A　9. C

**三、判断题**

1. ×　2. ×　3. √　4. √　5. ×　6. ×　7. √　8. ×　9. √

# 第 4 章　烫发

## 第1节　卷杠与烫发类

### 学习目标

- 掌握对不同的发型设计要求进行不同卷杠的排列方法。
- 能解决烫发中的技术问题。

### 知识要求

首先，以卷杠与烫发课程的强化训练为目标，迅速掌握国际烫发标准程序及排杠技巧，并能按照烫发的要求进行相关技术操作，达到美发师三级职业标准的相关要求。其次是形成美发与形象设计行业中烫发设计的思维，培养烫发技术操作的能力，对不同的发型设计要求进行不同卷杠的排列方法，并能解决烫发中的技术问题。最后，在此基础上提升职业能力，达到所要求的学习目标。

### 一、烫发设计的要求及特点

#### 1. 各种烫发设计的排卷方法

（1）长方形标准排卷。又称标准普通排卷或十字排卷。针对发型的设计特点，可按照长方形标准排列卷杠的要求，进行烫发排卷操作。具体操作为：从头顶开始到后发际从上向下排列；头顶到前额，从后向前排；两侧头发分别从上向下排，形成十字形。这种排卷方法是最常见的（见图4—1、图4—2）。

图4—1　长方形标准排卷（一）

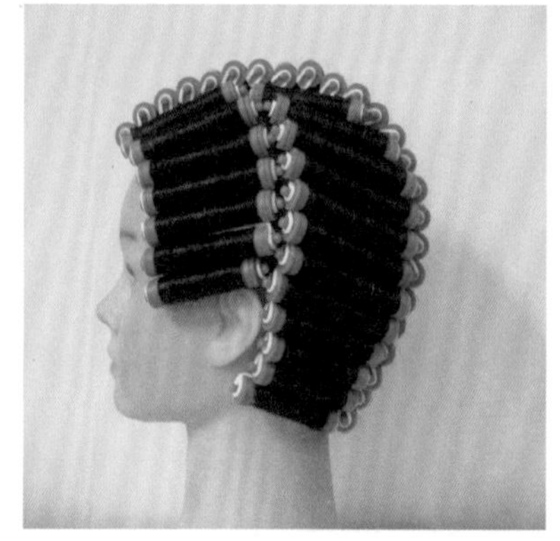

图4—2　长方形标准排卷（二）

（2）扇形标准排卷。操作方法与普通排卷基本相同。针对发型的设计特点，可按照扇形标准排列卷杠的要求，进行烫发排卷操作。具体操作为：从前额经头顶到后发际向下排；两侧头发各形成一个扇形面，从上向下排。任何发型都可采用这种排卷方法。烫发后，头发自然向后，便于吹风并进行造型设计（见图4—3、图4—4）。

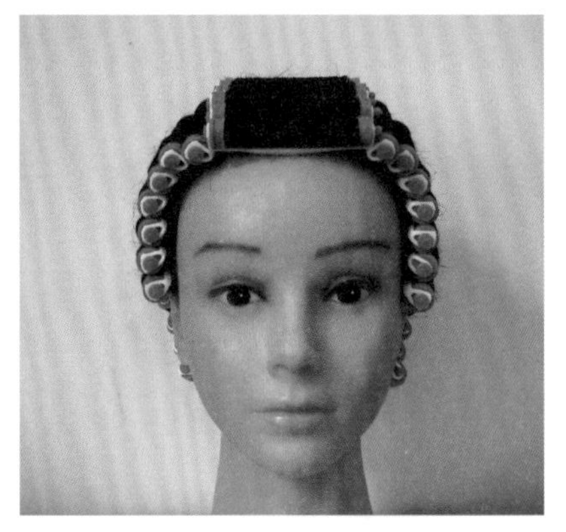

图4—3 扇形标准排卷（一）

图4—4 扇形标准排卷（二）

（3）砌砖形标准排卷。又称一加二排卷。针对发型设计的特点，可按照砌砖形标准排列卷杠的要求，进行烫发排卷操作。具体操作为：从前额正中开始卷第一个，接着第二层卷两个，第三层卷三个，逐层依次增加，直到头部最宽部位，然后再往下逐层减少，直到后发际，发卷相互交错。这种卷法能使头发更加蓬松，适合于头发较稀少的情况（见图4—5、图4—6）。

图4—5 砌砖形标准排卷（一）

图4—6 砌砖形标准排卷（二）

（4）椭圆形标准排卷。又称 S 形排卷。针对发型的设计特点，可按照椭圆形标准排列卷杠的要求，进行烫发排卷操作。具体操作为：从前额的侧分线开始，侧分线到耳后为第一个，发卷向一个方向斜立排；再从耳朵一侧开始到另一侧耳朵为第二排，反方向斜立排，以此类推，一直排到后发际，卷后排卷呈椭圆形。这种卷法适用于长发，烫后形成波浪形（见图 4—7、图 4—8）。

图 4—7　椭圆形标准排卷（一）

图 4—8　椭圆形标准排卷（二）

## 2. 各种烫发技术

（1）根部烫发。根据不同发型设计需要，选用不同的根部烫发技术。烫发之后，烫过的头发由于时间久了，发根会长出直发。为了使头发发根蓬松，增加支撑力，在烫发时可将一束头发由根部开始卷绕到卷杠上至所需要的位置处停止、固定。

（2）挑烫。根据不同发型设计的需要，选用不同的挑烫技术及发卷。把一组头发间隔地挑出几小束，对于头发较多的，挑出的头发不烫；对于头发较少的，可以将挑出的头发卷烫，这样可以使头发蓬松，以弥补头发稀少的缺陷。

（3）局部烫。根据不同发型设计需要，选用不同的局部烫技术。根据顾客的要求，对于特殊要求的发型，例如发根要求直，而发尾要求卷曲的，可只烫发尾部位的头发，这样使发尾显得比较丰满。这种局部烫技术适合于中长发和长发。

## 二、针对发型设计的特点采用不同的卷烫方法

### 1. 各种烫发的卷烫方法及操作

（1）螺旋烫。烫发特点：可随意扎卷；发卷松软、有弹力、柔和，烫出的发丝时尚自然；烫后发束可根据设计要求任意扭、拧，体现创意。

螺旋烫适用于长发，烫后头发呈螺旋状。头发从发根到发尾产生相同的卷曲度。其操作方法为：由发际后部位开始，将头发分成一小束、一小束的，从发根开始，沿着螺旋凹面缠绕上去，直至发尾，并用烫发纸包好固定在发卷上，刘海处用一般卷杠即可（见图 4—9、图 4—10）。

图 4—9　螺旋烫（一）

图 4—10　螺旋烫（二）

（2）三角烫。烫发特点：可随意造型；发卷极有立体感、有弹力、较柔和，烫出的发丝时尚自然；烫后发束可根据设计要求任意造型，体现创意个性。

三角烫是用一种三角形的卷杠烫发，因为三角形卷杠有棱角，所以烫好后头发有明显的三角形纹路，头发蓬松有个性。

其操作方法为：同一般卷法，如图 4—11、图 4—12、图 4—13、图 4—14 所示。

（3）万能烫。烫发特点：发卷可随意扎起或披散；发卷松软、有弹力、柔和，烫出的发丝时尚自然；烫后发束可根据设计要求任意造型，体现创意。

万能卷杠是一种可随意弯曲的烫发杠，柔软轻便，用其烫发后头发有弹性和光泽。

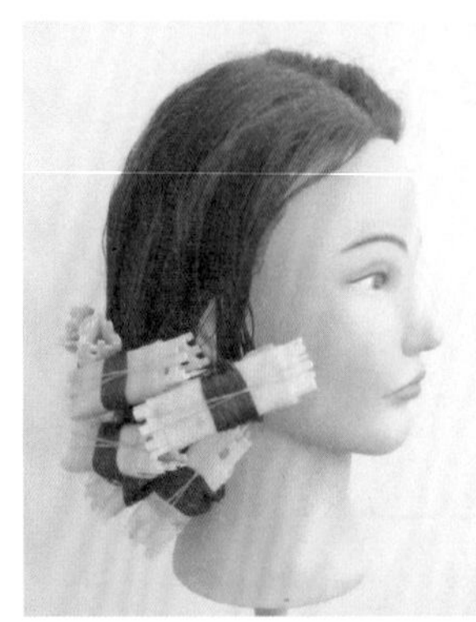
图 4—11　三角烫（一）

图 4—12　三角烫（二）

图 4—13　三角烫（三）

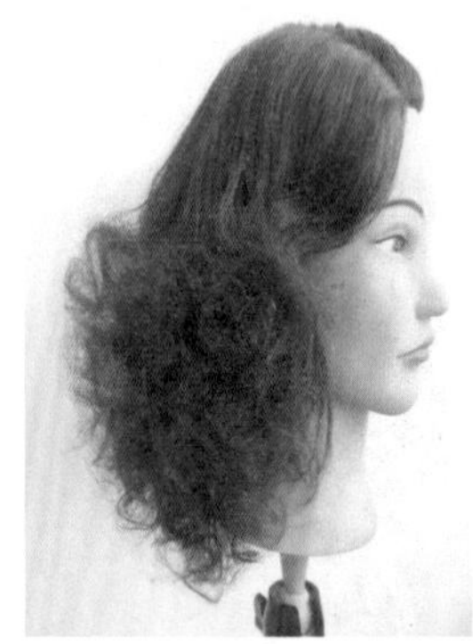
图 4—14　三角烫（四）

操作方法和普通卷杠一样，卷后把卷杠两头向上弯曲即可（见图 4—15、图 4—16）。

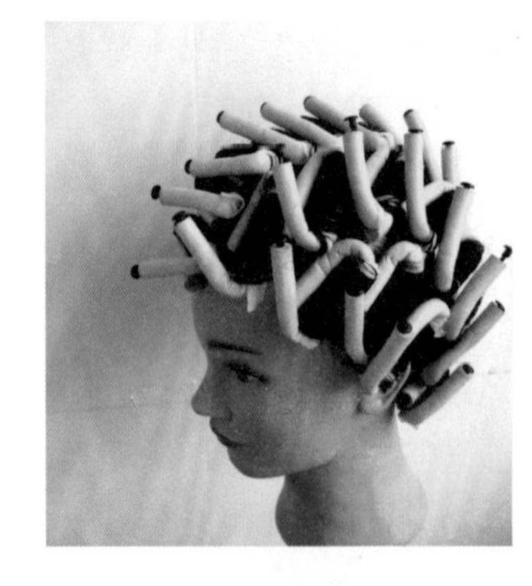
图 4—15　万能烫（一）

图 4—16　万能烫（二）

（4）浪板烫。烫发特点：发卷奔放、松软、有弹力、柔和，烫出的发丝具有古典美；烫后发束可根据发型设计要求体现概念美。

浪板由一种波纹塑料板制成，用其烫发后，头发呈现出规则的波纹形，适合于长发。

浪板烫的操作方法为：从后发际线开始，分出发片，把头发平铺在浪板上，再用卷杠压在浪板槽里，加以固定（见图4—17、图4—18）。

图4—17　浪板烫（一）

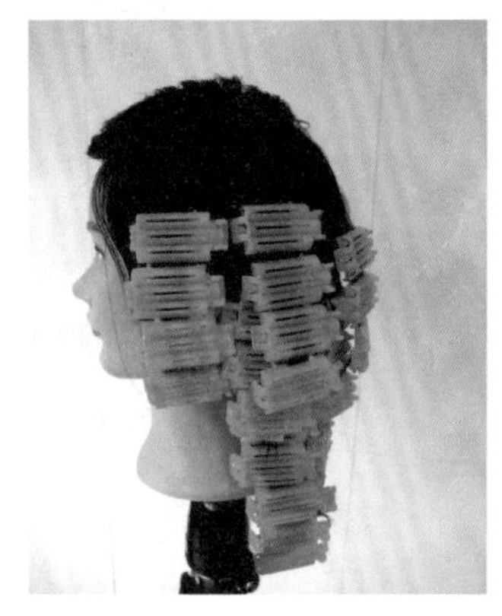

图4—18　浪板烫（二）

（5）加能烫。烫发特点：发束可随意扎或卷；发卷松软、有弹力、柔和，烫出的发丝时尚自然；烫后发束可根据设计要求任意扭、拧，体现创意。

加能烫适用于长发，烫后不用吹风，有一定的弹性，并形成螺旋花纹。

加能烫的操作方法：同螺旋烫，将头发分成一小束、一小束的，然后一小束、一小束地缠绕在卷杠上，卷至发尾后，用专用烫发皮筋固定（见图4—19、图4—20）。

（6）喇叭烫。烫发特点：发束根据设计要求可随意扎或卷或披散；发卷松软、有弹力、柔和，烫出的发丝波纹自然；烫后发束可根据设计要求任意披散或任意扭、拧，体现创意。

喇叭烫是用一种一边大一边小的卷杠烫发，主要的目的是把头发烫得时尚自然。

图4—19　加能烫（一）

图4—20　加能烫（二）

喇叭烫操作方法为：操作时可灵活运用卷杠的大小，将大的一边从发尾卷至发根，发型完成后纹理卷曲度比较自然；如果用小的一边从发尾卷至发根，发型成型效果时尚。以上两种方法也可混合使用，效果更具动感。此种烫发一般以烫长发为主。在烫发操作时，将专用烫发液涂在头发上，将头发梳顺贴在喇叭卷杠上，再用专用烫发皮筋固定（见图4—21）。

图4—21　喇叭烫

（7）定位烫。烫发特点：烫后发束自然，有流向；发卷松软、有弹力、柔和，特别是短发，烫出的发丝有流向且时尚自然；烫后发束可根据设计要求任意造型，体现创意。

定位烫主要是增加发根的张力、弹性，以烫发根为主。其操作方法为：按发式流向，挑出一片头发使发根立起，再用扁形塑料夹固定发圈，以此类推，使需要烫的部位全部卷起后，再用喷水壶将烫发液喷洒在发圈上，用塑料帽套好，到一定时间，试杠后，除去塑料帽，冲去烫发液，再喷上定型液，10分钟后拆去发夹，用香波洗发、护发，然后吹风造型（见图4—22、图4—23、图4—24）。

图 4—22　定位烫（一）

图 4—23　定位烫（二）

图 4—24　定位烫（三）

（8）挑烫。烫发特点：发束根据设计要求可随意扎或卷；发卷松软、有弹力、柔和，烫出的发丝时尚自然；烫后发束可根据设计要求任意扭、拧，体现创意。

挑烫的操作方法（二夹一烫法）为：从顶部开始，按流向卷一发杠，留一发杠不卷，然后再卷一发杠，以此类推，直至整个头部全部卷好（见图 4—25）。

图 4—25　挑烫

（9）锡纸烫。烫发特点：可随意扎或卷；发卷松软、有弹力、柔和，烫出的发丝时尚自然；烫后发束可根据设计要求任意扭、拧，可用手随意造型，体现创意。

锡纸烫的操作方法为：每一发片用锡纸包起，在发根处卷起烫发，其他程序类似。效果类似麻绳烫，头发呈波浪形。卷时，可用手随意造型（见图 4—26、图 4—27、图 4—28、图 4—29）。

（10）革命烫。烫发特点：波纹可根据烫发设计调整；发卷松软、有弹力、柔和，烫出的发丝波纹时尚自然；烫后发束可根据设计要求造型。

图 4—26

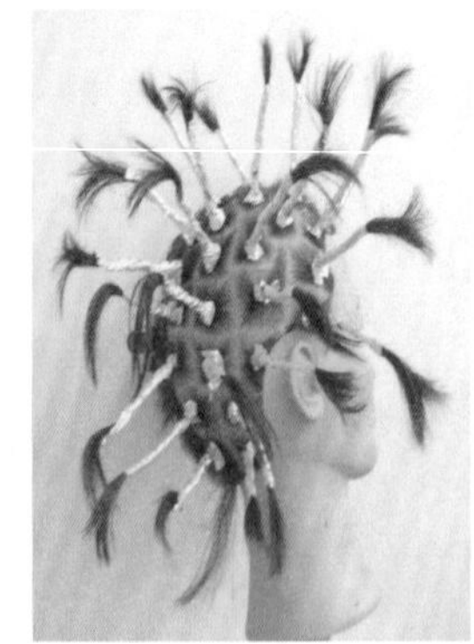
图 4—27

图 4—28

图 4—29

革命烫适用于长发，烫后头发不用吹风，有一定的弹性，并形成螺旋花纹。

革命烫的操作方法为：将头发分区、分份成小束，然后缠绕在革命烫发卷杠上，卷至发尾后，用专用烫发皮筋固定（见图 4—30）。

图 4—30　革命烫

（11）麦穗烫（也称发辫烫）。烫发特点：可随意扎或卷；发卷松

软、有弹力、柔和，烫出的发丝时尚自然；烫后发束可根据设计要求任意扭、拧，体现创意。

麦穗烫适合于长发。其操作方法为：先将头发编成发辫，然后用锡纸将发辫发梢缠绕，其他同普通烫发的操作（见图 4—31、图 4—32、图 4—33）。

图 4—31　麦穗烫（一）

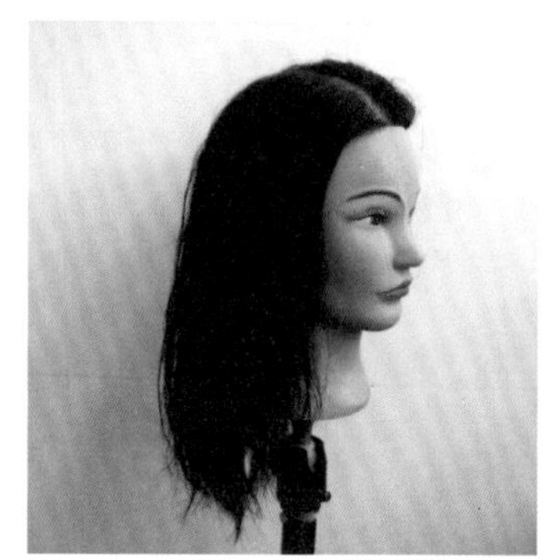
图 4—32　麦穗烫（二）

图 4—33　麦穗烫（三）

### 2. 掌握各种烫发排列操作方法

（1）烫发排列操作

1）依据发型设计要求和不同发质特点制定烫发设计方案和烫发排列操作。

2）依据发型设计要求不同头型特点制定烫发发型设计方案和烫发排列操作。烫发设计的要素之一即线条，而线条的变化，如线条的流向、虚实、曲直等，又为发型设计提供了广泛的运用余地和条件。烫发除了改变发质，增加头发的弹性和张力之外，更重要的是改变头发线条的形态。各种不同的卷芯和卷杠方法是烫发中改变头发形状的前提和先决条件。因此，烫发是根据发型设计要求进行的操作。

烫发排列操作是指其卷杠技术的变化，包括烫发卷杠的方向、位置、角度等方面的不同，形成各种各样的发型。

（2）烫发重复排列法。虽然单位头发所在位置不一样，但重复使用相同形状、相同直径的卷杠，可使排列组合完全一致，形成重复的质感效果（见图 4—34、图 4—35）。

图4—34　烫发重复排列法（一）

图4—35　烫发重复排列法（二）

（3）烫发对比排列法。采用相反关系进行烫发排列，在选定的区域使用烫发杠，未选定区域不使用，即一部分不进行烫发处理，一部分进行烫发处理，这样可以产生强烈的对比效果，形成多样性的反差效果（见图4—36、图4—37）。

图4—36　烫发对比排列法（一）

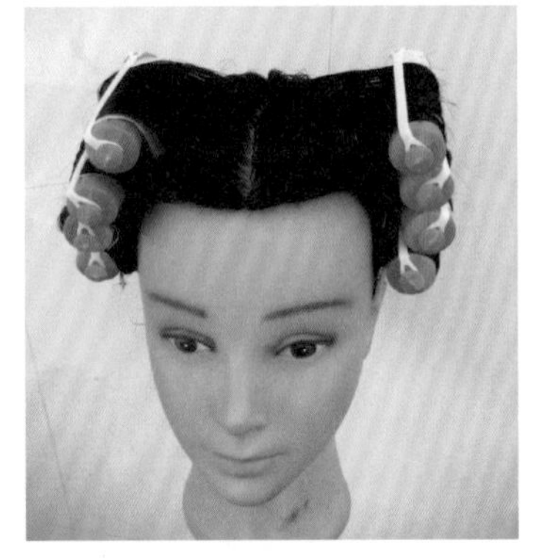

图4—37　烫发对比排列法（二）

（4）烫发递进排列法

1）根据每一卷杠的形状，按直径由大到小进行烫发排列，可形成一种由大到小烫发的纹理，突出设计的重点（见图4—38、图4—39）。

2）根据每一卷杠的形状，按直径由小到大进行烫发排列，可形成一种由小到大烫发的纹理，突出设计的重点（见图4—40、图4—41）。

（5）烫发交替排列法。使用同一形状、不同直径的卷发杠，每两个为一组交替排列进行烫发，可用来模仿自然卷曲交织的发型（见图4—42、图4—43）。

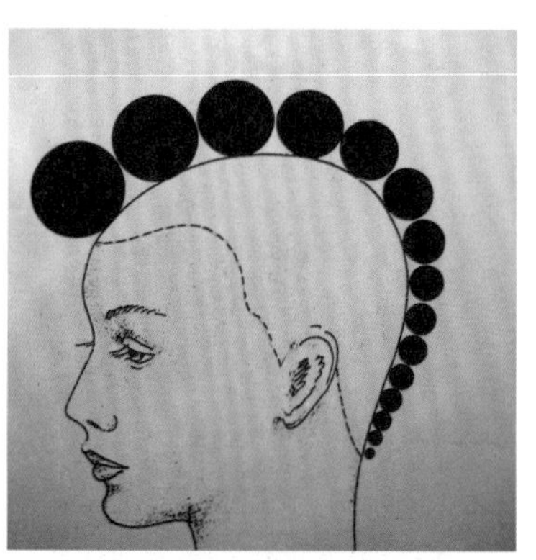

图 4—38　烫发递进排列法（一）

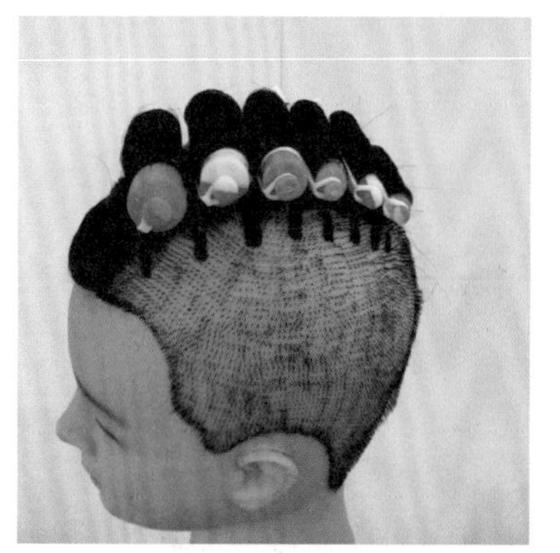

图 4—39　烫发递进排列法（二）

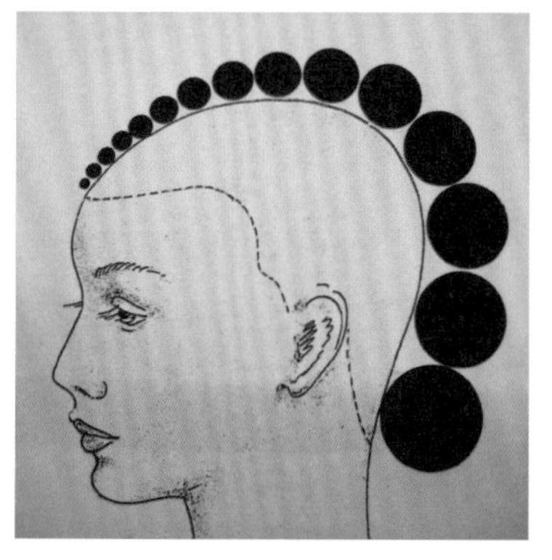

图 4—40　烫发递进排列法（三）

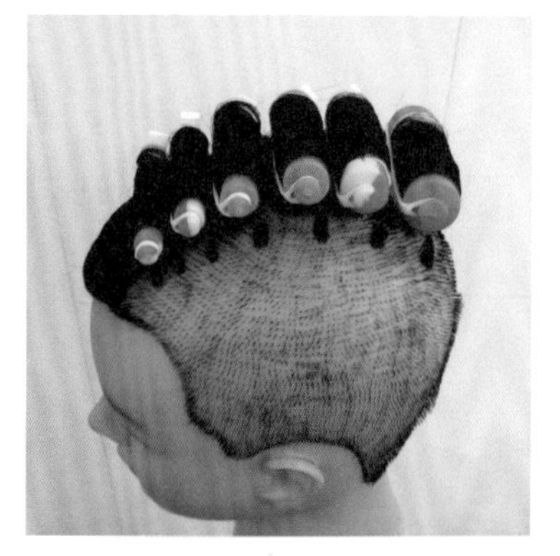

图 4—41　烫发递进排列法（四）

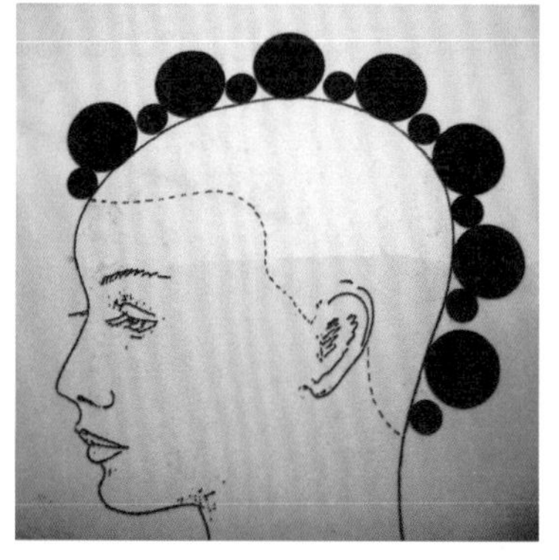

图 4—42　烫发交替排列法（一）

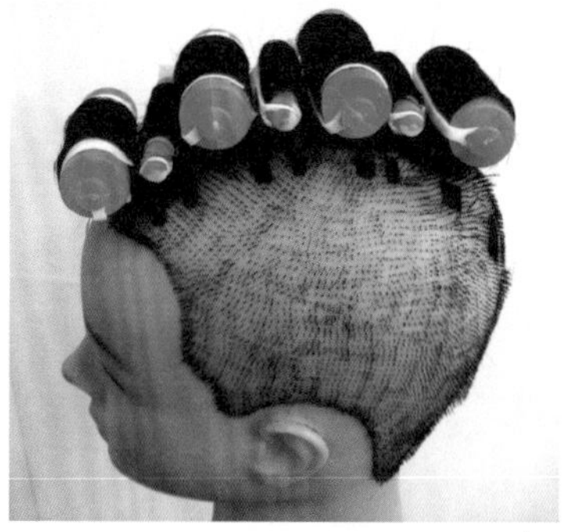

图 4—43　烫发交替排列法（二）

（6）烫发对比交替排列法。依照顺序，交替使用两个或两个以上形状大小不同的卷杠进行排列烫发，产生变化极其丰富的造型（见图4—44、图4—45）。

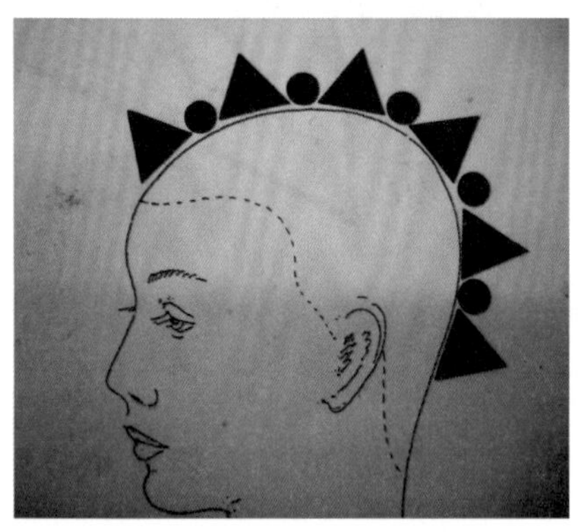

图4—44　烫发对比交替排列法（一）

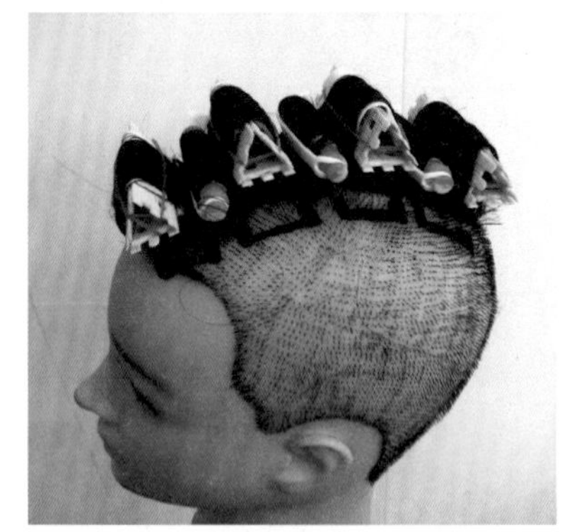

图4—45　烫发对比交替排列法（二）

## 三、烫发卷杠的类别及特性

### 1. 烫发卷杠的类别

烫发卷杠大致可分为两大类：冷烫的烫发卷杠和热烫的烫发卷杠。

（1）冷烫就是一般意义的烫发，烫发操作便捷，烫发价格大众化。最常见的冷烫烫发卷杠有普通标准卷杠、螺旋卷杠、万能卷杠、三角卷杠等。总之，依据发型的设计要求选择卷杠，烫完后要打啫喱保湿，头发湿的时候卷度比较好，有弹性，效果好；头发干的时候卷度、弹性会有影响，效果要差一点。

（2）热烫的操作比较复杂，烫发价格高，主要分为陶瓷烫、数码烫等。热烫对美发师的要求比较高，美发师只有对烫发理念及烫发的物理性、化学性有通透的理解，才能随意演变出引领潮流的烫发发型，达到完美的效果，并且还可以创造出光泽亮丽、波浪卷线条柔和的自然卷曲发型，营造出自由奔放的感觉，成为时尚的亮点。

### 2. 烫发用杠的特性

（1）螺旋卷杠特性。烫后头发呈螺旋状，头发从发根到发尾产生相同的卷曲度。螺旋卷杠如图4—46所示。

（2）普通标准卷杠特性。用其烫后头发呈现发卷松软、有弹力、柔和，发

丝时尚自然，发束可根据设计要求任意造型，体现创意的特点。普通标准卷杠如图 4—47 所示。

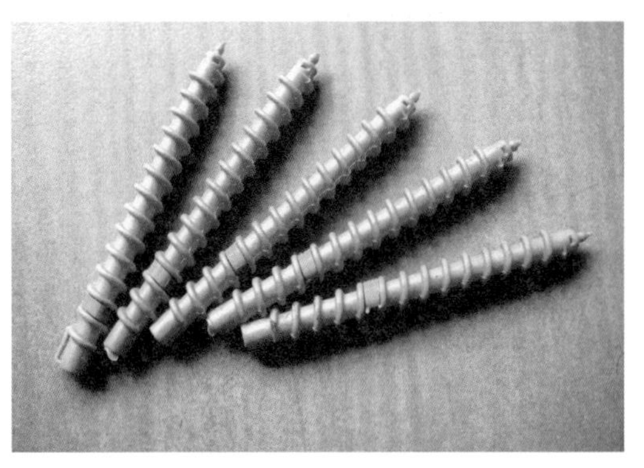

图 4—46　螺旋卷杠

图 4—47　普通标准卷杠

（3）三角卷杠特性。三角卷杠（见图 4—48）有棱角，所以烫好后头发有明显的三角形纹路，蓬松且有个性。

（4）万能卷杠特性。万能卷杠（见图 4—49）是用胶皮制成，柔软轻便、有弹力，用其烫出的发丝时尚自然，发束可根据设计要求任意造型。

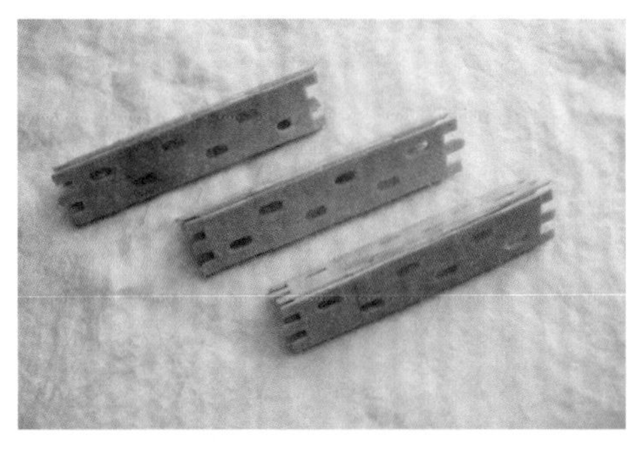

图 4—48　三角卷杠

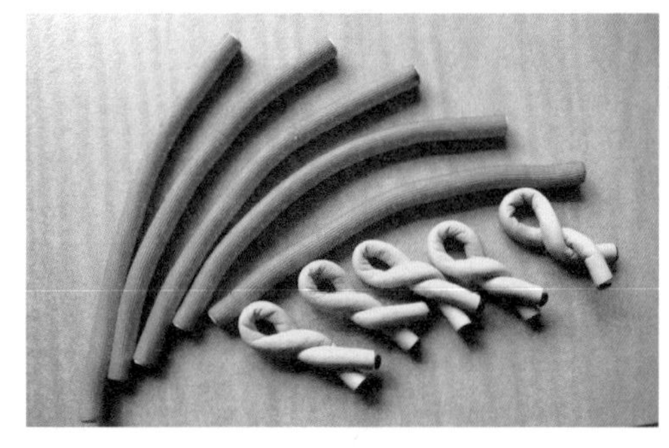

图 4—49　万能卷杠

（5）陶瓷棒特性。陶瓷棒通电后发热，释放大量红外线而产生热量，陶瓷烫是将头发卷在陶瓷棒上，利用陶瓷棒通电后发热，产生热量的原理来使头发卷成波浪形。这是近年来新兴的一种烫发技术。陶瓷棒如图 4—50 所示。

（6）数码棒特性。根据不同头发的长度及层次，发型的设计要求及头发的发质，选择相适应的数码棒。数码烫是近年来新兴的一种烫发技术和方法。数码棒通电后发热并释放大量热能，使头发卷成波浪形（见图4—51）。

图4—50　陶瓷棒

图4—51　数码棒

### 3. 各种卷杠排列的基面选择和操作方法

卷杠的型号有大、中、小三种型号。选择卷杠型号，一定要依据顾客的头型、发质、发型。头发的卷曲度与使用卷杠的型号有关。

不同的发型需要选择不同的卷杠，不同的卷杠需要选择不同的基面。基面大致分为：半基面（0.5倍基面）、等基面（1.0倍基面）、倍半基面（1.5倍基面）、双倍基面（2.0倍基面）。基面的控制是指相对于基面的卷发工作的位置，提升角度影响卷发工具在发片上的位置。

（1）基面。基面是指分出发片的大小，是由卷发工具的长度和直径来决定（见图4—52、图4—53）。

图4—52　基面（一）

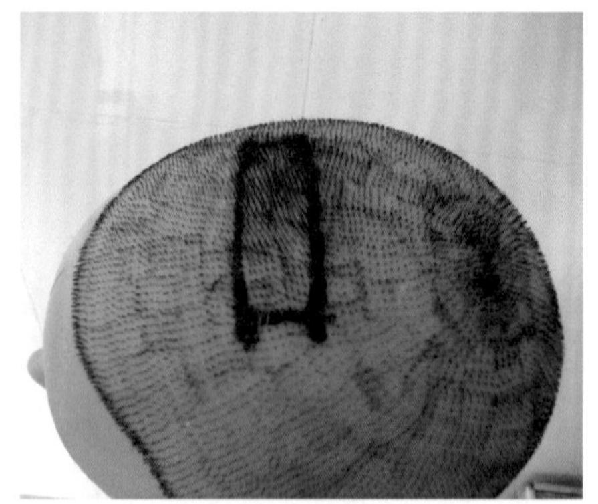

图4—53　基面（二）

（2）等基面（1.0 倍基面）。指分份发片的宽度和厚度，与所用烫发卷杠的长度和直径相同（见图 4—54、图 4—55、图 4—56）。

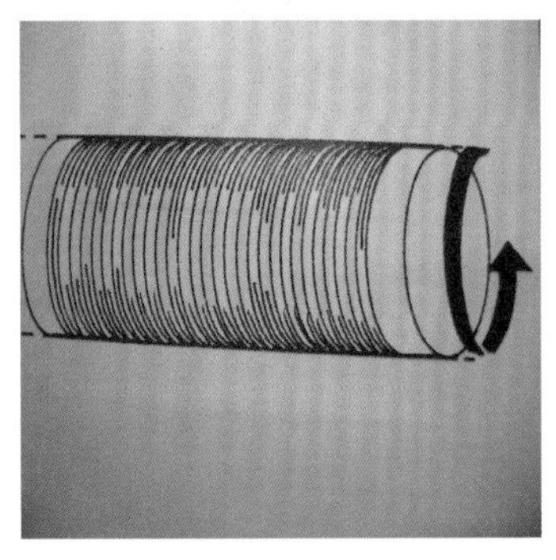

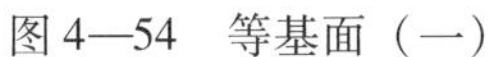
图 4—54　等基面（一）

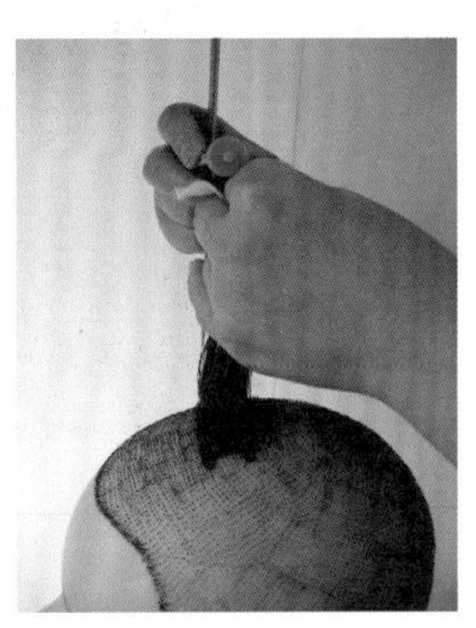
图 4—55　等基面（二）

图 4—56　等基面（三）

（3）倍半基面（1.5 倍基面）。指分份发片的厚度是所用烫发卷杠直径的 1.5 倍（见图 4—57、图 4—58、图 4—59）。

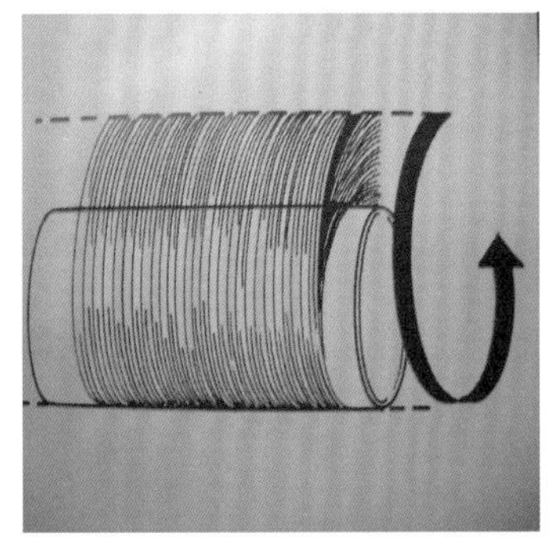
图 4—57　倍半基面（一）

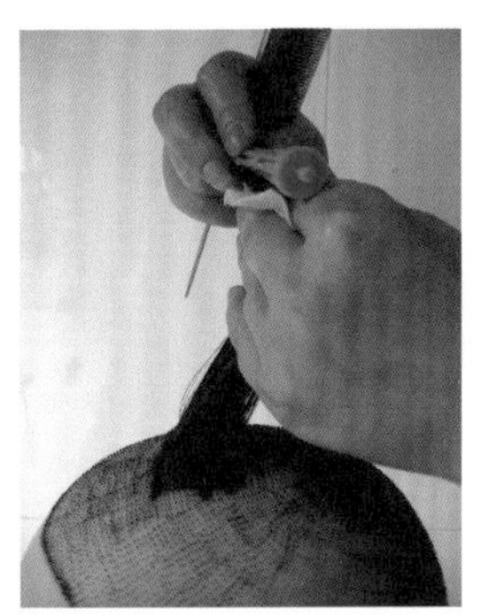
图 4—58　倍半基面（二）

图 4—59　倍半基面（三）

（4）双倍基面（2.0 倍基面）：指分份发片的厚度是所用烫发卷杠直径的 2 倍（见图 4—60、图 4—61、图 4—62）。

### 4. 使用普通卷杠排列的基面选择和操作方法

基面选择三角形、长方形、斜长方形的操作方法如下。

（1）定位烫卷杠排列的基面选择长方形的操作方法如图 4—63、图 4—64 所示。

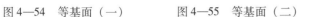

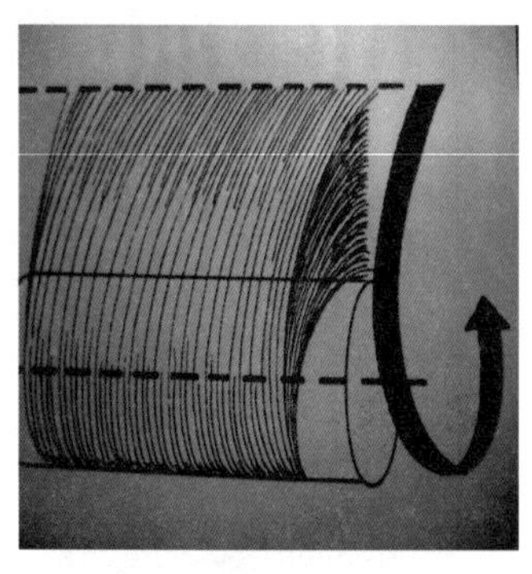

图 4—60　双倍基面（一）

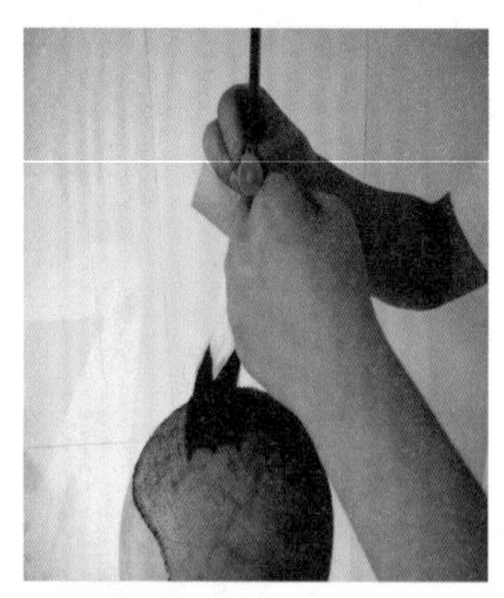

图 4—61　双倍基面（二）

图 4—62　双倍基面（三）

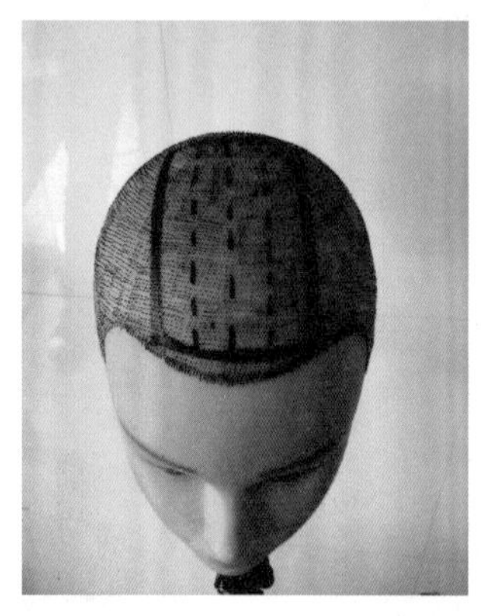

图 4—63　定位烫基面选择长方形（一）

图 4—64　定位烫基面选择长方形（二）

（2）定位烫卷杠排列的基面选择三角形的操作方法（见图 4—65、图 4—66）。

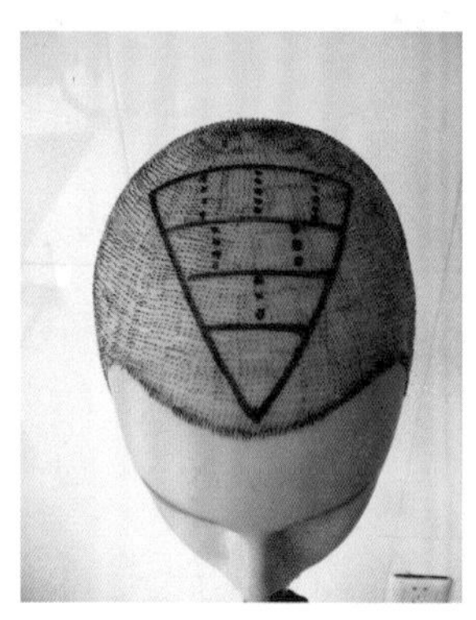

图 4—65　定位烫基面选择三角形（一）

图 4—66　定位烫基面选择三角形（二）

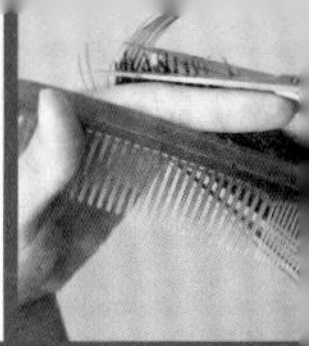

（3）标准烫卷杠排列的基面选择长方形的操作方法如图 4—67、图 4—68、图 4—69、图 4—70 所示。

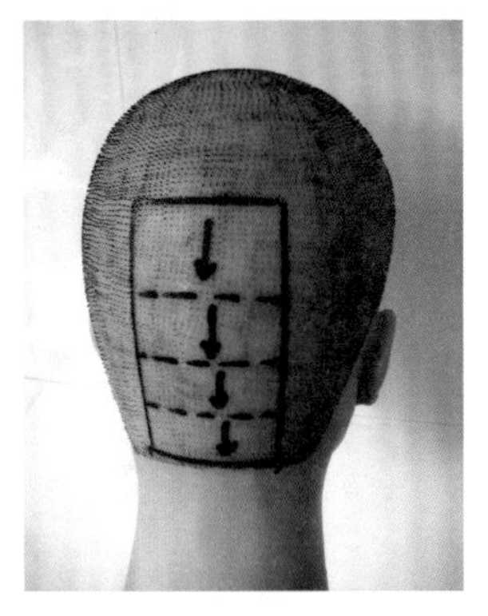

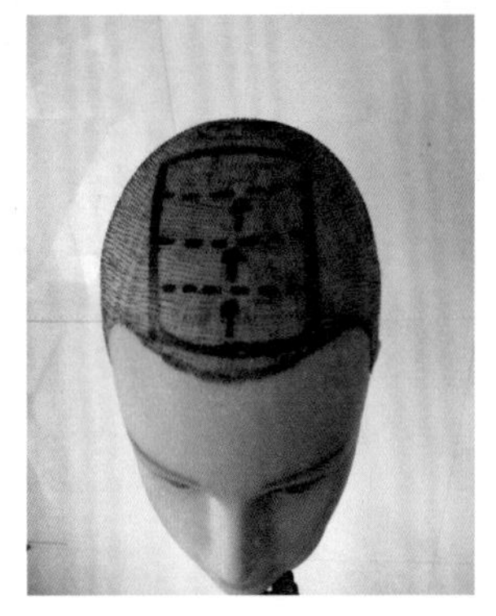

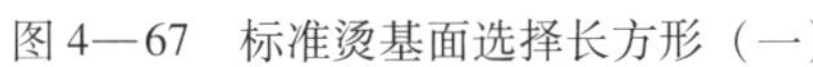

图 4—67　标准烫基面选择长方形（一）

图 4—68　标准烫基面选择长方形（二）

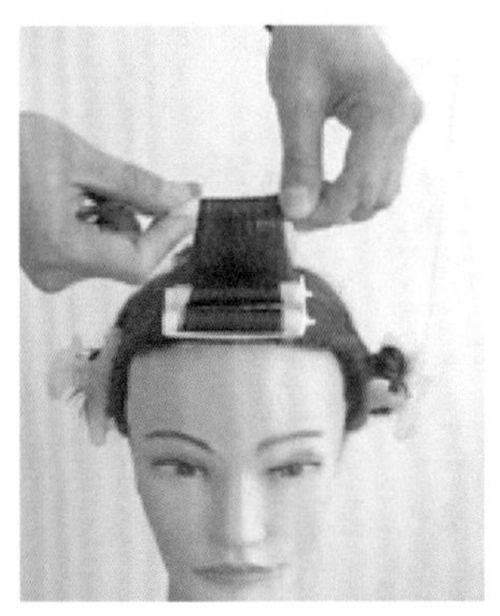

图 4—69　标准烫基面选择长方形（三）

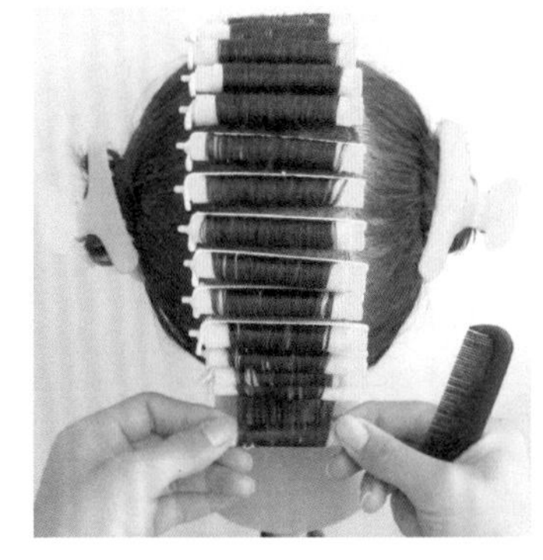

图 4—70　标准烫基面选择长方形（四）

（4）三角形基面可在发型中应用在头部内层区域（见图 4—71、图 4—72、图 4—73）。

（5）斜长方形基面可以置于头部内层位置（见图 4—74、图 4—75）。

## 5. 烫发模式组合及操作方法

（1）根据操作需要将头部分为不同工作区（见图 4—76、图 4—77）。

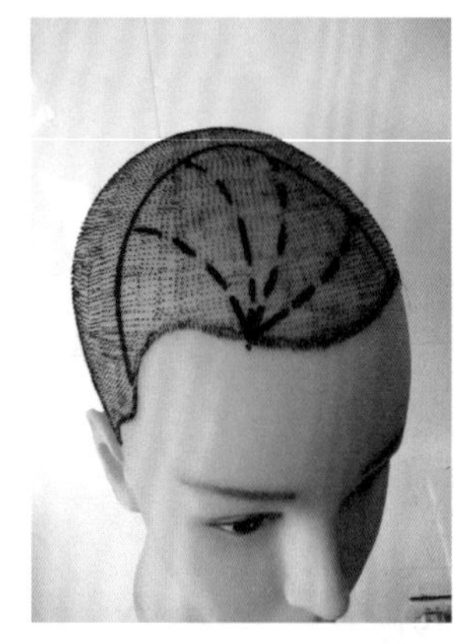
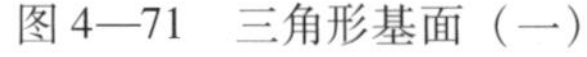

图 4—71　三角形基面（一）

图 4—72　三角形基面（二）

图 4—73　三角形基面（三）

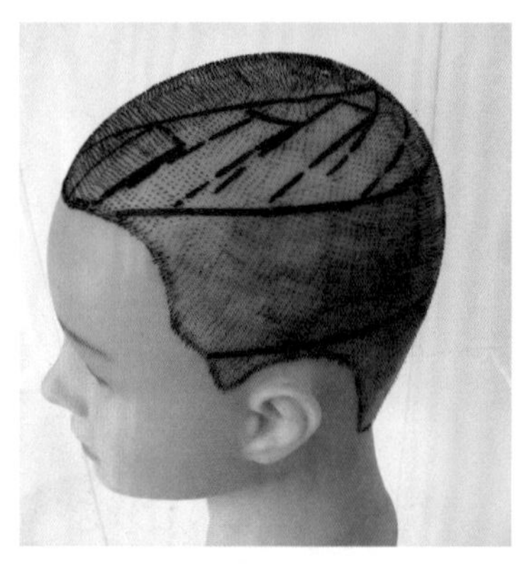

图 4—74　斜长方形基面（一）

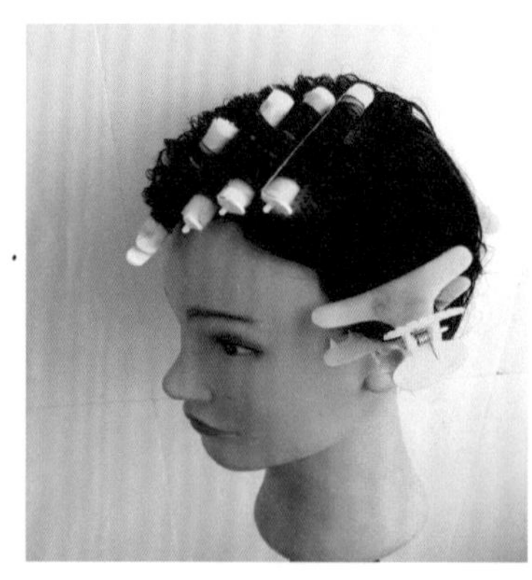

图 4—75　斜长方形基面（二）

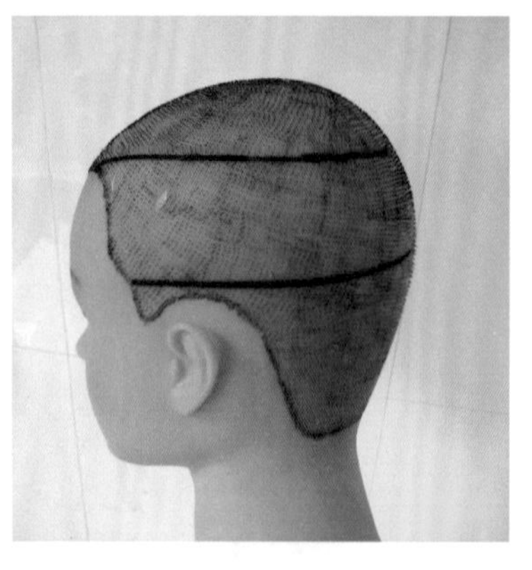

图 4—76　头部分区（一）

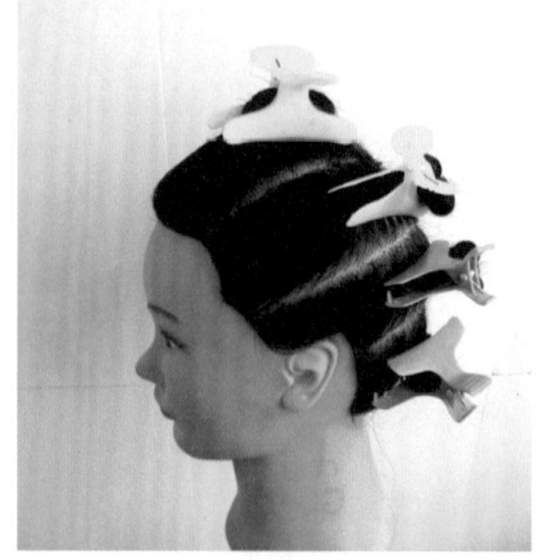

图 4—77　头部分区（二）

（2）头部内层使用斜长方形基面烫发（见图 4—78、图 4—79）。

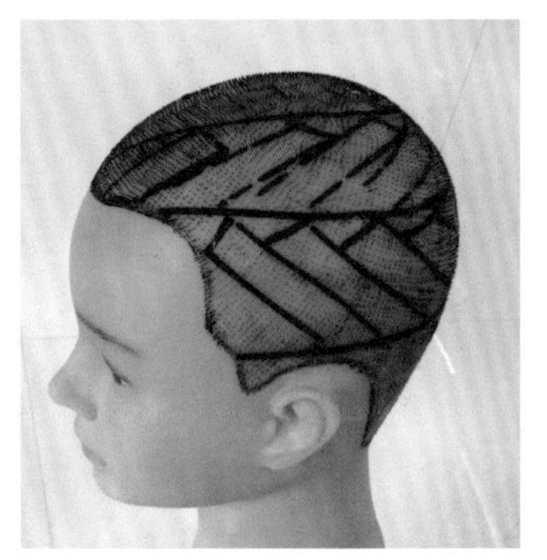

图 4—78　斜长方形基面烫发（一）

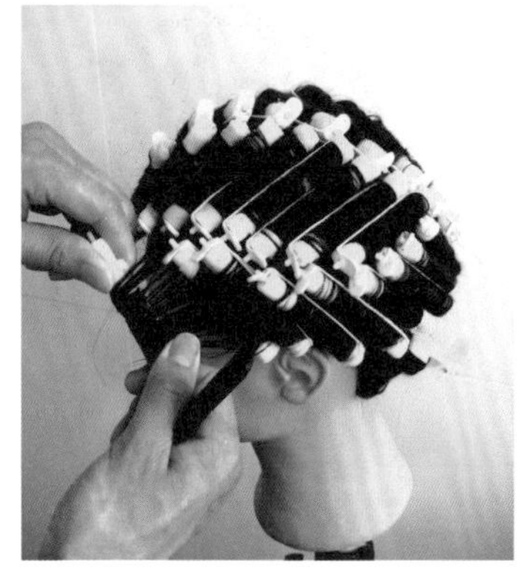

图 4—79　斜长方形基面烫发（二）

（3）头部外层使用三角形基面烫发（见图 4—80、图 4—81）。

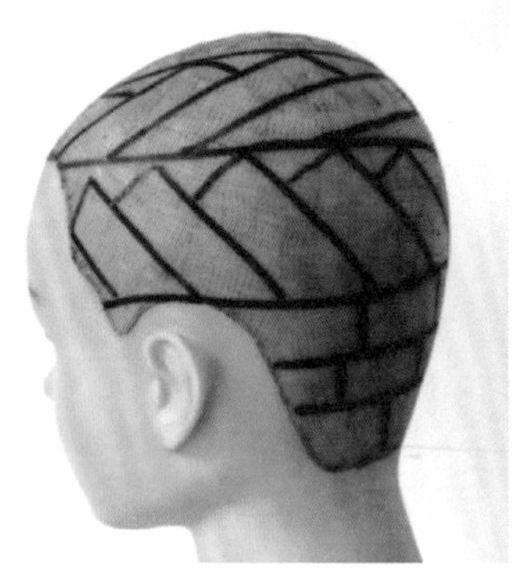

图 4—80　三角形基面烫发（一）

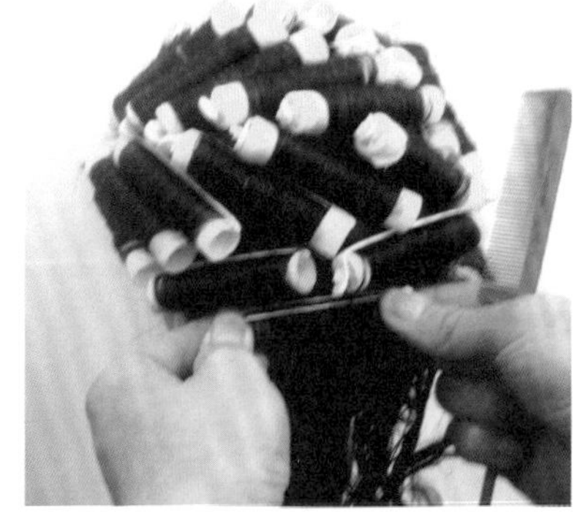

图 4—81　三角形基面烫发（二）

（4）由三角形基面和斜长方形基面混合完成烫发（见图 4—82、图 4—83）。

## 四、烫发中的技术问题

烫发是一种美化发型的基本方法，分为物理烫发和化学烫发。现在烫发的目的主要有两个：使头发显得更丰富（有卷曲的效果）；改变头发的形状和走向（卷度不是很大的效果）。烫发的基本过程分为两步：第一步是通过化学反应将头发中的硫化键和氢键破坏；第二步是发芯结构重组并使之稳定。

图 4—82　混合基面烫发（一）

图 4—83　混合基面烫发（二）

正确解决烫发中的技术问题，可以把变色、断裂、弹性减弱和失去光泽的头发，烫出自然、时尚的大卷。

### 1. 烫发中正确操作卷杠的方法

（1）在分区的基础上，先用梳子分出相当于卷杠长度和直径的一股头发，用左手掌托住，在头发下衬一张渗水性好的软性薄纸（冷烫纸），用手指夹住，再用卷杠将头发从发梢卷向发根，用橡皮圈固定。可以分一股卷一股，直至卷好全部头发，把全部分股卷好的头发涂上烫发液。分出的每股头发要平直，其宽度要与卷杠长度相当。卷发时用力要均匀，提起的头发与头皮保持一定的角度，一般为 90°角或 135°角，卷发的角度决定发根站立的方向。

（2）应根据发型设计要求进行卷杠的排列。卷杠的排列决定着头发发根的站立角度、发杆的形状、发梢的动态、头发的流向及发式的持久性。

### 2. 头发受损的原因

（1）物理性损伤。包括梳理方式错误造成的头发损伤，剪刀、削刀不正确使用造成的头发损伤，电热美发器具造成的头发损伤，紫外线造成的头发损伤。这类损伤主要是头发表皮层的损伤。头皮就像树皮一样，一旦受损自己是无法恢复的，如果不加强养护，就可能造成头发开叉、断裂等现象。

（2）化学性损伤。包括日常洗发、护发、定型产品的不正确使用造成的头发损伤，过度烫、染、漂发及错误操作对头发造成的损伤，环境的污染对头发造成的损伤；海水与游泳池内的水质对头发造成的损伤等。这类损伤主要是头发皮质层内蛋白纤维组织的损伤，使发质僵硬、变脆、无光、干枯。

（3）生理与心理损伤。由于人体内脏的原因或自身心理等因素也会造成头发无弹性、油腻、脱落、易生白发等现象。

### 3. 受损头发的处理

（1）冷烫的处理方法。烫发前涂抹适当的 LPP（烫前护理），加热时间不宜过长，注意冬夏季节室内温度的调节，一般加热时间夏天为 8～10 分钟，冬天为 10～12 分钟，定型时可往定型剂里添加 30% 浓度的双氧水一滴，这样能有效增加头发卷度的弹性，定型效果更佳。

（2）热烫的处理方法。正常软化，冲洗头发时可用护发素（因为受损头发不容易洗透），然后吹到 9 成干（正常是不吹干，但不吹干的加热时间太长，容易损坏毛鳞片），再涂抹少量的 LPP，上发卷，加热 15 分钟，停 5 分钟，再加热 15 分钟，等头发冷却就能上定型剂了，定型时间最好控制在 15 分钟，这样做的效果是省时间，避免加热时间过长，不管受损多么严重的头发都能烫出卷。

### 4. 可选直径大一号卷杠的 3 个区

在刘海区、发迹区、鬓角区，烫发时可选择直径略大一号的卷杠，这样头发的整体效果会较柔和。烫发时发尾不易弯折、卷绕。

（1）枕骨以下选择曲线形、三角形、螺旋形相应的卷发工具烫发。

（2）枕骨以上，选择粗、中、细各种卷杠混合使用，使发型产生动感，赋予发型多样性变化。

### 5. 发根补烫技术

对于已经烫过 3～6 个月的头发，如果再次烫发时，已烫过的发尾与发根的新生头发会产生两种不同的卷度效果，而影响烫发的质量，需要使用发根补烫技术。具体操作为：从发尾按照要求向上卷发至接近新生发部位，用一张塑料纸包裹在卷芯上，继续向上卷至发根，全部卷好发卷后，上第一剂烫发液，这样第一剂烫发液只被发根新生的头发吸收，而发尾有卷的部位则被塑料纸包住而无法吸收第一剂烫发液，从而达到保护已烫过的卷发，烫卷新生头发的目的。采用发根补烫技术可增大发根的蓬松度，改善发型顶部轮廓，调整修饰发根流向。

## 技能要求

### 各种烫发卷杠的排列技法

**操作准备**

准备如下革命烫发的工具、设备和仪器：

烫发围布 1 条、干毛巾 1 条、披肩 1 个、挑针梳 1 把、烫发衬纸 2 包、革命烫圆形卷杠 1 套、专用夹子 1 套、革命烫专业橡皮筋 1 套、革命烫仪器 1 台。

**操作步骤**

准备好革命烫发卷杠（见图 4—84）。

革命烫发卷杠的排列技法：在烫发设计中使用不同的卷杠，形成不同的纹理、不同发型效果。头发质感与卷杠的类别有关。革命烫发的操作方法如下。

图 4—84

**步骤 1** 洗净头发，梳开，检查头发的受损程度（见图 4—85）。

**步骤 2** 将头分为三个工作区，即内层、骨梁区、外层（见图 4—86）。

图 4—85

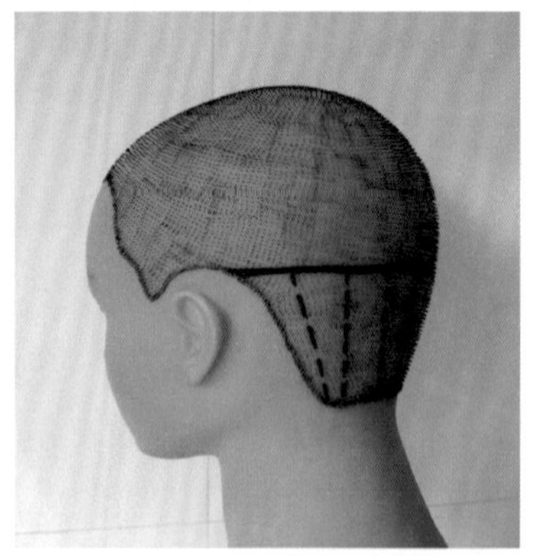

图 4—86

**步骤 3** 由外层开始采用平行放置的卷杠法卷杠（见图 4—87、图 4—88）。

图 4—87

图 4—88

**步骤 4** 骨梁区采用垂直分配法依次排列卷杠（见图 4—89、图 4—90）。

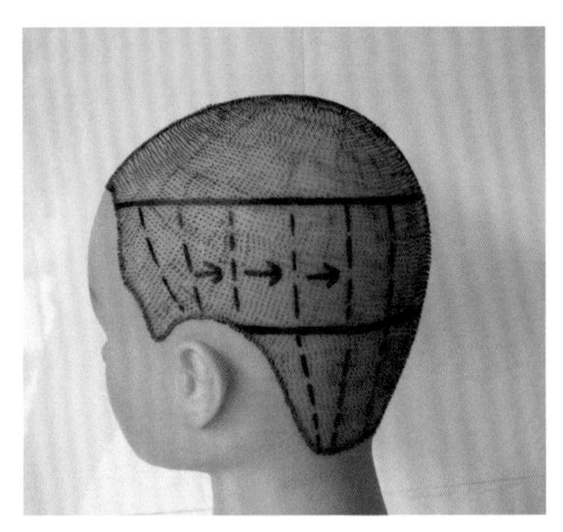

图 4—89

图 4—90

**步骤 5** 内层根据头部曲线采用放射线分配法排列卷杠（见图 4—91）。

**步骤 6** 顶部头发向后卷，保持用力均匀（见图 4—92）。

**注意事项**

（1）根据发式要求，选用相应的卷杠。

（2）在卷杠中挑起发片的基面应与选择卷杠相符。

（3）卷杠时发丝的受力程度不要过紧或过松。

图 4—91

图 4—92

（4）卷杠时要注意提升角度，结束后要用插针挑起被橡皮筋压倒的头发。

（5）烫发不要太频繁，一年不应该超过四次。孕妇烫发会影响胎儿的健康，因此不宜烫发、烫发应该根据自身的实际情况来进行。

（6）在烫发操作前，为防止发生对冷烫精过敏的现象，应先擦一点在手臂内侧，待证明无不良反应后再使用。

（7）冷烫精不可滴入眼内或伤口上，如发生不慎，应及时用清水清洗，再去医院治疗。

（8）经常接触冷烫精的美发师，烫发时一定要戴橡胶手套保护双手，避免冷烫精的不良刺激，导致皮炎。

（9）冷烫精的主要成分是硫代乙醇酸铵，属微碱性，对人体有损害，因此烫发不宜过于频繁，一般 3 ~6 个月一次为佳。

## 各种卷杠的排列及操作方法

### 操作准备

准备如下井冈圈烫发的工具、设备和仪器：

烫发围布 1 条、干毛巾 1 条、披肩 1 个、挑针梳 1 把、烫发衬纸 2 包、井冈圈圆形卷杠 1 套、专用夹子 1 套、井冈圈烫发仪器 1 台。

### 操作步骤

准备好井冈圈烫发卷杠（见图 4—93）。

井冈圈卷杠的排列技法：在烫发设计中使用不同的卷杠，形成不同的纹理、不同发型效果。头发质感与卷杠的类别有关。井冈圈烫发的操作方法如下。

图4—93　井冈圈烫发卷杠

**步骤1**　洗净头发，梳开，检查头发的受损程度（见图4—94）。

**步骤2**　将头部分成三个工作区，即内层、骨梁区、外层（见图4—95、图4—96）。

**步骤3**　采用直径一致的卷发杠，由外层开始操作（见图4—97）。

图4—94

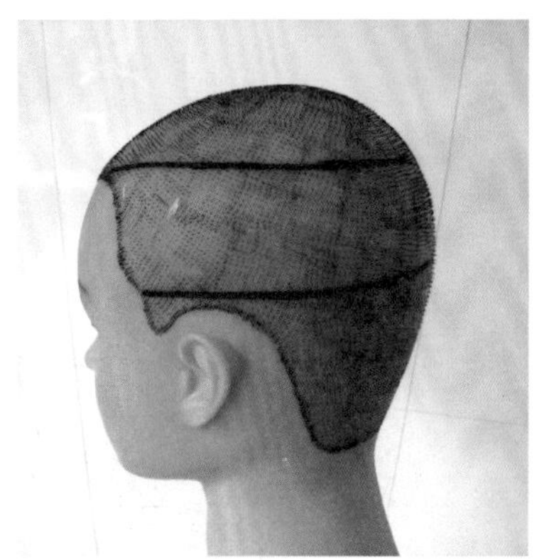
图4—95

图4—96

图4—97

**步骤4**　保持发片以90°提升且用力均匀（见图4—98、图4—99）。

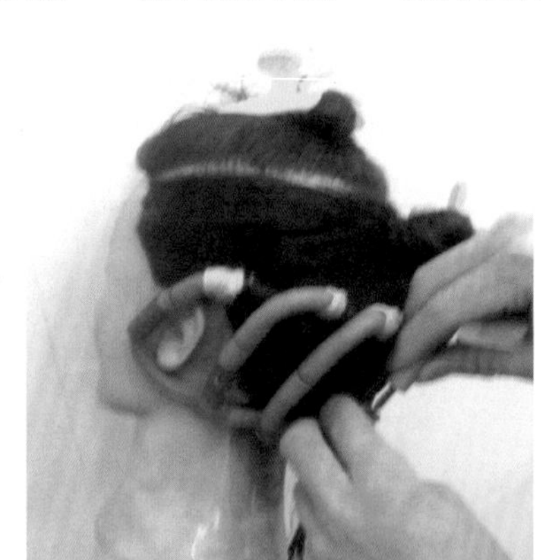

图4—98

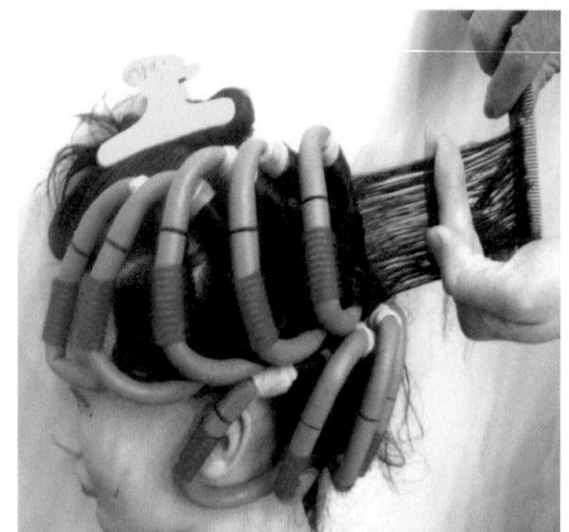

图4—99

**步骤5**　继续采用垂直基面完成骨梁区（见图4—100、图4—101）。

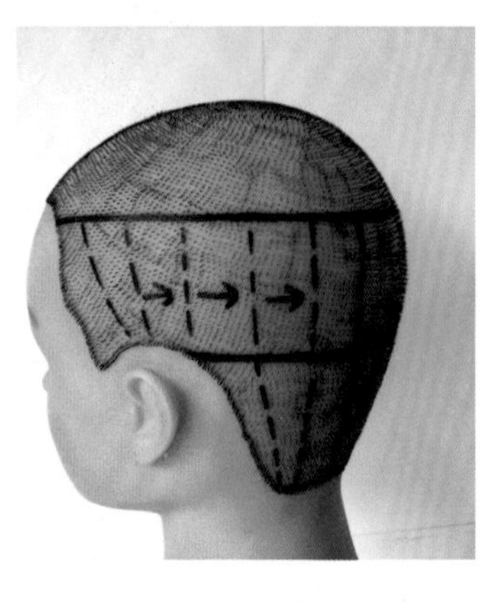

图4—100

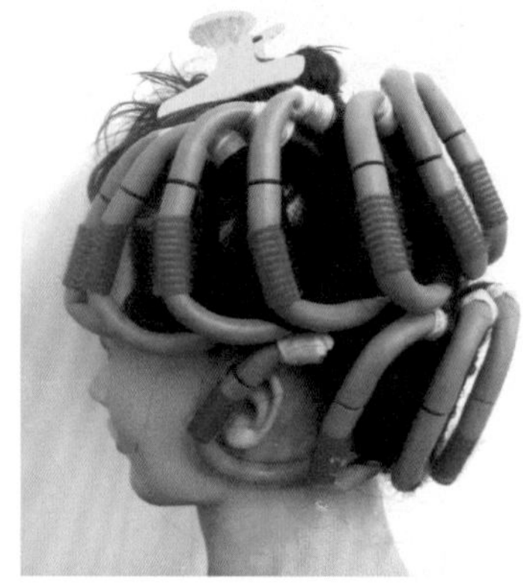

图4—101

**步骤6**　按刘海分份完成内层（见图4—102）。

**步骤7**　井冈圈烫发排列方法如图4—103所示。

**注意事项**

（1）冷烫精的主要成分是硫代乙醇酸铵，会对头发产生一定的损伤，因此一年烫发的次数不要超过4次。

图 4—102

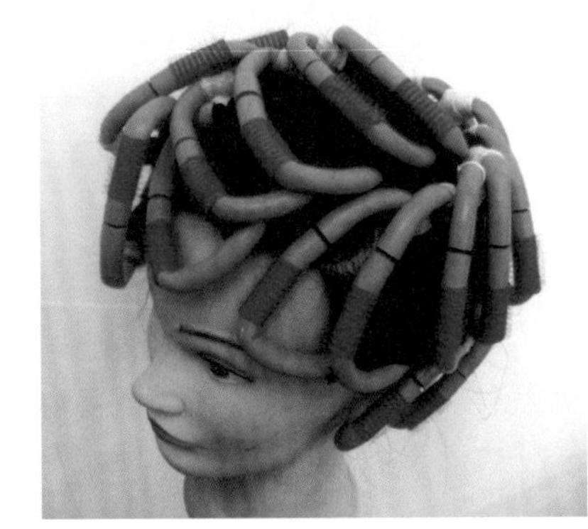
图 4—103

（2）烫发时一定要戴橡胶手套以保护双手，避免刺激皮肤，导致皮炎。若不慎将冷烫精滴入眼内或伤口上，应及时用清水清洗或到医院治疗。

其他注意事项同前。

## 各种卷杠的排列及操作方法

### 操作准备

准备如下喇叭烫的工具、设备和仪器：

烫发围布 1 条、干毛巾 1 条、披肩 1 个、挑针梳 1 把、烫发衬纸 2 包、喇叭烫圆形卷杠 1 套、专用夹子 1 套、喇叭烫烫发仪器 1 台。

### 操作步骤

准备好喇叭烫发卷杠（见图 4—104）。

喇叭烫卷杠的排列技法：在烫发设计中使用不同的卷杠，形成不同的纹理、不同发型的效果。头发质感与卷杠的类别有关。喇叭烫烫发的操作方法如下。

图 4—104　喇叭烫发卷杠

**步骤 1**　洗净头发，梳开并检查头发的受损程度（见图 4—105）。将头部分成三个工作区，即内层、骨梁区、外层（见图 4—106）。

图 4—105

图 4—106

**步骤 2** 采用直径一致的卷杠，由外层开始操作（见图 4—107、图4—108）。

图 4—107

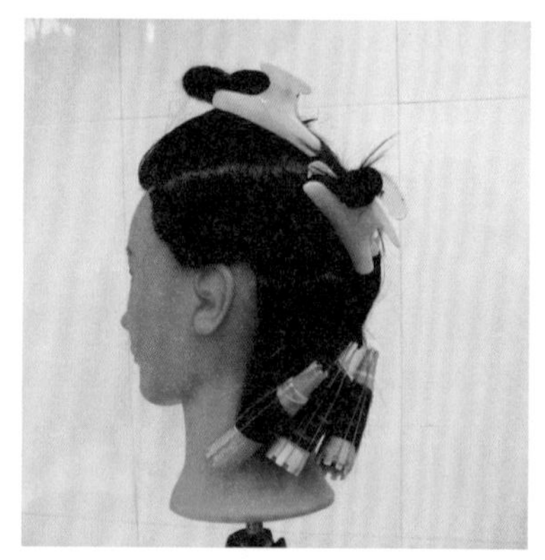

图 4—108

**步骤 3** 保持 90°提升角度且用力均匀（见图 4—109）。

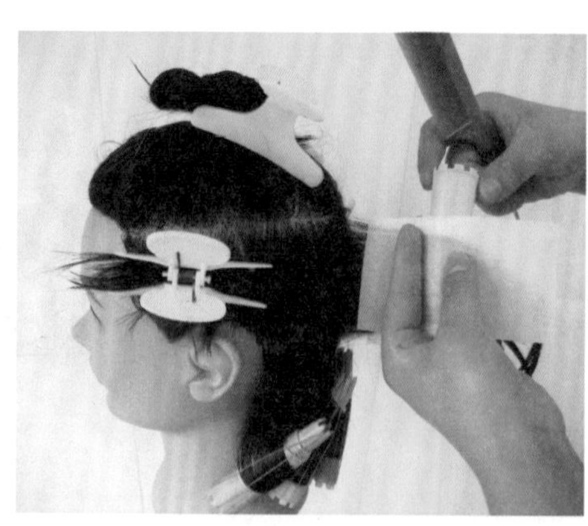

图 4—109

**步骤 4**　继续采用垂直基面完成骨梁区的卷杠（见图 4—110、图 4—111）。

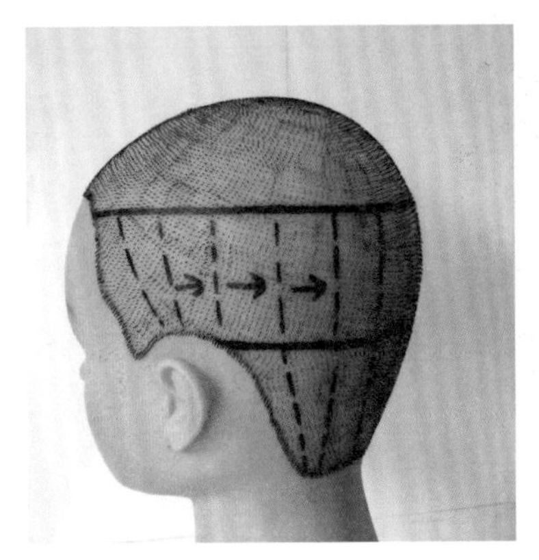

图 4—110

图 4—111

**步骤 5**　按刘海分份完成内层（见图 4—112）。

**步骤 6**　喇叭烫烫发排列方法如图 4—113、图 4—114 所示。

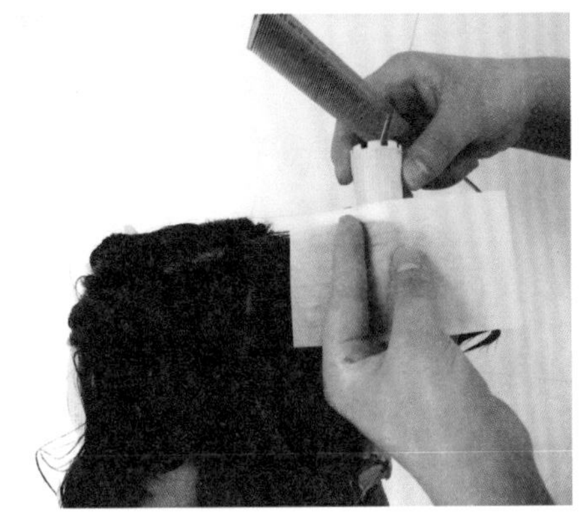

图 4—112

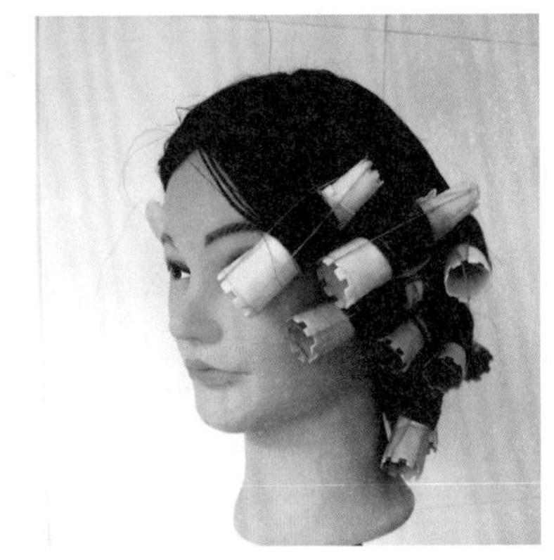

图 4—113

**注意事项**

（1）选择适合发式要求的卷杠，挑起发片的基面按卷杠的粗细来定。

（2）提拉的角度按发式要求进行，卷绕的发丝应均匀。

（3）烫发的次数不宜过于频繁，一年不超过四次。

（4）皮肤过敏、孕妇、娇嫩皮肤、皮肤受损者不应烫发。

图 4—114

## 第 2 节 现代烫发新工艺

### 学习目标

● 掌握现代新工艺的烫发工具及操作技能。
● 解决烫发中的技术方法。

### 知识要求

### 一、现代时尚新工艺的烫发种类及概念

新工艺烫发的种类大致可分两大类：冷烫和热烫。

冷烫是烫发的一种大类，又称为化学烫，顾名思义，是指能够在常温下利用化学药剂的反应完成烫发过程的一种形式。冷烫的头发在湿润状态下能够更好地呈现卷曲效果。干了之后，只有湿发 30% 的卷度。操作上相对简单，可物理加热也可自然停放，对场地的要求也低，具有大众化的基础。

热烫是改变了头发内部结构，操作上比较复杂但能让头发较持久的定型。热烫干了之后能够达到 70% 的卷度。因此热烫的卷曲度在干发和湿发时都能较好地保持，弹性效果比较时尚自然，现在很多顾客会选择热烫数码烫、陶瓷烫，但

热烫也不是万能的，有些发型是需要用冷烫来做的。

热烫加热的方式有内加热（卷杠加热）、外加热（通过外部的电热夹加热）、内外加热及热包加热（条件不足或为实现特殊烫发而在发卷外使用化学反应发热包加热）等。

按照加热温度、使用器材及热烫药水成分的不同，热烫直发有负离子、游离子等不同方法。

现代新工艺必须是时尚的，要标新立异，给人焕然一新的感觉。“尚”有崇尚、高尚、高品位、领先的意思。美发行业必须有领先的意识，这样才能符合时代的要求和大部分人的消费心理。

新工艺烫发是在传统的烫发过程中演变而来的，随着时代的进步而变化烫发的工艺。改变头发的性质可通过物理、化学、物理与化学相结合等方法，改变后的发质更具有时尚发型的可塑性，能使烫发后的曲线纹理更加柔和，发型更具有时代的气息，打理更方便，更能贴近生活。

## 二、现代新工艺烫发的类型

### 1. 陶瓷烫

陶瓷烫（远红外线陶瓷烫）比起传统上的卷发，效果更自然些，尤其在干发时，比湿发的卷度更漂亮。陶瓷烫是利用一台长相如八爪鱼的仪器，用陶瓷棒将发丝从四面八方夹住拉开，插电导热后烫卷头发。这是近年来新兴的一种烫发技术。

### 2. 数码烫

近年在美发流行时尚里出现了一个较为特殊的名字——数码烫。据了解，数码烫最先在日本、韩国等地流行，近年数码烫开始在国内流行起来。数码烫是世界顶尖技术，具有以往烫发所不能完全达到的效果，并且还可以创造出光泽亮丽的自然卷曲发型。

近年顾客偏好头发以轻薄为主的发型，追求头发的空气感，随意之间伴有凌乱美感，而数码烫正好迎合了这些特点，自然也就成为新潮发式的首选。美发师用削刀、打薄刀和剪刀，调整各部分的发量及头发内部的结构，运用不同层次及

不连接剪发的技巧，把头发的空气感表现出来，呈现蓬松、自然、飘逸的感觉。

### 3. 电棒烫

电棒烫是近年来新兴的一种烫发技术，一般适用于男、女短发。由于时代的进步，电棒烫也将适用于女子长发、男子中长发。

因社会发展和时代进步，发型的变化也与时俱进，因此电棒烫也在革新。电棒烫是在火钳烫的基础上革新、改进而形成的，是采用电棒烫发的形式，配合各种不同型号的卷芯和烫发液，使头发卷曲、定型的一种烫发方法。

## 三、现代工艺烫发仪器的操作方法

### 1. 电棒烫操作方法

（1）根据头发的不同长度及层次，选择相适应的电棒型号，一般情况，45 mm长度的头发用10 号电棒；35 mm 长度的头发用8 号电棒；25 mm 长度的头发用6 号电棒；15 mm 长度的头发用4 号电棒。电棒接上电源后，调节好温度，并在发杆上涂些保护油，用梳子配合，将电棒从发尾卷向发根，自左至右，一直卷到两耳处。全部卷好后，检查一下发卷的卷曲度和起伏度，并进行调整，直至完美。

（2）用毛巾沿发际线围绕一圈，塞紧，罩上纱网，再喷上定型液，10 分钟内喷洒两次，然后去掉纱网，用梳子梳理发卷。

### 2. 陶瓷烫操作方法

陶瓷烫是将头发卷在陶瓷棒上，陶瓷棒通电后发热并释放大量红外线，利用陶瓷棒产生热量的原理来使头发卷成波浪形。

（1）根据头发的不同长度及层次，选择相适应的陶瓷棒，用梳子配合在受损的发尾上涂些保护油，根据发型设计要求将陶瓷棒全部卷好，检查一下陶瓷棒发卷的卷曲要求，并进行调整，直至完美。陶瓷棒接上电源后，调节好温度开始加热两次。

（2）用毛巾沿发际线围绕一圈，罩上纱网，再喷上定型液，10 分钟内喷洒两次，然后去掉纱网，用梳子梳理发卷。

### 3. 数码烫操作方法

数码烫是将头发卷在数码棒上，数码棒通电后发热并释放大量热能，使头发卷成波浪形。

（1）根据头发的不同长度及层次，选择相适应的数码棒，用梳子配合在受损的发尾上涂些保护油，根据发型设计要求将数码棒全部卷好，检查数码棒发卷的卷曲要求，并进行调整，直至完美。数码棒接上电源后，调节好温度开始加热两次。

（2）用毛巾沿发际线围绕一圈，罩上纱网，再喷上定型液，10 分钟内喷洒两次，然后去掉纱网，用梳子梳理发卷。

## 四、烫发中的技术问题

在热烫烫发的过程中，烫发前如何正确地诊断发质，正确地软化头发，会直接影响烫发效果，影响最终的发型。在烫发的时候，头发因 pH 值、酸碱含量、受损程度不同，给头发的软化增加了难度。正确进行软化头发，受损的头发也能烫出自然、时尚的大卷。

在烫发时，对发质的诊断是非常重要的。了解发质，有目的地选择烫发的方式与烫发水，可有效地避免发质受损，使头发的卷曲度得到更好的体现。虽然烫发前在头发处于正常干燥状态下，通过目测的方法可直接判断发质状况，但往往不够准确。

下面介绍三种发质的诊断与测试技巧。

### 1. 干燥度测试技巧

取 20 根左右的头发，缠绕在手指上，然后适当用力向外拉伸数下，如果头发有弹性，没有拉断，说明头发健康；如果拉断的数目较多（15%），说明头发干燥。

### 2. 多孔性测试技巧

取一束头发，用左手将发尾捏紧，再用右手轻轻捏在发束的 1/2 处，向发尾处推，如果被推离左手的头发数目多，说明头发多孔，反之则说明头发健康。

### 3. 弹性测试技巧

取一根头发，捏紧并露出5～10 cm长度的发尾，然后用另一只手的指甲轻轻从头发上滑过，这时头发会出现许多小圈，记住小圈的圈数，再将发圈轻轻拉直10秒，松开手，如果圈数减少，说明头发弹性小，如果圈数没有减少，说明头发弹性大。

热烫在烫发操作时，对发质的软化诊断是非常重要的，检查发质软化效果的方法有两种：一是用左手拇指、食指或右手拇指、食指拉住头发，头发能够拉长20%，说明软化成功；二是取一束头发，将头发上的软化剂擦干净，用手指缠绕后放在手心，如头发不反弹，即说明软化成功。

## 技能要求

### 现代工艺烫发卷杠的操作方法

#### 操作准备

准备如下现代数码烫发（水波纹烫）的工具、设备和仪器：

烫发围布1条、干毛巾1条、披肩1个、挑针梳1把、烫发衬纸2包、数码烫卷杠1套、专用夹子1套、数码烫羊毛毡1套、数码烫仪器1台。

#### 操作步骤

准备好现代数码烫发的仪器（见图4—115）。

**步骤1** 洗发。洗净头发，梳开，并检查头发的受损程度（见图4—116）。

图4—115

图4—116

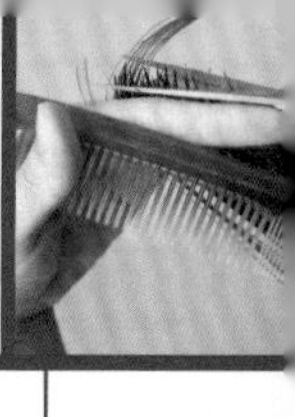

**步骤2** 软化。距发根约1 cm处，由下往上分区涂放第一剂药水，直到完全涂好。

（1）受损型。先擦上萃取液，再上药水（见图4—117）。

（2）正常型。将水分擦干，即上药水（见图4—118）。

（3）健康型。先将头发吹干，再上药水（见图4—119）。

**步骤3** 试软化。取10根头发用手指绕卷于手掌，如头发不弹开，即说明软化成功（见图4—120）。

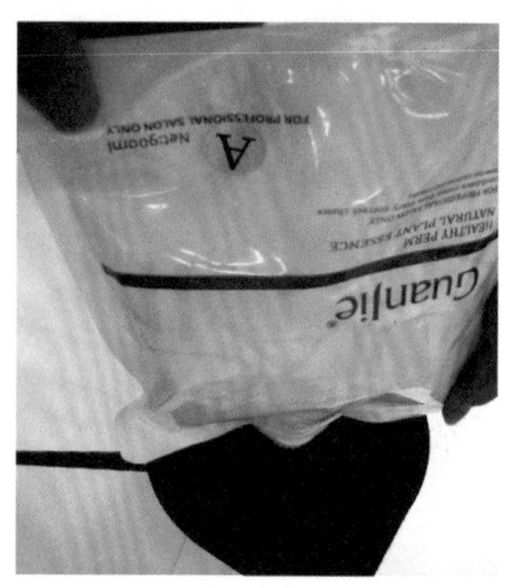

图4—117

图4—118

图4—119

**步骤4** 冲净。用水冲净即可（见图4—121）。

**步骤5** 梳顺。擦上隔热霜梳顺（见图4—122、图4—123）。

**步骤6** 上卷子。头发不可吹干，上卷时要卷紧，越接近发根越薄（见图4—124、图4—125）。

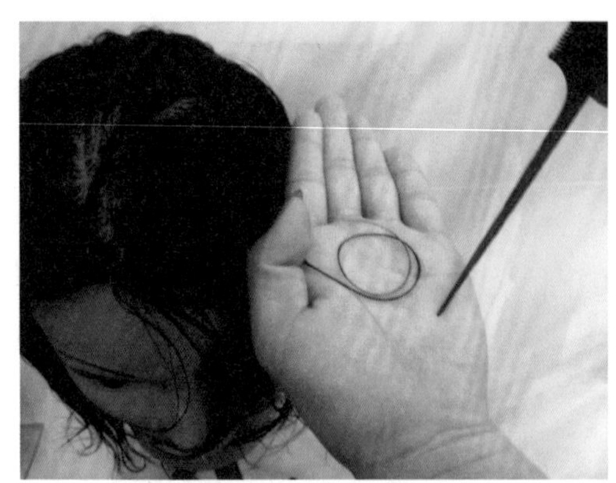

图 4—120

图 4—121

图 4—122

图 4—123

图 4—124

图 4—125

**步骤 7** 加热。加热 15 分钟后，停大致 5 分钟，再次加热 15 分钟，等头发干了，如果未干可再加热 3～5 分钟（见图 4—126），如已达到八成干即可关掉电源，冷却后即可拆卷，测试卷曲度。如一次性加热时间过长会造成断发。

图 4—126

**步骤 8** 上第二剂药水。等冷却后，均匀释放定型剂，约 15 分钟后即可冲水（见图 4—127）。

**步骤 9** 冲水。使用护发素，不得使用洗发精，水压太大时要用毛巾把水包住，因为头发还未完全定型（见图 4—128）。

图 4—127

图 4—128

**步骤 10** 造型。尽可能烘干或自然风干，或使用吹风机直接吹干（见图 4—129、图 4—130）。

图4—129

图4—130

**注意事项**

（1）孕妇、头皮受伤者禁用。

（2）使用数码棒时，防止旋松吊环松动，以免夹发。

（3）烫发后24小时内不要拉直。

（4）不要将发热棒放于液体中清洗，防止漏电。

（5）数码烫在使用中温度很高，不要用手直接触摸数码卷杠。

（6）烫发后应使用一些含蛋白质、水分的护发用品，可以有针对性地选用一些香波、护发素及补充营养的精华素，做护理性焗油也是不错的选择。

（7）为了保持烫后头发的光泽和活力，烫发当天不宜用力梳理，以免破坏尚未完全定型的某些固发结构，使新烫的发型走样。

（8）烫发3天内尽量避免使用卷发棒及电卷发器，并尽可能不洗发，以便于长期保持烫发的美感。

（9）烫发后，正确的梳理方法是：使用宽齿梳先梳开打结的头发，避免用力拉扯，最好不要用塑料梳，因为塑料梳产生的静电较大。

（10）烫后头发不必每天都洗，洗发时不应用力揉搓头发，因为这样头发很容易受损，洗后尽量让头发自然风干，不要用高温吹风机，最好用大风筒，使烫发蓬松而又不弄乱发卷。

（11）洗头后或整理发型时，可用美发造型产品以增强发卷的力度。在卷发的变干过程中不要过多摆弄，越少动，卷发看起来就会越自然。

（12）在头发还有些潮湿的时候，就把卷发做成想要的发型，让发型出现优美的波纹。

（13）在热烫发的过程中，烫发工具是带电的导体，烫发工具的好坏和温度直接影响烫发的效果，所以在烫发的时候，一定要注意对烫发工具的选择及温度的控制。从温度上讲，温度的均匀性、恒温性是直接影响发型的因素。

## 现代工艺烫发的仪器使用操作方法

### 操作准备

准备如下现代陶瓷烫发的工具、设备和仪器：

烫发围布 1 条、干毛巾 1 条、披肩 1 个、挑针梳 1 把、烫发衬纸 2 包、陶瓷烫卷杠 1 套、专用夹子 1 套、陶瓷烫羊毛毡 1 套、陶瓷烫仪器 1 套。

### 操作步骤

准备好现代陶瓷烫发的仪器，使用 20 号、18 号、16 号陶瓷电棒（见图 4—131）。

**步骤 1** 洗发。洗净头发，梳开，并检查头发的受损程度（见图 4—132）。

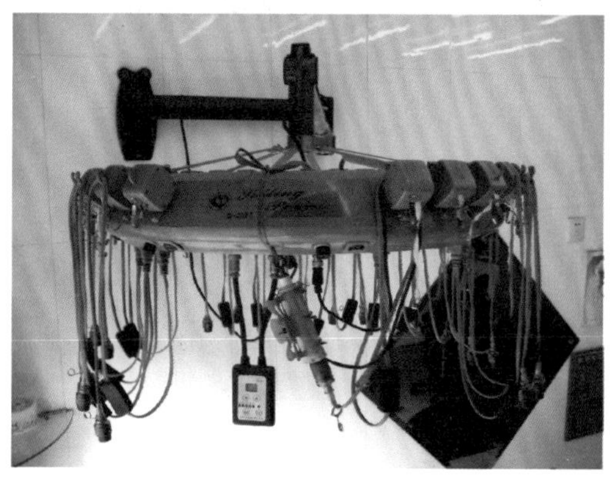

图 4—131

图 4—132

**步骤 2** 软化。距发根约 1 cm 处，由下往上分区涂放第一剂药水，直到完全涂好。

（1）受损型。先擦上萃取液，再上药水（见图 4—133）。

（2）正常型。将头发水分擦干，即上药水（见图 4—134）。

（3）健康型。先将头发吹干，再上药水（见图 4—135）。

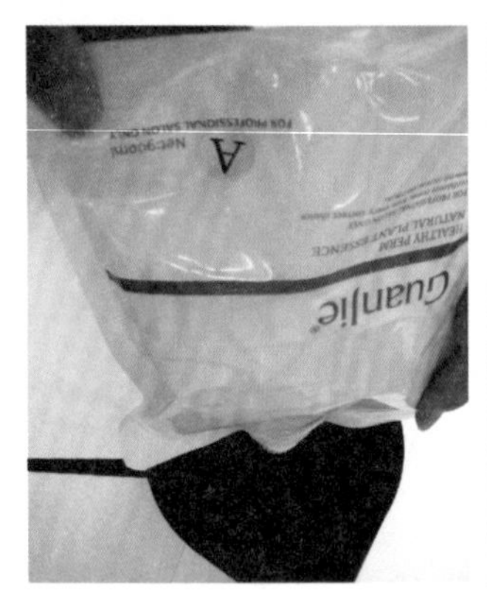


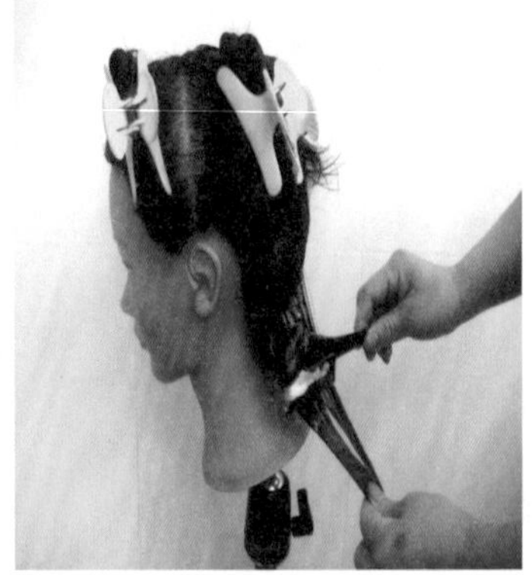

图4—133　　图4—134　　图4—135

**步骤3**　试软化。取10根头发用手指绕卷放于手掌，头发不弹开即说明软化成功（见图4—136）。

**步骤4**　冲净。用水冲净即可（见图4—137）。

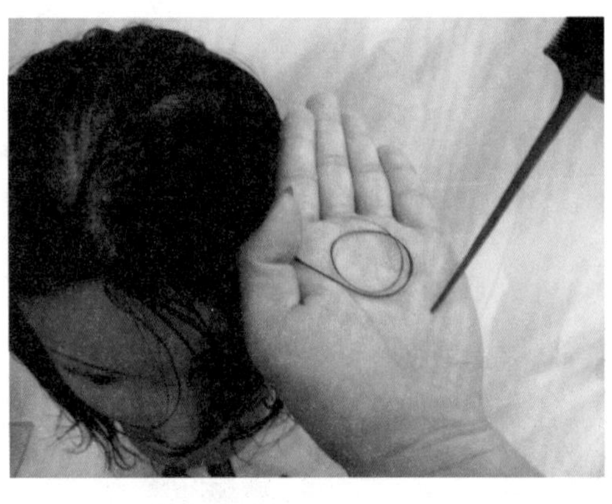

图4—136

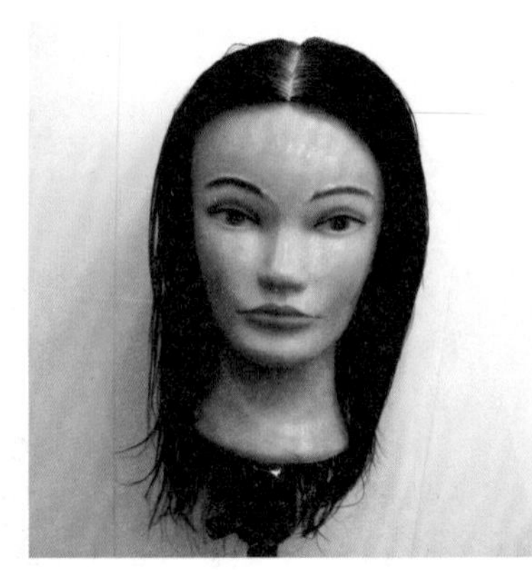

图4—137

**步骤5**　梳顺。擦上隔热霜梳顺（见图4—138、图4—139）。

**步骤6**　陶瓷烫发的操作。选择相应的陶瓷棒，根据头型和发质，一般长度的头发可在发梢涂上保护油，并用梳子配合，正常情况下，可以从内层开始烫发（见图4—140、图4—141）。

**步骤7**　由内层、骨梁区至外层全部卷好后，检查一下所上的卷子。头发不可吹干，上卷时要均匀且卷紧陶瓷棒（见图4—142、图4—143）。

图 4—138

图 4—139

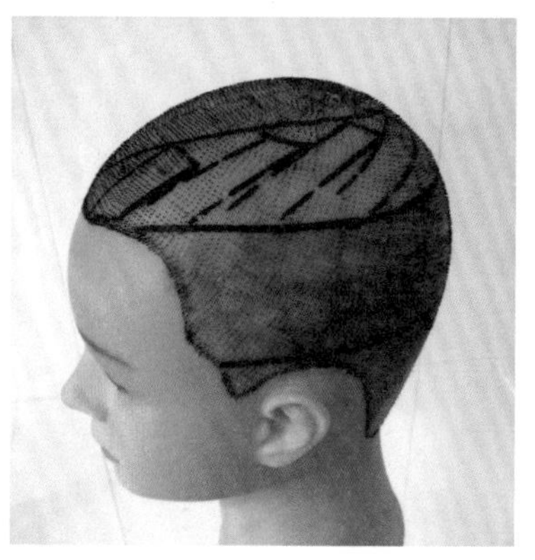
图 4—140

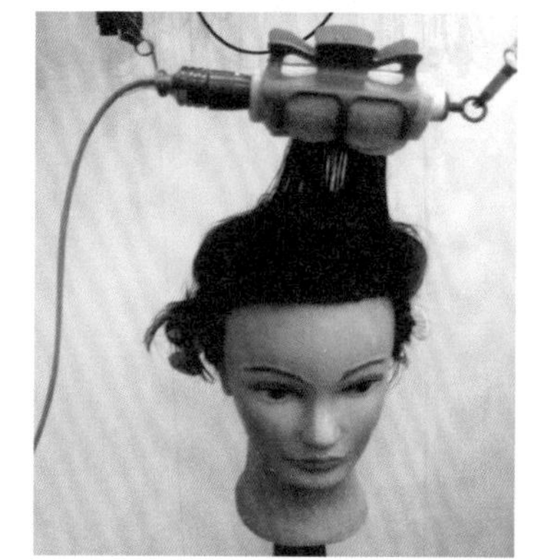
图 4—141

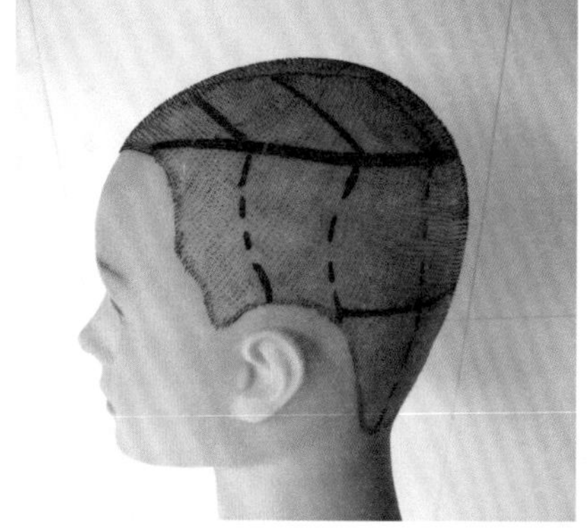
图 4—142

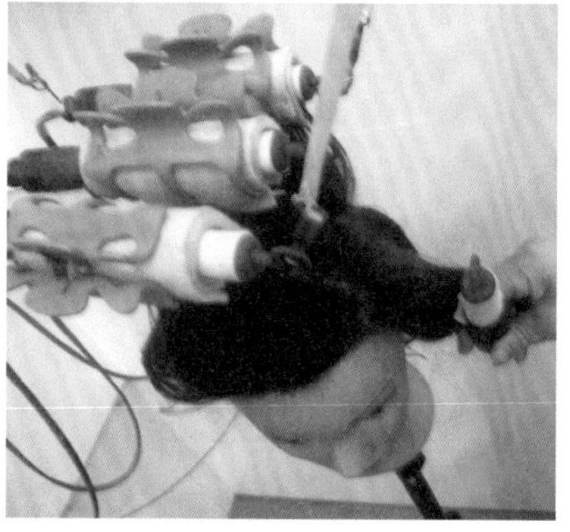
图 4—143

**步骤 8** 全部卷好后，检查一下陶瓷棒。再次调整角度，然后接通电源（见图 4—144）。

**步骤 9** 加热。第一次加热 15 分钟，冷却 15 分钟，第二次加热 15 分钟（见图 4—145），如头发已达到八成干，即关掉电源，等冷却后即可拆卷。切记每一次加热时间不要过长，否则会造成头发受损。

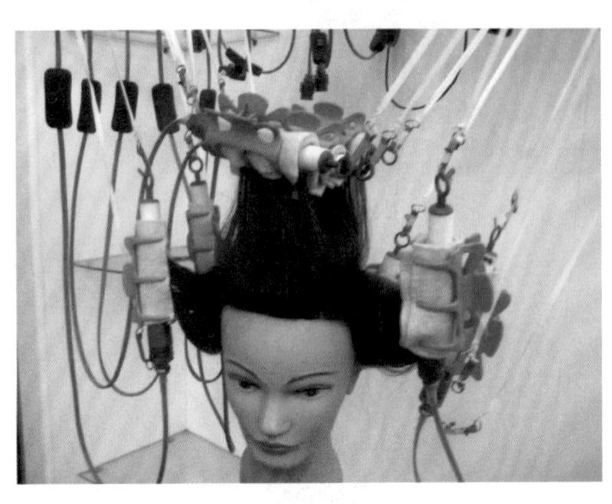

图 4—144

图 4—145

**步骤 10** 上第二剂药水。等头发冷却后，均匀释放定型剂，切记不可将烫发液滴入陶瓷棒电源内口，约 15 分钟后即可冲水。水温可使用 40℃（见图 4—146）。

**步骤 11** 冲水。使用护发素护发，不得使用洗发精，冲水时，如水压太大，要用毛巾把水包住，因为头发还未完全定型（见图 4—147）。

**步骤 12** 造型。尽可能烘干或自然风干，或使用吹风机直接吹干进行造型（见图 4—148）。

**注意事项**

（1）保持设备的安全有效性，常维修或更换老化零件。

（2）控制好陶瓷烫的温度，严禁灼伤自己和客人。

（3）控制好软化时间、发丝弹力的检验结果。

（4）对烫后损伤发丝进行护理，补充蛋白质、水分、弹力素等。

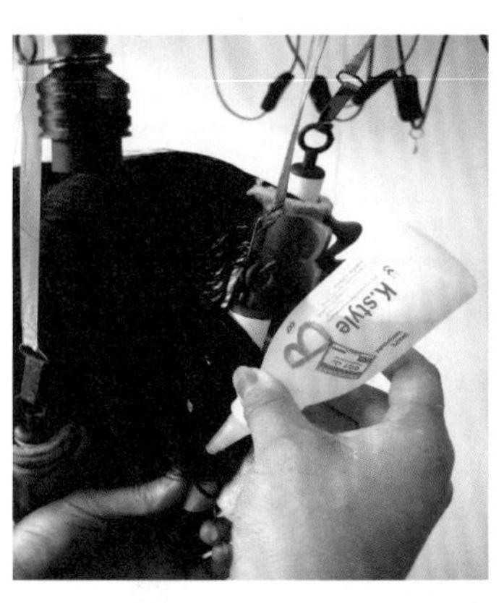


图 4—146

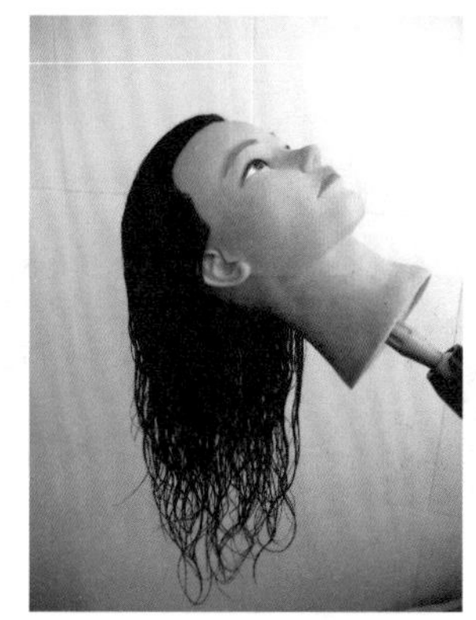

图 4—147

图 4—148

## 现代电棒烫操作方法

### 操作准备

准备如下现代电棒烫发的工具、设备和仪器：

电棒 1 只、电棒烫梳子 1 把、塑料帽 1 只、电热帽 1 只、纱布 1 套、毛巾 2 条、保护油 1 瓶、耳套 2 只、变压器 1 只、定时器 1 只、喷水壶 1 只。

### 操作步骤

准备好现代电棒烫发的仪器，能正确使用 4 号电棒（见图 4—149）。

**步骤 1** 洗发。洗净头发，梳开，并检查头发的受损程度（见图 4—150）。

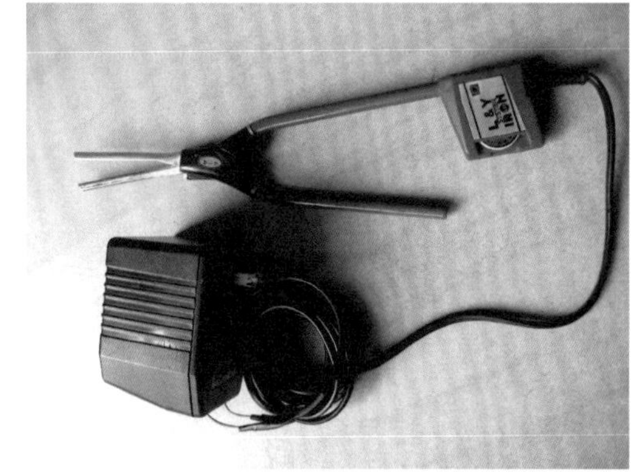

图 4—149

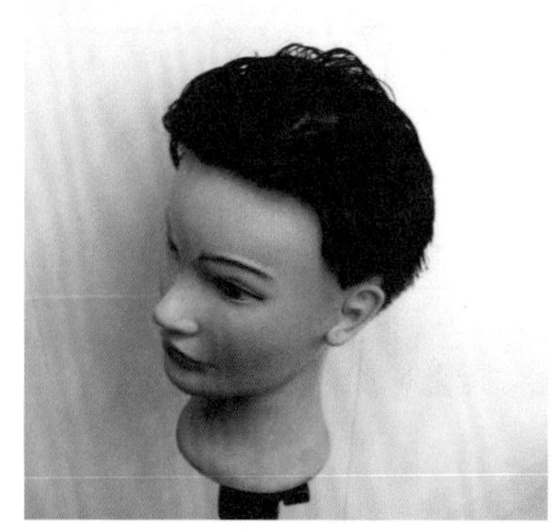

图 4—150

**步骤 2** 修剪。先将头发修剪出均等层次（见图 4—151）。

**步骤 3** 软化。将发丝梳出所需要的流向，周围收紧，头发软化成功后，用木梳梳理，使烫发液挥发，并用温水冲净、烘干（见图 4—152、图 4—153）。

图 4—151

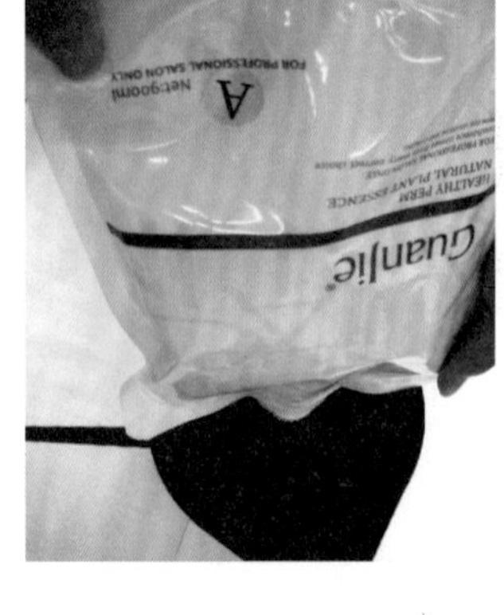

图 4—152

**步骤 4** 电棒烫发。选择适合的电棒，一般长度的头发用 4 号电棒。电棒接好电源后，调节好温度，并在发杠上涂上保护油，用梳子配合，将电棒从发尾卷向发根。根据头型和发质，正常情况下可以从内层开始烫发（见图 4—154）。

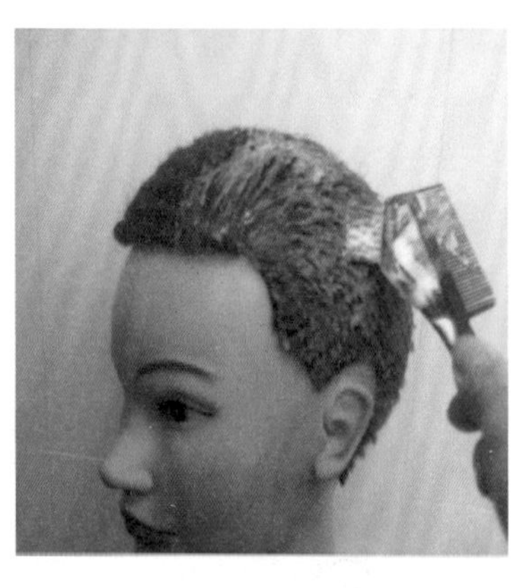

图 4—153

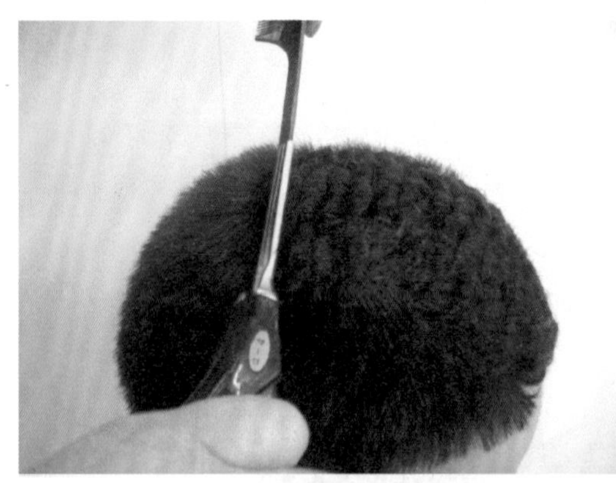

图 4—154

**步骤 5** 由内层、骨梁区至外层，全部卷好发卷后，检查一下发卷的卷曲度和起伏度，并进行调整，直至完美（见图 4—155、图 4—156）。

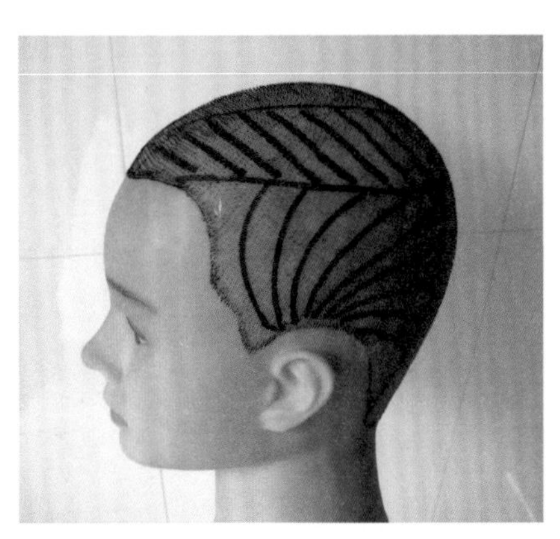

图 4—155

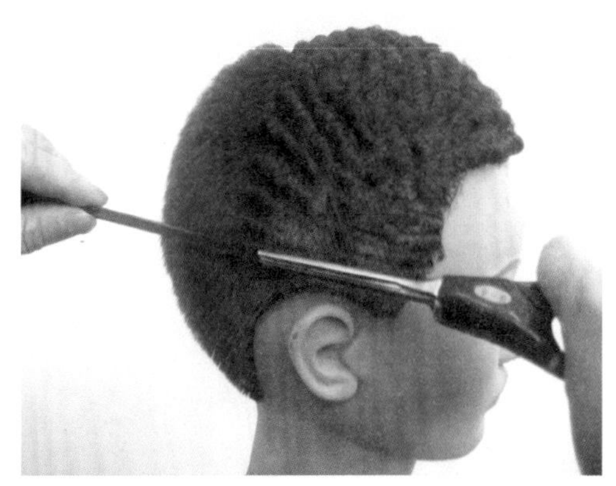

图 4—156

**步骤 6**　喷上定型液。头发冷却后，均匀释放定型液，用纱帽沿发际线围绕一圈，塞紧并罩好。第一次用喷壶喷上定型液，等待时间为 10 分钟。第二次用喷壶喷上定型液，等待 10 分钟。喷洒两次后，除去纱帽，用梳子梳理发卷（见图 4—157）。

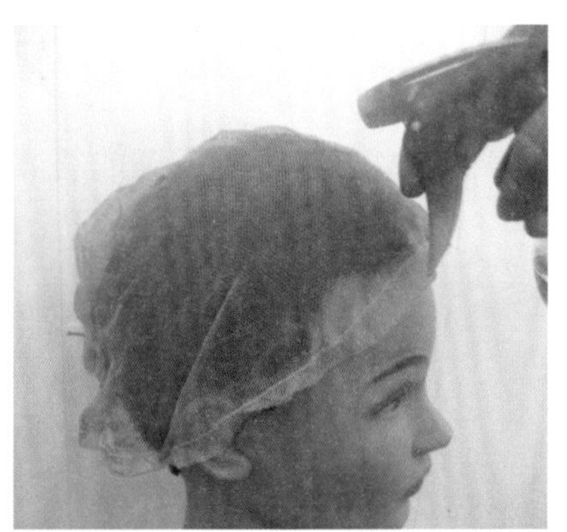

图 4—157

**步骤 7**　整理。用洗发水洗发，水温为 40℃，洗发结束后，擦干水分。电棒烫发比较简便，易使头发卷曲、起伏。为了保持烫发的光泽和活力，可用美发造型产品以增强发卷的力度。尤其是男性，用电棒烫发后发型呈现出阳刚气质（见图 4—158、图 4—159）。

**注意事项**

（1）注意变压器的散热，电棒通电时不可直接使用 220 V 电源。

（2）将本仪器放在幼儿不易碰到的场所，避免儿童烫伤或触电。

（3）电棒在使用中温度很高，不要用手直接触摸电棒。

（4）仪器处于通电的工作状态中，应谨慎从事，询问顾客受热程度，避免烫伤顾客头皮。

烫后护理、梳理方法、洗发方式、发型整理等内容参见前文。

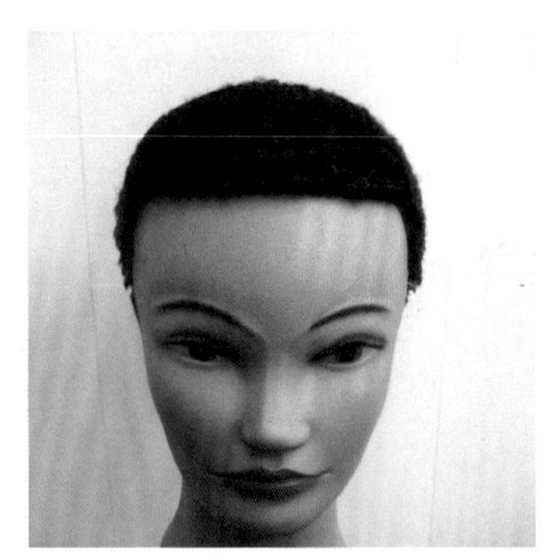

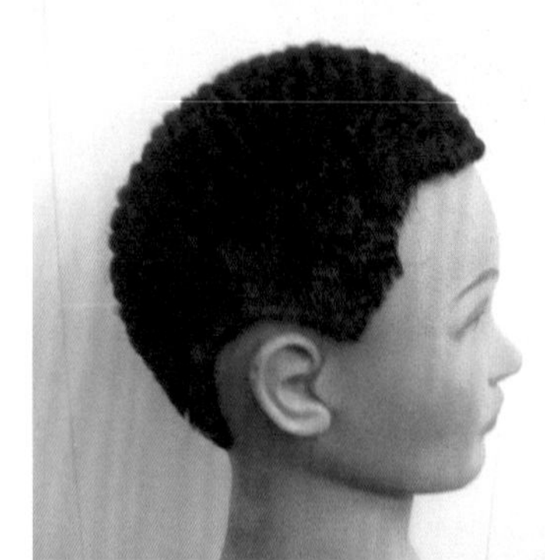

图4—158

图4—159

## 测 试 题

### 一、填空题（将正确的答案填在横线空白处）

1. 烫发是一种美化发型的基本方法，分为__________。

2. 现在烫发的目的主要有两个：使头发显得更丰富__________；改变头发__________（卷度不是很大的效果）。

3. 卷杠的排列，应根据发型设计要求进行。卷杠的排列决定着头发发根的站立角度、发杆形状、发梢动态、__________及发式的持久性。

4. 热烫是一种比较有难度的烫发方法，烫发前如何正确地诊断发质和__________，会直接影响烫发的效果和__________。

5. 热烫头发时，头发因 pH 值、__________、__________的不同，增加了烫发软化的难度。正确操作烫发软化，可以把受损的头发烫出自然的、时尚的大卷。

6. 卷杠的型号有大、中、小三种。正确选择卷杠型号，一定要依据顾客的__________。

7. 烫发时，不同的发型需要选择不同的卷杠，不同的卷杠需要选择__________。

8. 基面是指分出的发片大小，是由卷发工具的__________来决定。

9. 选择多种烫发设计模式，使发型产生__________，赋予发型多样性，

突出发型设计中的＿＿＿＿＿＿＿。

10. 烫发造型可根据发型设计，选择曲线形、三角形、螺旋形等＿＿＿＿＿＿＿烫发。

**二、单项选择题（选择一个正确的答案，将相应的字母填入括号内）**

1. 烫发重复排列法：虽然单位头发所在位置不一样，但重复使用相同形状、相同直径的卷杠，使排列组合完全一致，形成（　　）效果。

A. 重复的质感　　B. 递进原则　　C. 自然的质感　　D. 交替原则

2. 烫发对比排列法：采用相反关系烫发排列，在选定的区域使用烫发卷杠，未选定部分不使用，一部分不进行烫发处理，一部分进行烫发处理，这样可以产生强烈的（　　），形成多样性的反差效果。

A. 对比效果　　B. 典雅效果　　C. 时尚效果　　D. 高雅效果

3. 选择多种烫发（　　），使发型产生动感，赋予发型多样性，突出发型设计中的要点。

A. 产品　　B. 设计思路　　C. 设计模式　　D. 工具

4. 正确操作热烫软化，结束后，冲洗头发时可用护发素，然后把头发吹到9成干，再往上涂抹少量的LPP，上发卷，加热（　　）分钟，停大致5分钟，再加热（　　）分钟，等头发干了，冷却后就可上定型剂了。

A. 30　　B. 5　　C. 9　　D. 15

5. 新工艺烫发要求美发师对烫发的（　　）要通透理解，能随意演变出引领潮流的烫发型，使发型的波浪卷线条柔和，营造出自由奔放的感觉，成为时尚的亮点。

A. 产品　　B. 设计模式　　C. 思路　　D. 物理、化学性

6. 在烫发设计中使用不同的卷杠，形成的（　　）、不同发型的效果。头发质感与卷杠的类别有关。

A. 模式　　B. 排列　　C. 发型　　D. 不同的纹理

7. 烫发造型可根据发型选择普通标准形、曲线形、三角形、螺旋形相应（　　）的烫发。

A. 卷发工具　　B. 烫发模式　　C. 烫发方法　　D. 烫发理念

8. 在烫发时，对发质的诊断是非常重要的，了解发质可以有目的地选择

（　　），可有效地避免头发受损，使头发卷度得到更好的体现。

A. 烫发方式与烫发水　　B. 烫发设计

C. 烫发思路　　D. 烫发设备

9. 电棒烫发需选择相适应的电棒，一般长度的头发用（　　）电棒。

A. 1号　　B. 2号　　C. 3号　　D. 4号

## 三、判断题（请将判断结果填入括号中，正确的填“√”，错误的填“×”）

1. 热烫的烫发操作比较复杂，烫发价格高。目前有陶瓷烫、数码烫等。热烫的要求比较高，烫后头发有波纹且弯曲自然。（　　）

2. 冷烫就是一般意义的烫发，烫发操作便捷，烫发价格大众化。最常见的有普通标准烫、螺旋烫、万能烫、陶瓷烫等。（　　）

3. 正确解决烫发中的技术问题，可以把变色、断裂、弹性减弱和失去光泽的头发烫出自然的、时尚的大卷。（　　）

4. 冷烫精可滴入眼内或伤口上。（　　）

5. 烫发后正确的梳理方法是：使用宽齿梳先梳开打结的头发，避免用力拉扯，最好不要用塑料梳，因为塑料梳产生的静电较大。（　　）

6. 在热烫的过程中，烫发工具是不带电的导体，烫发工具的温度和好坏直接影响烫发效果。（　　）

7. 烫发后24小时内不要拉直头发，可以使用卷棒夹发，可以使用高温吹风机，最好用大风筒来吹发，使烫发蓬松。（　　）

8. 在烫发的时候，一定要注意对烫发温度的控制。从温度上讲，温度的均匀性、恒温性是直接影响发型的因素。（　　）

9. 烫发后应使用一些含蛋白质、水分的护发用品。可以有针对性地选用一些香波、护发素及补充营养的精华素，做护理性焗油也是不错的选择。（　　）

10. 热烫时，烫发时发卷能贴近头皮，因此适合从发根开始卷发。（　　）

# 测试题答案

## 一、填空题

1. 物理烫发和化学烫发　2. 有卷曲的效果　形状、走向　3. 头发的流向

4. 软化头发　发型　5. 酸碱含量　受损程度　6. 头型、发质、发型
7. 不同的基面　8. 长度和直径　9. 动感　要点　10. 相应的卷发工具

## 二、单项选择题

1. A　2. A　3. C　4. D　5. D　6. D　7. A　8. A　9. D

## 三、判断题

1. √　2. ×　3. √　4. ×　5. √　6. ×　7. ×　8. √　9. √　10. ×

# 第 5 章　发式造型

第 1 节　男式造型
第 2 节　女式造型
第 3 节　不同器具、手法与发型变化的关系
第 4 节　假发的种类、造型及护理知识

# 第1节　男式造型

## 学习目标

● 了解、掌握男式各类发型吹风梳理的要求、方法和技巧。

## 知识要求

### 一、男式低色调波浪式造型的技术和要领（有缝，无缝）

#### 1. 男式低色调波浪式造型的基本概念

（1）男式低色调波浪式造型的外形轮廓。男式低色调波浪式造型的外形轮廓呈方中带圆的饱满状圆弧形，顶部、左右两侧的表面为较饱满自然圆弧面，正面外轮廓线由三条较饱满的圆弧形线条组成，两侧与顶部相交处以饱满的圆弧线相连，侧面外轮廓线（前额正中至后颈部正中）由饱满的圆弧形线条构成，线条简洁明快。男式低色调波浪式正面、侧面、后面、顶部造型如图5—1、图5—2、图5—3、图5—4所示。

图5—1　正面

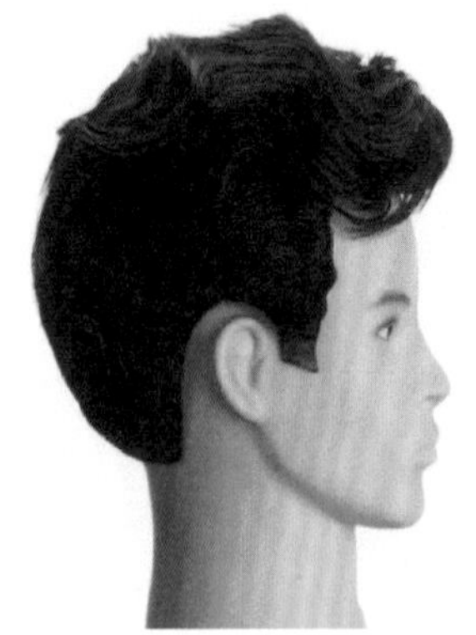
图5—2　侧面

（2）男式低色调波浪式的纹理造型。该发型的波浪以斜向排列为最佳，每道波浪的宽度要一样，浪谷和浪峰的跌宕起伏要明显，要体现出造型的三度空

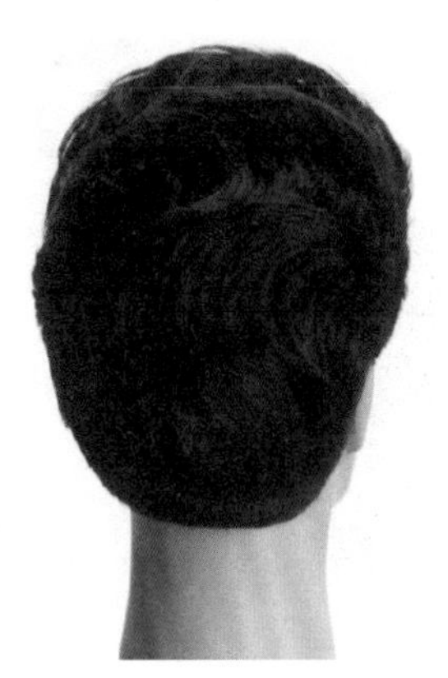

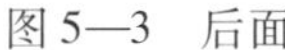

图 5—3　后面

图 5—4　顶部

间：高度、深度和广度。跌宕起伏的浪谷和浪峰体现出男性的阳刚之美，与自然弯曲的弧形发丝产生的柔和之感相溶，刚柔相济，线条流畅，浑然一体。额前大波浪弧形向下，轻拂额角，极富动感。整个发式造型优美，显示出现代青年富有朝气的时代美。

男式低色调波浪式发型给人的感觉是造型优美、线条流畅、极富动感。

### 2. 男式低色调波浪式造型的基本方法

（1）压。压的作用使头发平伏。压的方法有两种：一是用梳子压，二是用手掌压。

1）梳子压。梳子压主要用于压头路。梳子压的时候要将梳齿插入头发内，用梳背把头发根压住，吹的时候梳子不移动，吹风口对着梳背来回移动，使热风经过梳背透入头发根部，发根因受热风和梳子的压力而变得平伏。吹风时移动要快，且压得不能过久。这种方法一般用于头缝两旁和周围轮廓发梢处（见图 5—5）。

2）手掌压。手掌压的具体方法是：用掌心或衬以毛巾按在头发的边缘，小吹风机风口直对着头皮与手掌之间的夹缝，并将 2/3 的风吹在手掌，吹一下，手掌压一下，把吹向手掌的热风，压回到头发上去，压的时候手掌略微向上提一点，使发梢向内微弯，呈弧形，但用力不能过重，否则发梢会撳翻。这种压法主要用于修正轮廓的时候，使边缘发梢不会翘起来（见图 5—6）。

（2）别。为了把头发吹成微弯形状，要用梳刷斜插在头发内，梳刷齿向下

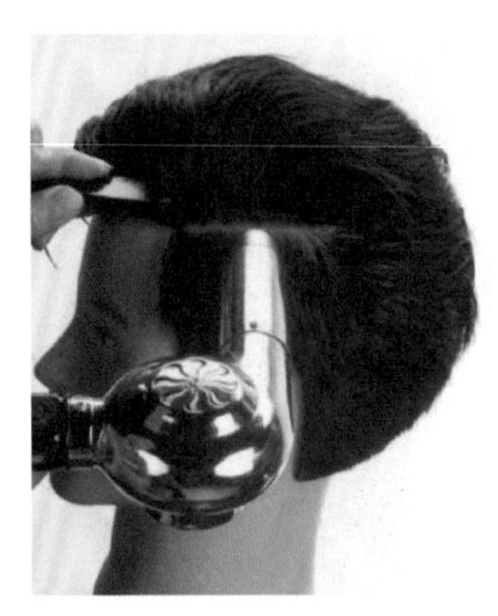

图5—5　梳子压

图5—6　手掌压

沿头皮运转，使发杆向内倾斜，这种方法称为“别”。操作时用腕力将梳刷带动下的头发发杆微微别弯，梳刷不动，小吹风针对梳刷齿来回斜吹，使发梢贴向头皮，显出弹性。一般用于头缝的小边部分和顶部轮廓线周围的发梢部分。吹头部旋涡附近的头发，也要用“别”的方法。此外，对不擦油、缺少护理或发质粗硬的头发，大部分也都采用这种方法（见图5—7）。

（3）推。先把梳刷齿自前向后斜插入顶部头发内，然后将梳刷背作180°转动，翻至近发梢端，压住头发，梳刷齿向前作水平线的推动，这种方法称为“推”。推的动作要轻，使梳刷齿的前端头发略微隆起，再以小吹风风口对着梳齿来回吹两三次。推的作用是使部分头发往下凹陷，形成一道道波纹。该方法是做波浪纹理的吹法（见图5—8）。

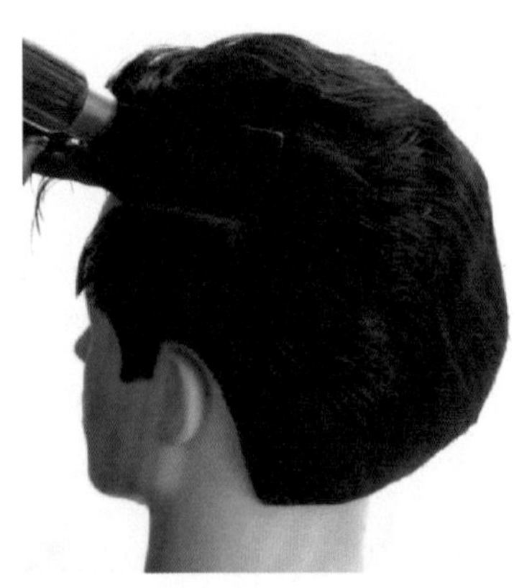

图5—7　“别”法

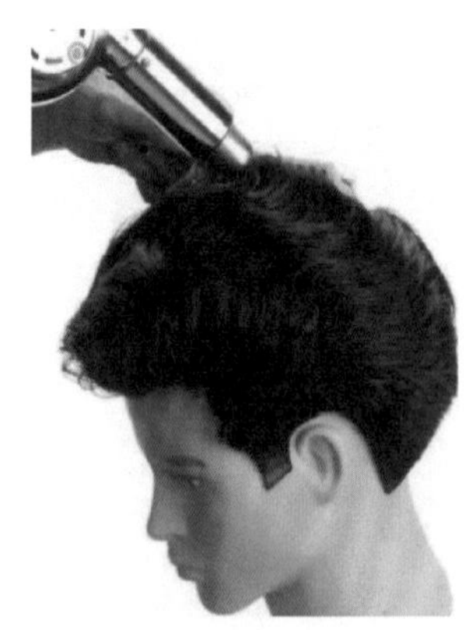

图5—8　“推”法

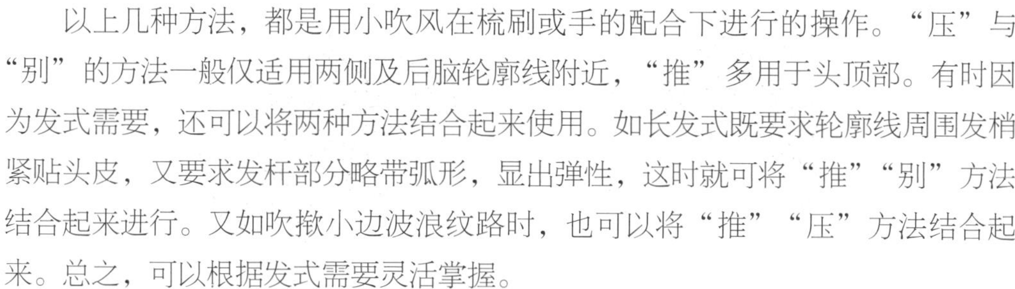
以上几种方法，都是用小吹风在梳刷或手的配合下进行的操作。“压”与“别”的方法一般仅适用两侧及后脑轮廓线附近，“推”多用于头顶部。有时因为发式需要，还可以将两种方法结合起来使用。如长发式既要求轮廓线周围发梢紧贴头皮，又要求发杆部分略带弧形，显出弹性，这时就可将“推”“别”方法结合起来进行。又如吹撤小边波浪纹路时，也可以将“推”“压”方法结合起来。总之，可以根据发式需要灵活掌握。

### 3. 男式波浪式造型的质量标准

质量标准为：要有三楞以上波浪，排列整齐通顺，纹理光泽柔顺、自然，轮廓饱满自然，发梢平伏，波浪间距均称，深浅适度，线条起伏流畅清晰，有节奏感，发型配合脸型，富有动感。

### 4. 男式波浪式造型的技巧

（1）波浪排列定位的控制。在波浪式的造型设计中，波浪的排列与分布是至关重要的。由于波浪式的种类较多，之间有个性也有共性。波浪式的个性是有一楞大波浪、两楞波浪、三楞波浪、四楞波浪、满头波浪、有头路波浪、无头路波浪、一面倒波浪、正波浪、反波浪等。其共同的特点是每道波浪要求通顺自然，大边额角波浪的弯曲方向一致。在波浪排列流向上有斜波浪、横波浪、垂直波浪等。斜波浪的运用最为广泛，可适用各种波浪式。运用斜波浪设计的造型外轮廓线饱满圆润。斜波浪在造型中一般以大边额角这一波浪为基准浪，其中心点应在大边额角处，波浪的发梢正好与耳上头发相连接，基准波浪的另一个端点，一般是在小边的后脑部，或小边的耳上至耳后之间，其他波浪则以该基准波浪向前和向后分别排列。在波浪式吹风造型时，首先将基准波浪定位并吹出初步的雏形，然后依次向后和向前吹出相邻波浪的雏形，以此类推，将全部波浪定位吹出初样。波浪式正面、侧面造型如图5—9、图5—10所示。

（2）波浪宽窄的控制。在波浪排列定位后，必须对波浪的宽窄进行固定、加强，波浪式的宽度受制于头发的长度，因此，在修剪时要注意对顶部头发长度的控制。对波浪的宽窄进行固定加强时，以“推”为主，“提”“拉”相结合，注意每道波浪的宽度要接近一致。梳刷插入头发根部，梳齿向前作水平线的推动，小吹风机的吹风口对着浪峰朝波浪弧度弯曲方向送风，不可做斜向推动，斜

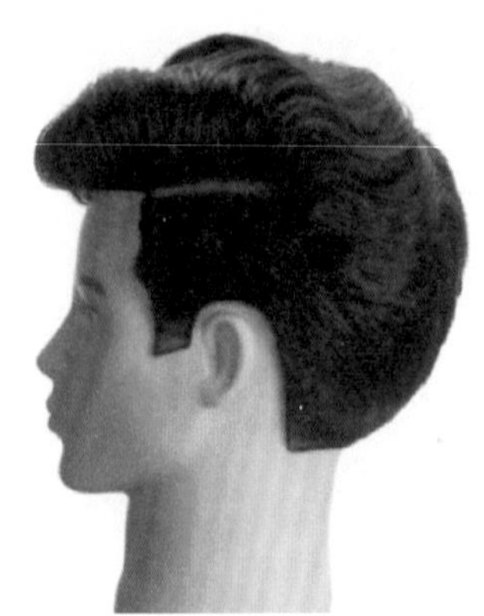

图5—9　正面造型　　　　图5—10　侧面造型

向推动会吹出宽窄不一的波浪。

（3）波浪深浅的控制。波浪深浅控制是在波浪宽窄固定加强后才可进行的操作。此时只要将浪峰向上略提，吹风机对着浪峰朝波浪弧度弯曲方向吹，不要吹浪谷，反复多次即可。还可用干毛巾裹着手掌的鱼际部位，托住浪峰略向上提并同时向浪峰送风，反复多次也可达到同样的效果。

## 二、时尚长、中长、短发式造型的技术和要领

男士气质和阅历可通过发型来完美展现，发型能成功提升一个人的个人魅力，发型和流行服饰一样在整体造型中起到至关重要的作用。头发长度的变化，直接影响到发式造型技术和要领的变化。干净清新的男士时尚发型，成熟稳重的职场男性造型，都是在修剪头发的长短、厚薄、层次、线条、纹理、视觉效果等巧妙的变化中得以展现。在变化中完成彰显潮流的时尚长、中长、短发式造型。

### 1. 时尚长发造型的技术和要领

男士时尚长发造型设计中，总是要将形象修饰技术和要领体现在发式中。梳发弧度的自然和轻盈发尾的修饰，刘海和眼角的发丝对冷硬气质的修饰，都能尽显男士的优雅，体现时尚阳光味道。柔和的梳发体现大方的气质，纯净发丝体现优雅的感觉，精致自然的梳发、顶部的蓬松、发尾的丝滑体现秀气的感觉。时尚长发造型不仅深受少女欢迎，连少年也对其崇拜不已。这种发型的设计重点在于前区必须往后拉到侧中线处才能剪裁，以保留前区的长度，使前区发长及厚度符

合脸型，并将脸部衬托得更加立体有型，充分显现品味高雅、魅力十足的效果。

### 2. 时尚长发式造型标准

时尚长发式造型要求纹理清晰流畅、线条刚柔有序，体现男性独特气质和充满激情与活力的感觉。吹风技巧要运用得当，能使发型轮廓自然和谐，周围头发要平顺，两侧和后部头发不宜过短，形成自然参差的层次，使整个发型线条柔和，发丝自然平伏，简洁大方。顶部头发宜长，向前披垂，形成稀疏自然的笔尖形，使造型轮廓更好地修饰脸型、头型、身材等，增强整体造型感，充分显现男士的帅气与时尚。

### 3. 时尚中长发式造型的技术和要领

男士时尚中长发式造型设计中，顺直且有偏高层次感的中长发，体现出自然随性，细碎的刘海，将脸型修饰得更加完美。发丝自然弯曲且有层次的中长发，顶部头发蓬松自然、大方有型，刘海与服帖的鬓角，更显现男士的文雅与斯文。具有凌乱感的中长发，后面扎个小马尾，个性独特，又不失文雅的味道，突现时尚十足的潮男味。

### 4. 时尚中长发式造型标准

时尚中长发式造型要求线条刚中有柔，纹理清晰流畅，突出男性大方的风格。在两侧吹、理时，发梢要服帖有度，鬓角的设计要分明，显示出立体的五官。顶部区域发杆要有光泽度，发根蓬松自然，吹风造型效果要根据发型、发质特点恰当把握。造型轮廓要适合脸型、头型、身材等。时尚中长式发型造型别致、美观大方，具有男性魅力。

### 5. 时尚短发式造型的技术和要领

男士时尚短发式造型是年轻人及艺术家最喜欢的发型，能造就时尚个性化的发型。光泽顺直的发丝流向、有弧度的刘海能很好地修饰脸型，衬托男士优美的五官，很适合有个性的、年轻的男士。自然微卷且有凌乱感的短发，体现出大方、帅气、很酷的感觉。

### 6. 时尚短发式造型标准

时尚短发式发型清爽干练，线条刚毅，易于打理。在两侧吹、理时，要

使头发棱角分明，顶部区域发根站立，发杆有光泽度，根据发型要求及发质特点，恰当地把握吹风造型效果。造型轮廓要有清凉感，要适合头型、脸型、身材等。男士短发发型具有适用性和时尚性，能展现出精神奕奕而又清爽的感觉。

## 三、无缝推剪式造型的技术和要领

无缝推剪式造型结构为方中带圆，立体饱满。每一片头发的发根弧形站立支撑，发丝流向统一向后，前额探出的头发一定要到额头的1/3处，侧发与顶部和后部要完美衔接，使用发胶、挑梳、九排梳等工具打理造型，纹理清晰流畅，头发“后背”时不能有一丝不和谐的缝隙，刘海探出长度合适，边线干净，整个轮廓饱满、柔和、不死板、不怪异，符合无缝推剪式造型的特征及男性气质。

# 技能要求

### 男式低色调无缝波浪式造型

**操作准备**

（1）操作前准备好以下工具、用品：吹风围布、干毛巾、小吹风机、排刷等。

（2）围上吹风围布。

（3）披上干毛巾。

（4）确定男式低色调无缝波浪式吹风造型。

**操作步骤**

**步骤1** 用排刷配合小吹风机进行基准浪的定位（见图5—11）。

**步骤2** 用排刷配合小吹风机进行波浪的排列定位（见图5—12）。

**步骤3** 调整波浪的排列定位（见图5—13）。

**步骤4** 加深顶部波浪（见图5—14）。

**步骤5** 控制顶部波浪的排列（见图5—15）。

**步骤6** 调整顶部波浪的宽度（见图5—16）。

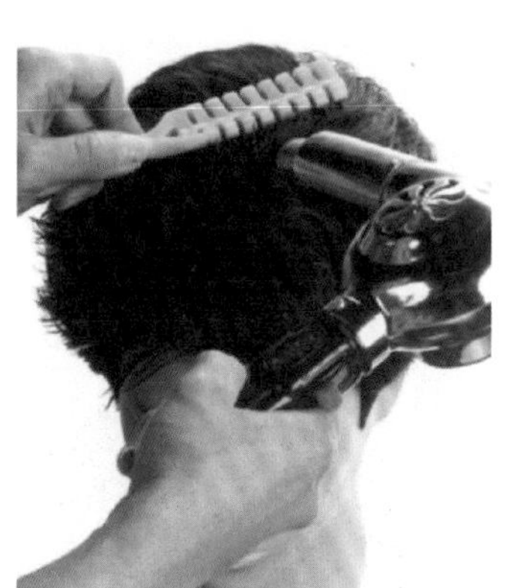

图5—11

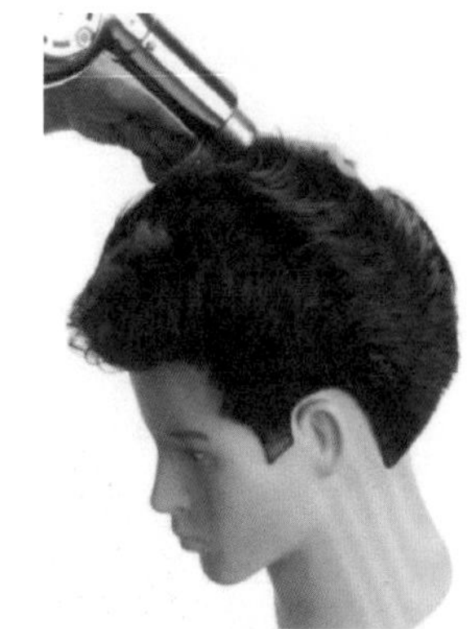

图5—12

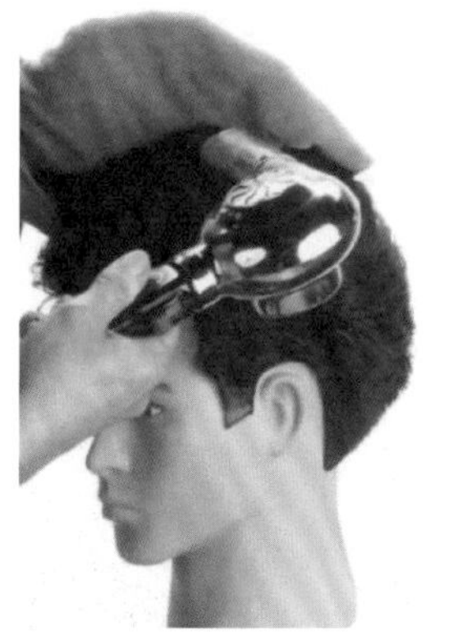

图5—13

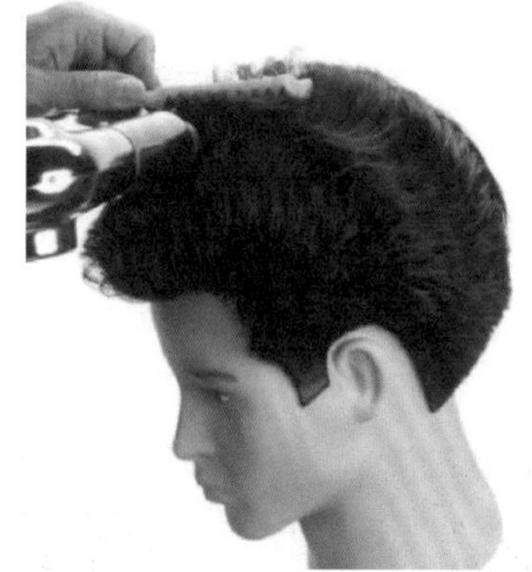

图5—14

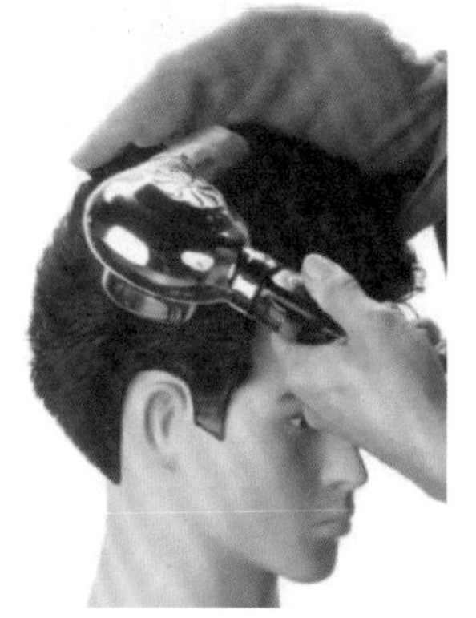

图5—15

图5—16

**步骤7** 调整后枕部波浪的宽度（见图5—17）。

**步骤8** 控制后枕部波浪的排列（见图5—18）。

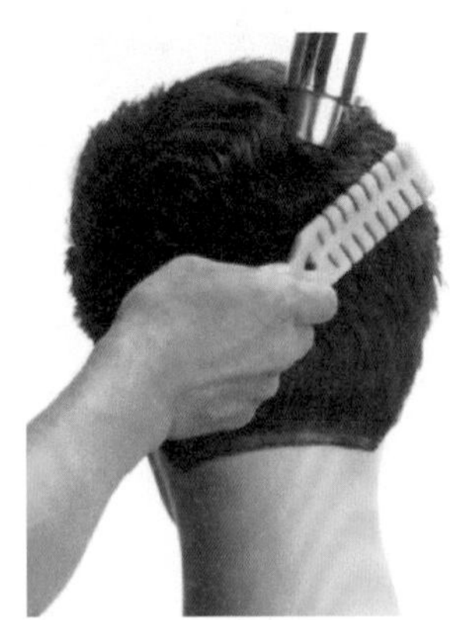

图5—17

图5—18

**步骤9** 修饰前额造型（见图5—19）。

**步骤10** 将四周发梢处理平伏（见图5—20）。

**步骤11** 对整体发型进行检查、调整、修饰（见图5—21）。

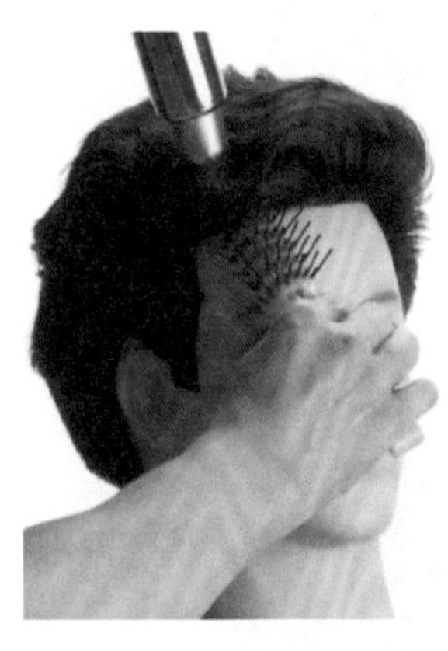

图5—19

图5—20

图5—21

**步骤12** 完成后的男式无缝波浪式发型的正面、右侧面、后面、顶部效果如图5—22、图5—23、图5—24、图5—25所示。

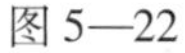

图 5—22

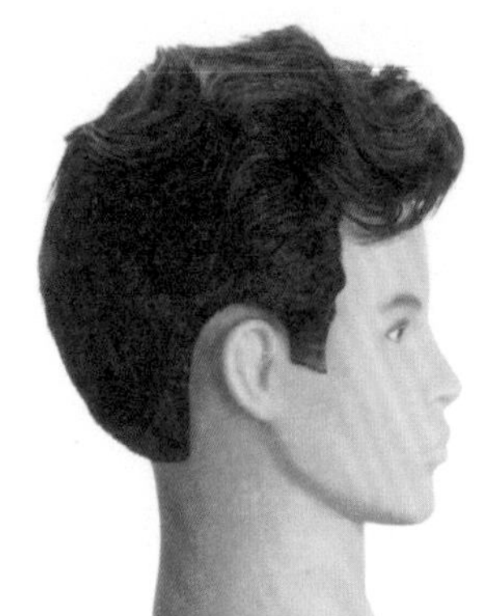

图 5—23

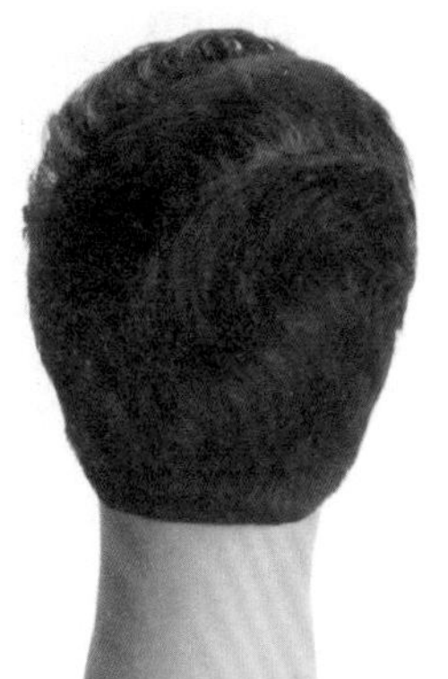

图 5—24

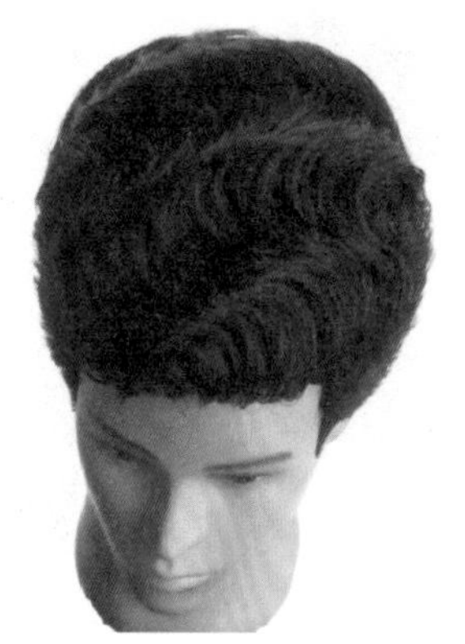

图 5—25

## 注意事项

（1）男式低色调无缝波浪式发型的波浪宜采用斜向排列。

（2）确定好波浪式发型的波浪排列定位。

（3）吹风时控制好波浪的深度、宽度。

（4）波浪要贯通，造型要自然。

（5）修饰好前额造型，处理好四周发梢。

### 男式低色调分缝波浪式造型

## 操作准备

（1）操作前准备好以下工具、用品：吹风围布、干毛巾、小吹风机、排刷等。

（2）围上吹风围布。

（3）披上干毛巾。

（4）确定男式低色调分缝波浪式吹风造型。

**操作步骤**

**步骤 1** 分好头路，用梳子压齐头路并将头路轮廓吹成立体饱满状，吹压头路（见图 5—26）。

**步骤 2** 将头路小边头发向后吹得饱满、平伏（见图 5—27）。

**步骤 3** 排刷配合小吹风机进行基准浪的定位（见图 5—28）。

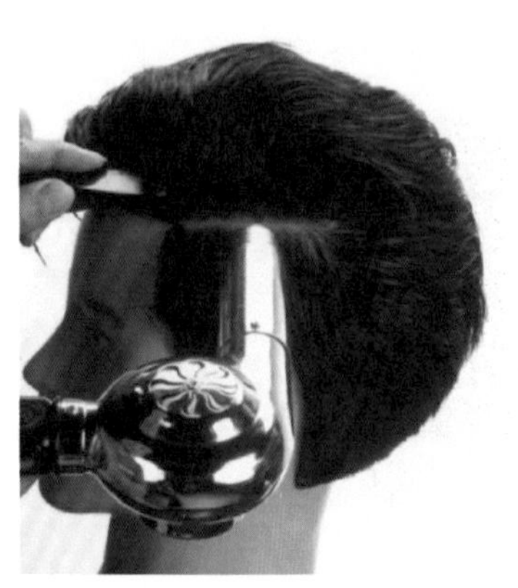

图 5—26

图 5—27

图 5—28

**步骤 4** 完成后的男式低色调分缝波浪式的正面、左侧面、右顶部、后面效果如图 5—29、图 5—30、图 5—31、图 5—32 所示。

图 5—29

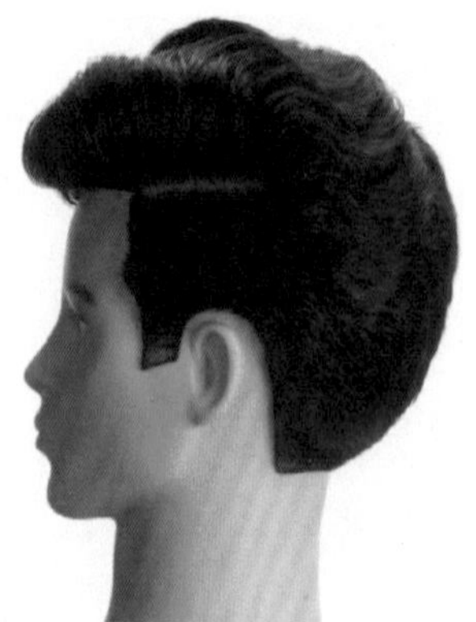

图 5—30

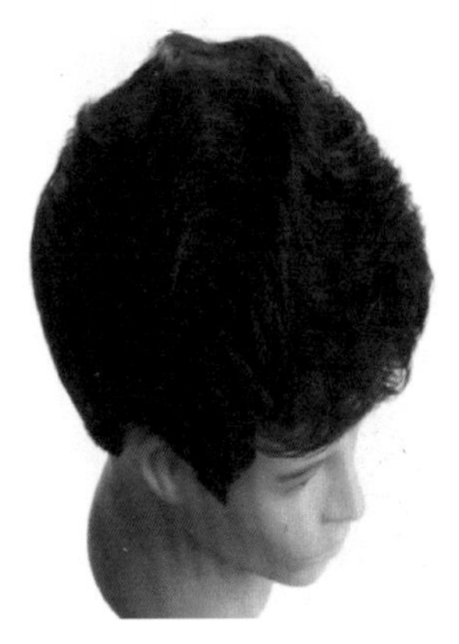

图 5—31

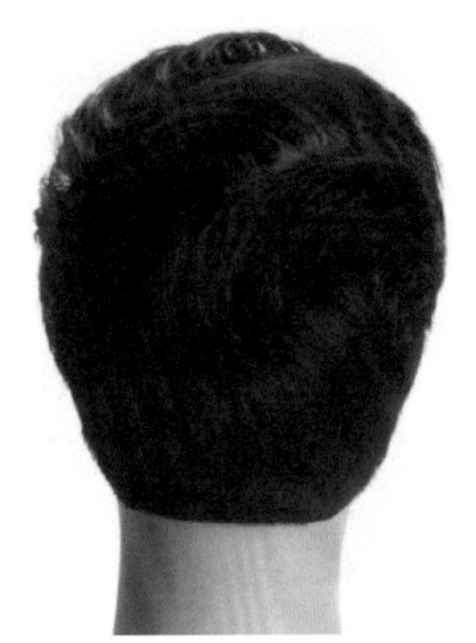

图 5—32

**注意事项**

（1）男式低色调分缝波浪式发型的波浪宜采用斜向排列。

（2）确定好分缝波浪式发型的波浪排列定位。

（3）吹风时控制好波浪的深度、宽度。

（4）波浪要贯通，造型要自然。

（5）修饰好前额造型，处理好四周发梢。

## 时尚短发式造型

**操作准备**

（1）准备好以下工具、用品：吹风机、排刷、整理挑梳、发油、啫喱膏、发胶。

（2）确定制作发型式样。

**操作步骤**

**步骤 1**　排刷配合吹风机加热并进行发根站立定位及整个顶部区域定位（见图 5—33、图 5—34）。

**步骤 2**　根据步骤 1 要求完成顶部区域后，再进行后部区域的发根站立定位（见图 5—35）。

**步骤 3**　完成另一侧的顶部区域定位，控制该区域的发根部位不要拉得过高（见图 5—36）。

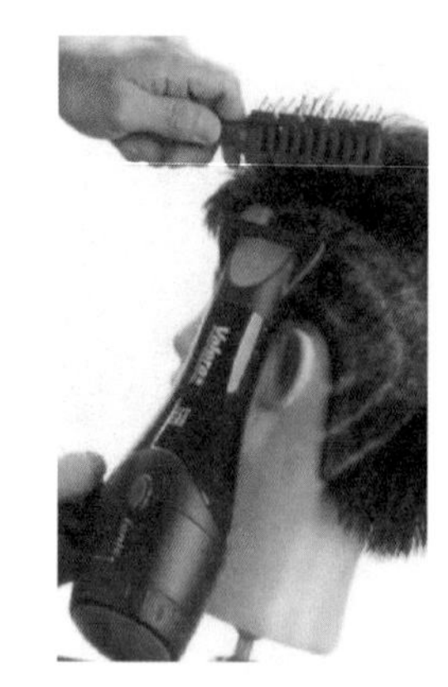

图5—33

图5—34

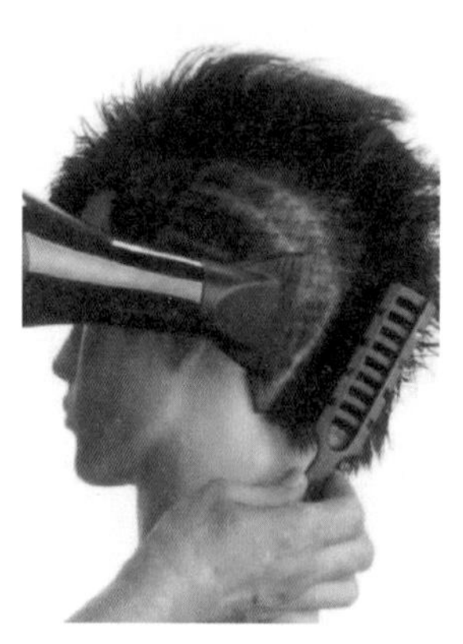

图5—35

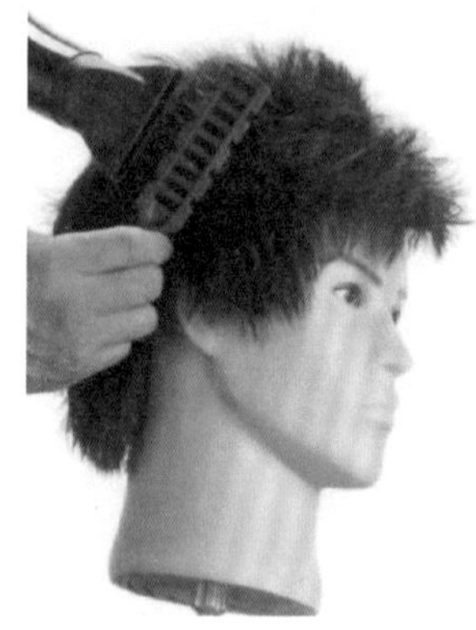

图5—36

**步骤4** 完成另一侧的鬓部区域定位，控制该区域的发式和发梢流向（见图5—37）。

**步骤5** 完成顶部区域定位，该区域的发杆要站立得高些，突出发式最高的部分（见图5—38）。

**步骤6** 吹风完成后，进行发式纹理定位，控制好对顶部发型的纹理定位（见图5—39）。

**步骤7** 顶部区域发式纹理定位完成后，再进行其他部位及鬓部的发式纹理定位，控制好整个发式及鬓部的纹理走向（见图5—40）。

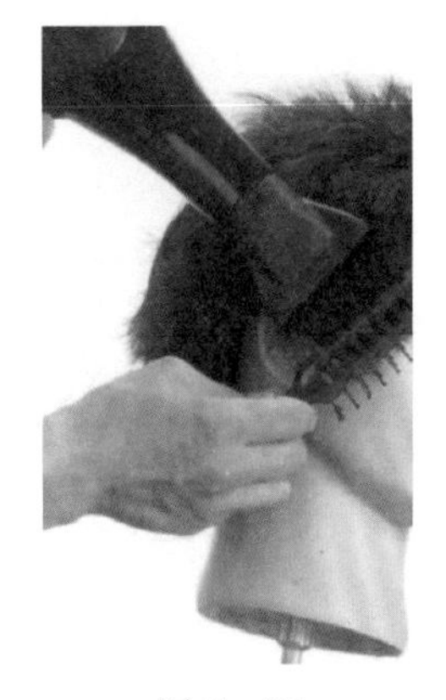
图5—37

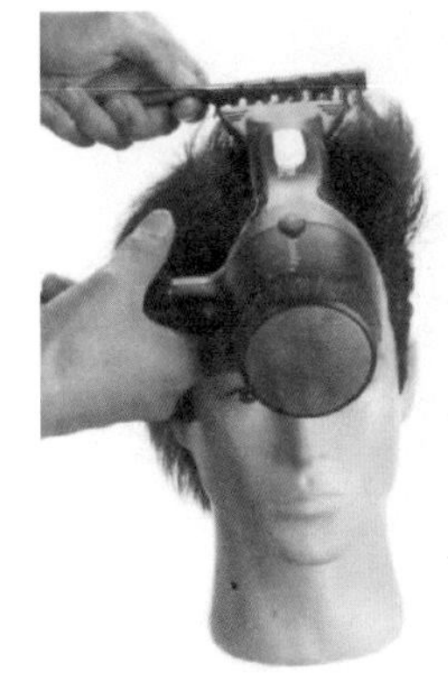
图5—38

图5—39

图5—40

**步骤8** 在完成发式纹理定位时，对定型产品的选择和使用要正确、适当，顶部头发不宜用量过多，否则会影响站立的高度（见图5—41）。

**步骤9** 在刘海定位时，要根据不同的脸型变化发丝及纹理（见图5—42）。

**步骤10** 在使用喷发胶或发泥或啫喱膏定位时，对局部发丝可使用捻的方法拉直发杆（见图5—43）。

**步骤11** 在使用喷发胶定位时，对局部发丝及纹理调整时要适量使用发胶，千万不要把位置定死，而无法修饰发式的结构形状（见图5—44）。

**步骤12** 在使用喷发胶定位时，确定发丝及纹理不需要大幅度调整后再用发胶（见图5—45）。

**步骤13** 在造型时尚短发式正面、侧面发式效果时，控制好正面、侧面轮廓和脸型、头型的关系（见图5—46、图5—47）。

图 5—41

图 5—42

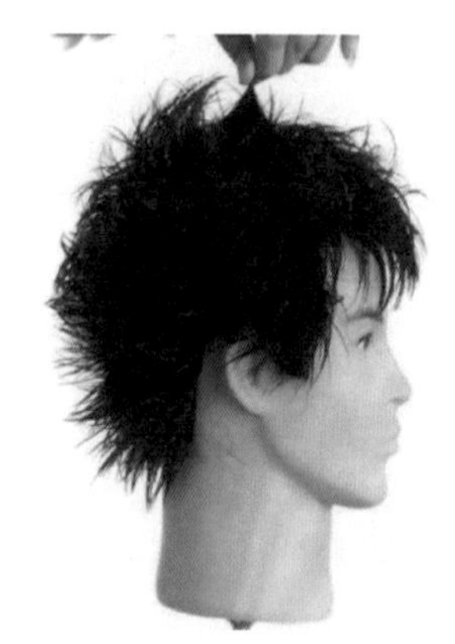

图 5—43

图 5—44

图 5—45

图 5—46

图 5—47

### 注意事项

（1）时尚短发式在造型时，轮廓的控制要能表现主题。

（2）吹风时控制好送风的角度，不要因头发短而贴近头皮。

（3）纹理走向要符合发式要求，造型要自然。

（4）修饰好前额及整体造型，使发梢立而不乱，有通透的时尚感。

## 时尚中长发式造型

### 操作准备

（1）准备好以下工具、用品：吹风机、排刷、整理梳、发油、啫喱膏、发胶。

（2）确定制作发型式样。

### 操作步骤

**步骤1** 用排刷配合吹风机进行头顶侧部、鬓部区域的发根定位（见图5—48、图5—49）。

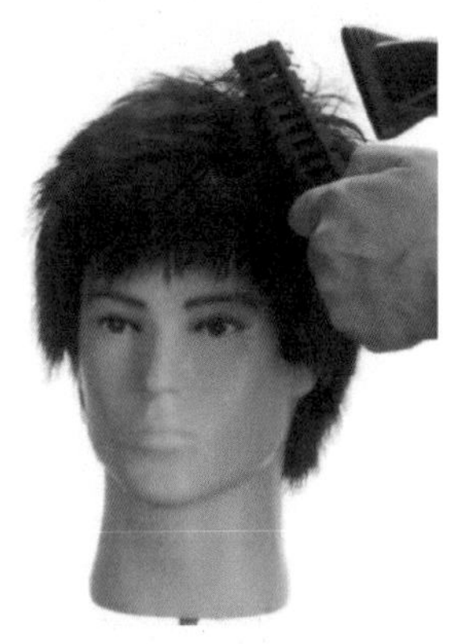

图5—48

图5—49

**步骤2** 用排刷配合吹风机进行刘海另一侧部区域的发根定位（见图5—50）。

**步骤3** 用排刷配合吹风机进行另一侧鬓部、耳侧后部区域的发根定位（见图5—51、图5—52）。

**步骤4** 用排刷配合吹风机进行耳侧上部区域的发根定位（见图5—53）。

**步骤5** 用排刷配合吹风机进行耳侧后部区域的发根定位（见图5—54）。

图 5—50　图 5—51　图 5—52

图 5—53　图 5—54

**步骤 6**　用排刷配合吹风机进行另一侧耳后上部区域发根定位（见图 5—55）。

**步骤 7**　用排刷配合吹风机进行枕骨后下部区域发根定位（见图 5—56）。

图 5—55

图 5—56

**步骤 8** 用排刷配合吹风机进行顶部区域发根定位（见图 5—57）。

**步骤 9** 吹风完成后，用发胶进行顶部区域的造型，初部定型时发胶的量宜少不宜多（见图 5—58）。

图 5—57

图 5—58

**步骤 10** 用发胶进行顶侧部区域的造型，手指提起发杆，喷少量发胶拉松发根（见图 5—59），在手指拉松发根后，喷少量发胶让发根蓬松立起（见图 5—60）。

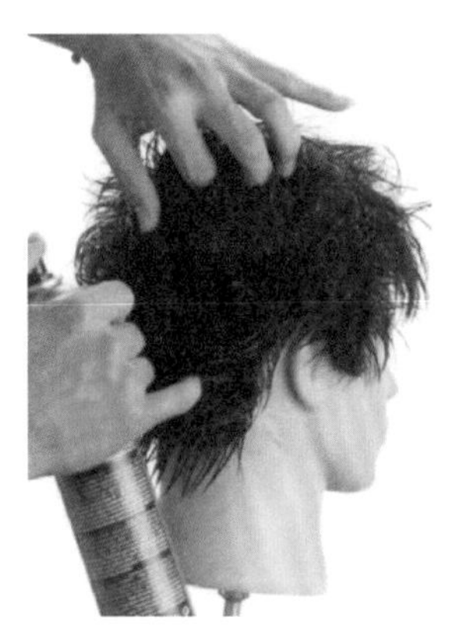

图 5—59

图 5—60

**步骤 11** 在完成时尚中长式造型侧面、正面发式效果时，控制好侧面、正面轮廓和头型、脸型的关系及纹理流向，造型要有蓬松和通透的感觉（见图5—61、图 5—62）。

图 5—61

图 5—62

**注意事项**

（1）时尚中长发式在造型时，外轮廓与内轮廓要协调。

（2）吹风时控制好送风的温度，送风角度要与发式相符。

（3）纹理走向要符合发式要求，线条流畅。

（4）整体造型修饰时，要让头发蓬松有度、时尚通透有型。

## 时尚长发式造型

**操作准备**

（1）准备好以下工具和用品：吹风机、排刷、滚刷、整理梳、发油、发胶。

（2）确定制作发型式样。

**操作步骤**

**步骤 1**　用排刷配合吹风机进行降湿、发丝的理顺吹梳（见图 5—63）。

**步骤 2**　降湿、发丝理顺吹梳后，用滚刷逐片卷吹、定位小边头发（见图 5—64）。

**步骤 3**　用滚刷逐片下拉吹直、吹光耳下部发丝并吹高分头缝及刘海处的发根（见图 5—65、图 5—66）。

**步骤 4**　用滚刷逐片卷吹大边的发丝并用滚刷逐片下拉吹直、吹光另一侧耳下部发丝（见图 5—67、图 5—68）。

图 5—63

图 5—64

图 5—65

图 5—66

图 5—67

图 5—68

**步骤 5** 用滚刷吹拉后枕部区域的发丝（见图 5—69、图 5—70）。

图 5—69

图 5—70

**步骤 6** 换种手法和方向，用滚刷吹拉另一侧枕部下区域的发丝（见图5—71）。

**步骤 7** 吹风完成后，用发胶整理大边发丝，可用“捻”的手法提拉发丝（见图 5—72）。

图 5—71

图 5—72

**步骤 8** 用发胶逐片整理小边发丝，可用四指夹拉发丝，理顺发丝的流向（见图 5—73）。

**步骤 9** 用发胶逐片整理大边发丝，控制发丝的流向，提拉发丝（见图5—74）。

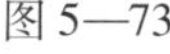
图 5—73

图 5—74

**步骤 10** 用发胶整理大边下区发丝，可用两指夹住发杆下拉，理顺发丝（见图 5—75）。用宽齿梳和发胶整理后部区域发丝，可用手掌理顺、理平发丝（见图 5—76）。

**步骤 11** 整体时尚长发式造型完成后，要检查发式轮廓、纹理走向、发丝的光洁度等，其正面效果如图 5—77 所示。

图 5—75

图 5—76

图 5—77

**注意事项**

（1）时尚长发式造型头发的长度一定要到位，顶部头发可短些。

（2）吹风时控制好上部头发的吹梳手法和下部头发吹梳的手法变化。

（3）刘海、顶部纹理与下部的丝纹有所不同，但一定要衔接好。

（4）整体造型和谐，四周发梢顺服。

## 无缝推剪式造型

**操作准备**

（1）准备好以下工具和用品：吹风机、定型吹风机、排刷、九排刷、整理梳、发油、发胶、毛巾。

（2）确定制作发型式样。

**操作步骤**

**步骤1** 排刷配合吹风机从枕骨下区域开始吹风，发根立起，发丝呈弧形，依次向头顶部吹梳。当从下至上吹层层发片至枕上部时，弧度要比枕下部吹得饱满些，确保枕部的丰满度（见图5—78、图5—79）。

图5—78

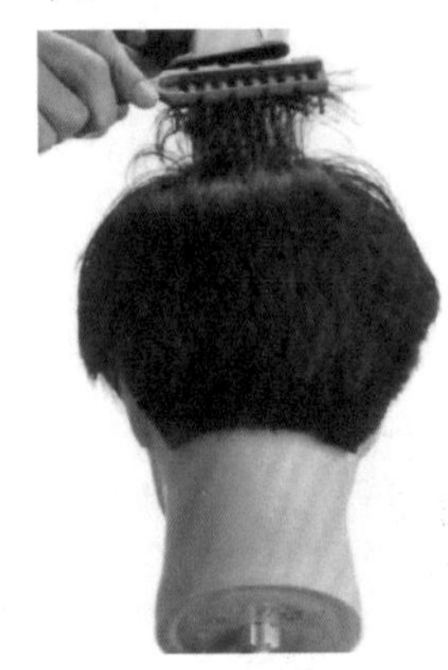

图5—79

**步骤2** 逐片吹梳耳侧后、耳侧上部头发，把握吹梳方向及枕上部头发的高度（见图5—80、图5—81）。

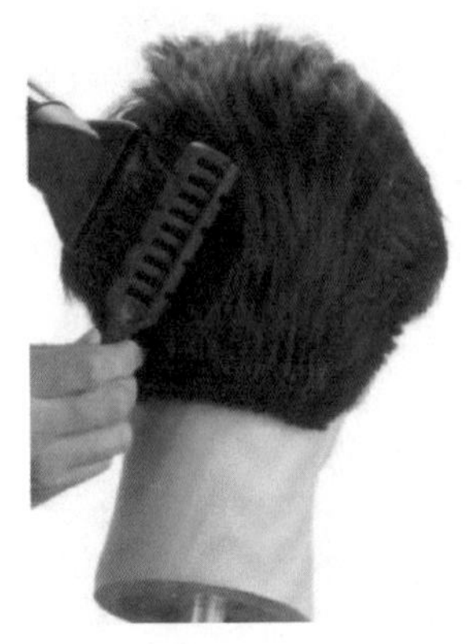

图5—80

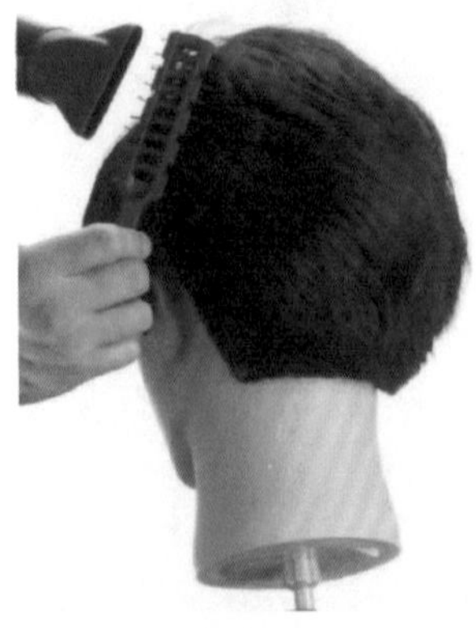

图5—81

**步骤 3** 吹梳完成后部的轮廓，控制好其饱满度和发丝方向（见图 5—82）。

**步骤 4** 在完成后部吹梳的基础上，逐片吹梳头顶中部发丝（见图 5—83）。

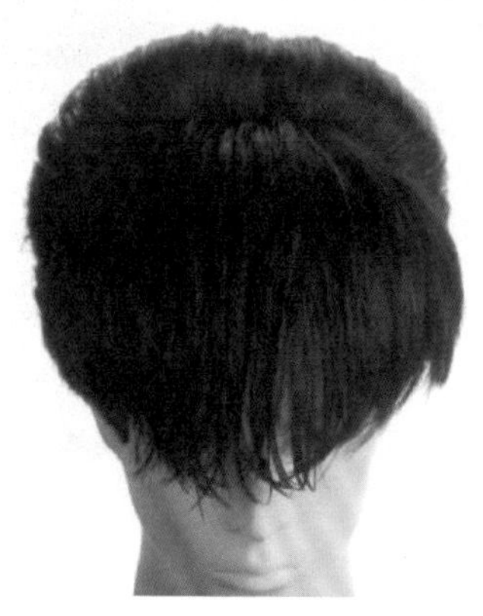

图 5—82

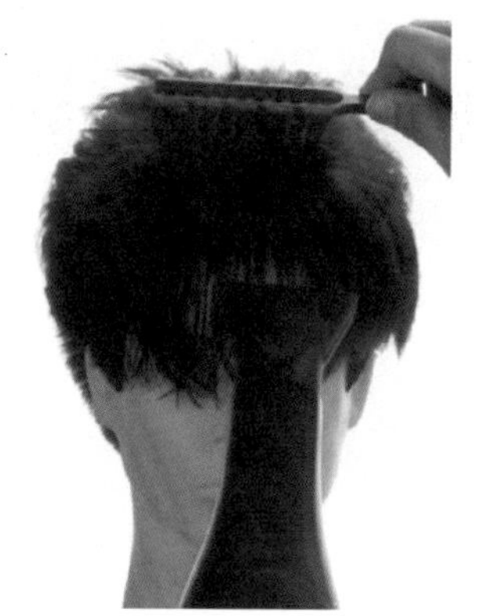

图 5—83

**步骤 5** 在完成顶中部吹梳的基础上，逐片吹梳右侧部发丝（见图 5—84）。在完成右侧部吹梳的基础上，逐片吹梳左侧部发丝（见图 5—85）。

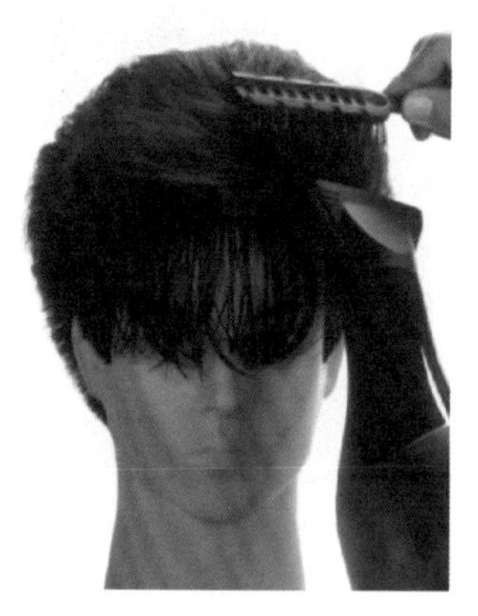

图 5—84

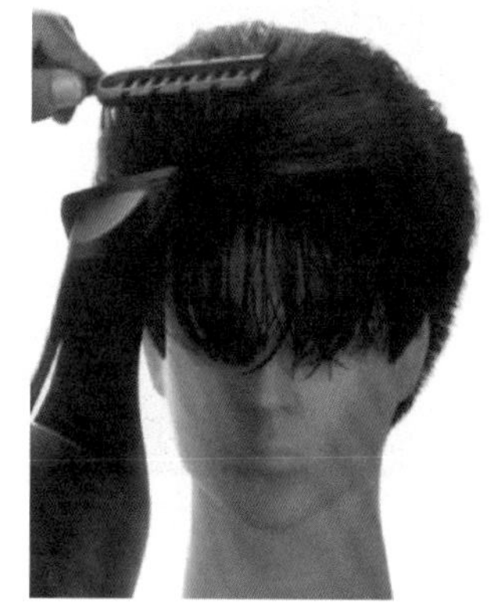

图 5—85

**步骤 6** 吹梳完成后，用九排刷整理中部区域发块，发丝要顺畅（见图5—86）。

**步骤 7** 用九排刷整理中部区域发块后，继续整理左、右侧及后部发块（见图 5—87、图5—88）。

图 5—86

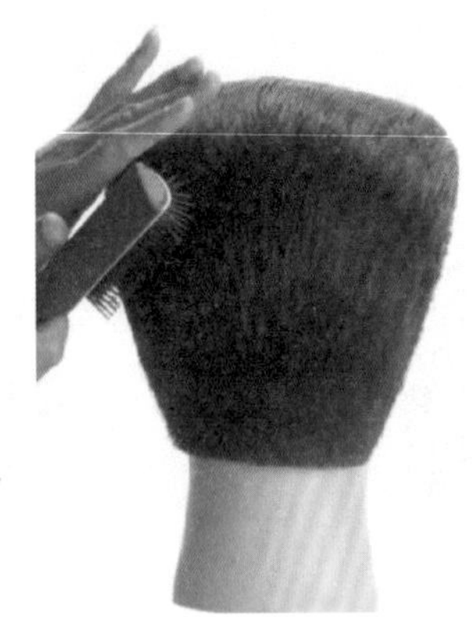

图 5—87

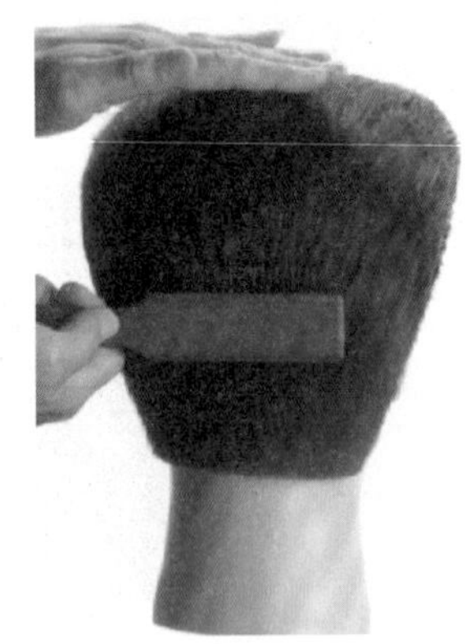

图 5—88

**步骤 8** 用九排刷整理整个头部后，用无声吹风机烘烤发式轮廓及边沿发际线（见图 5—89、图 5—90）。

图 5—89

图 5—90

**步骤 9** 用无声吹风机烘烤发式轮廓及边沿发际线完成后，用发胶定型（见图 5—91）。

**步骤 10** 用发胶定型完成后，用推刀更细地修剪边沿发际线（见图 5—92）。

**步骤 11** 无缝推剪式发式造型、定型完成后，检查正面轮廓的饱满度、对称性及正面造型；检查侧面轮廓的饱满度、顶部平整度、刘海探出度及侧面造型；检查顶部轮廓的饱满圆润度、边沿的顺服度及后顶部效果（见图 5—93、

图5—94、图5—95）。

图5—91

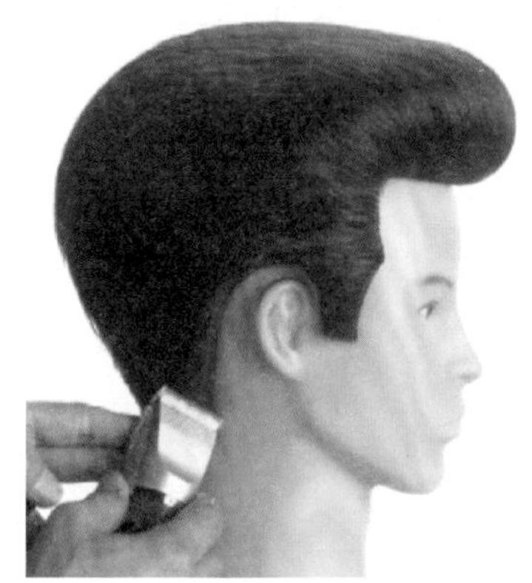
图5—92

图5—93

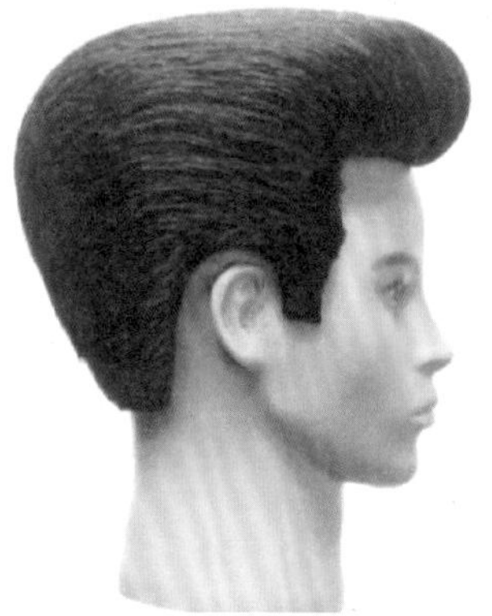
图5—94

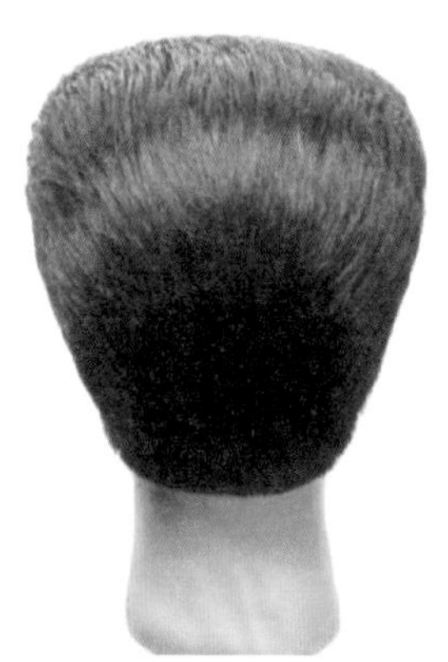
图5—95

**注意事项**

（1）无缝推剪式造型吹风时，发片不宜挑得过厚。

（2）吹风时送风角度要有利于发根的站立和发丝的弧度。

（3）整理造型时，丝纹清晰流畅，处理好四周发梢。

（4）用喷发胶定型时，要控制好发胶的量，要散开喷雾，不要集中对着小块面积喷。

## 第2节 女式造型

### 学习目标

● 了解各类女式发型吹风梳理的要求、方法和技巧。

● 掌握各类女式发型，如波浪式、现代大花式、现代发型式的梳理造型的方法和技巧。

### 知识要求

### 一、波浪式造型的技术和要领（经典，现代）

长发、中长发、短发经典与现代波浪式造型技术和要领介绍如下。

1. 发尾（发梢）

发尾的表现会影响整款发型的质感。在造型过程中，要保持发梢的顺畅，不可打折，如出现发梢毛糙的现象，可用吹风机、刷、梳等将发梢弄顺畅。

2. 发根

发根要自然站立，毛发流向要导正，否则无法表现头顶部的圆融蓬松感及发型的持久度。造型过程中，要先导正根部的毛发流向，针对根部做支撑调整。

3. 波浪的对称度

发型首先要协调，具有平衡感，不可出现两边重量及波浪弧度不对称的现象。如果波浪一边高一边低，可用手和梳子将低的一边往上推，再用夹子固定定型。如果波浪有大小不均匀、不对称的现象，对于过小的波浪，可用吹风机和梳子吹拉，调整大一些；针对波浪过大的，可用手和梳子配合再推小一些；并吹风加以固定。经典波浪式发型体现波浪对称，大小均匀、顺畅，现代波浪式发型体现纹理清晰。

### 二、现代大花式的技术和要领

现代大花式发型的吹梳制作有三种方法：一是通过各种型号的塑料卷筒盘卷

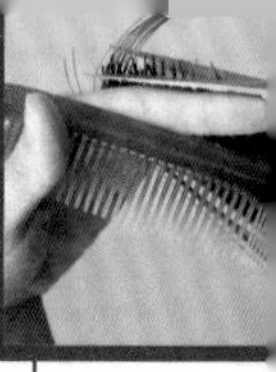

头发，再通过烘发机加温烘干，冷却后拆掉卷筒，进行梳理塑型；二是通过各种型号的滚刷卷绕发片，通过吹风机加热吹干，完成整个头部的滚卷后，进行梳理塑型；三是用各种不同型号的电棒卷绕发片，通过电棒加热并逐个定型，完成整个头部的电棒定卷后，进行梳理塑型。

技术要求：第一种是用塑料卷筒，洗头后，用毛巾擦干头发，按发式要求将整个头部盘卷上卷筒，经烘发机烘干，盘卷时要湿发盘卷，烘干时不宜过干，要留有 15% 的水分，以便下一步操作；第二种是用滚刷，洗头后，用毛巾擦干头发，吹干至 70%，然后逐层、逐片地用滚刷（圆滚梳）边吹梳边整理成发卷，完成后对有漏吹或卷度不够的再进行补吹，吹风过程中要控制好送风温度、角度、方向及冷却定型时间，滚动发卷时要同方向旋转，千万不要在同发片上正转反转进行，否则发丝旋绕难以取下滚刷；第三种是用电棒，洗头后，用毛巾擦干头发，吹干至 75%，然后逐层、逐片地用电棒卷成发卷，完成后对有漏吹或卷度不够的再进行补卷，用电棒时一定要控制好电棒的温度，不要烫伤人。

### 三、现代发型式的技术和要领

区别于传统发型，现代发型形态各异，主要表现手法是按照人们的审美理想和审美尺度，运用形式美的规律和造型艺术技巧，对头发进行发型艺术美的创造，满足现代生活中人们的追求。

技术要求：现代发型的主要构成是以线条来体现，线条形态不同，给予人的审美情趣和感受也各不相同。较长直线使人感到流动、流畅，短直线使人感到停顿、阻断、力量，连续排列的短直线使人感到跳跃、节奏、变化、愉悦、激动。线条除直线外还有曲线，曲线使人感到柔和、优美、流动、跳跃、变化、愉悦、激动。现代发型的制作中，发式是否美观生动、形神兼备、富有意味，具有感人的艺术性，就要看是否合理地处理好线与型的关系。在线条应用上，以型为中心，适者为美；在线条搭配上，忌单调、复杂；在线条安排上，注意发型的总体风格。

## 技能要求

### 经典型女式长发波浪造型

**操作准备**

(1) 准备各种美发器具。

(2) 设定将要制作的发型式样。

**操作步骤**

**步骤1**　上卷筒。按次序、分批卷起全部头发（见图5—96、图5—97）。

图5—96

图5—97

**步骤2**　用大吹风烘30分钟左右，之后将卷筒拆除（见图5—98、图5—99）。

图5—98

图5—99

**步骤3**　用钢丝刷或九排梳及排梳按照纹理进行梳理，由下往上梳通、梳顺（见图5—100、图5—101）。

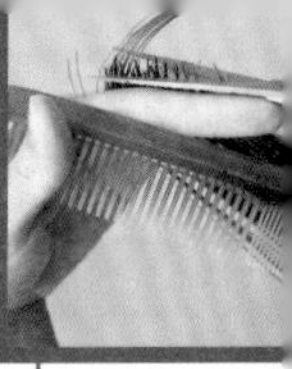

图5—100

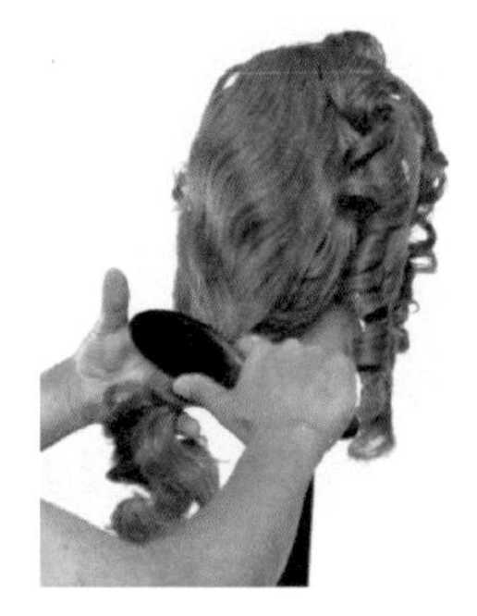

图5—101

**步骤4** 用刷子从前额大面（右边）开始梳出第一道波浪，慢慢衔接到顶部，梳出波浪，波浪的波纹大小及深浅均匀（见图5—102、图5—103）。

图5—102

图5—103

**步骤5** 用刷子从前额小面（左边）开始梳出第一道波浪，慢慢衔接到顶部，梳出波浪，波浪的波纹大小及深浅均匀（见图5—104、图5—105、图5—106）。

图5—104

图5—105

图5—106

**步骤 6** 左手用木梳，右手用钢丝刷或九排梳按照头发的波纹梳理出整个头发的波浪（见图 5—107、图 5—108、图 5—109）。

图 5—107

图 5—108

图 5—109

**步骤 7** 全部头发梳出波浪，根据波浪需要用尖嘴夹固定局部位置（见图 5—110、图 5—111）。

图 5—110

图 5—111

**步骤 8** 尖嘴夹固定好后，用电吹风配合木梳固定波浪，拿掉尖嘴夹（见图 5—112、图 5—113、图 5—114）。

**步骤 9** 从刘海的发根开始吹风（见图 5—115、图 5—116、图 5—117）。

**步骤 10** 吹波浪时可用高温小风，按照头发波浪纹理的深浅调整吹风（见图 5—118、图 5—119）。

图 5—112

图 5—113

图 5—114

图 5—115

图 5—116

图 5—117

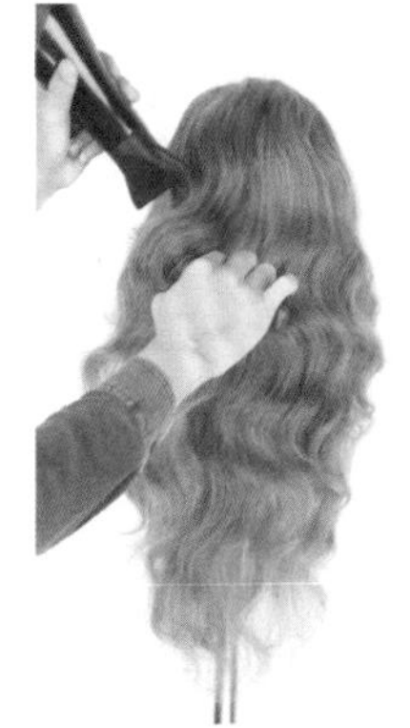

图 5—118

图 5—119

**步骤 11** 按照波浪“C”形和反“C”形方向，从上向下吹风，不要破坏波纹（见图 5—120、图 5—121、图 5—122）。

图 5—120

图 5—121

图 5—122

**步骤 12** 在发尾处进行收紧吹风处理（见图 5—123、图 5—124、图 5—125）。

图 5—123

图 5—124

图 5—125

**步骤 13** 正面、后面、侧面效果如图 5—126、图 5—127、图 5—128 所示。

**注意事项**

（1）上卷筒部分。卷筒排卷时要以砌砖形方式排列，以免烘干后出现卷筒裂开的情况，使发式的“C”形波浪不能连接，影响波浪的统一完美性。

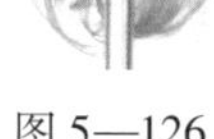
图5—126

图5—127

图5—128

（2）梳理部分。按照头发的自然纹路梳理头发，左手用拇指及拇指和掌部推切波浪，右手用钢丝刷或九排刷梳出波纹和弧度，根据整体波浪的深浅可用木梳及刷子配合排梳一遍，再用尖嘴夹固定，固定后用吹风机定型。

（3）吹风部分。注意发根的蓬松感和立体感，发杆、发梢的自然卷曲感，吹风过程中按波浪纹理的深浅正确使用风力及温度，否则吹风反而会起到相反的效果，吹风使头发呈弧度，蓬松、光泽而饱满。

## 现代型长发波浪式造型

### 操作准备

（1）准备各种美发器具。

（2）设定将要制作的发型式样。

### 操作步骤

**步骤1** 先将头发吹至6～7成干，分出一些头发，用圆滚梳将头发缠绕至圆滚梳上吹干（见图5—129、图5—130）。

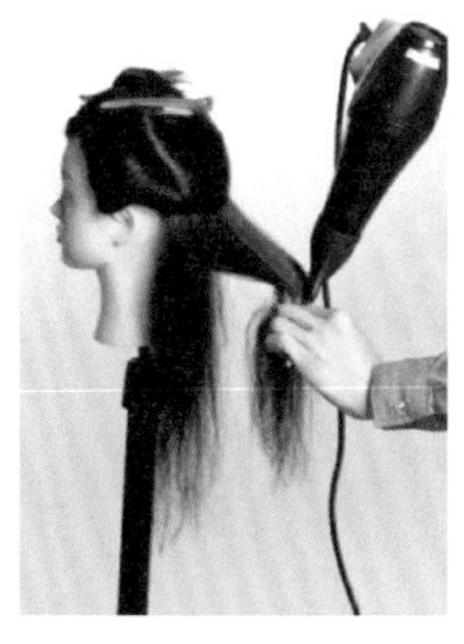
图5—129

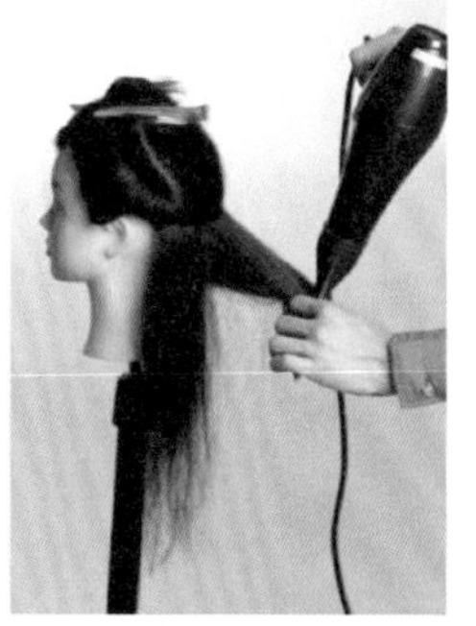
图5—130

**步骤2** 用圆滚梳，将头发反复缠绕至圆滚梳上吹干固定卷曲，也可用鸭嘴夹固定，同样也可以用造型棒直接做成定型卷（见图5—131、图5—132）。

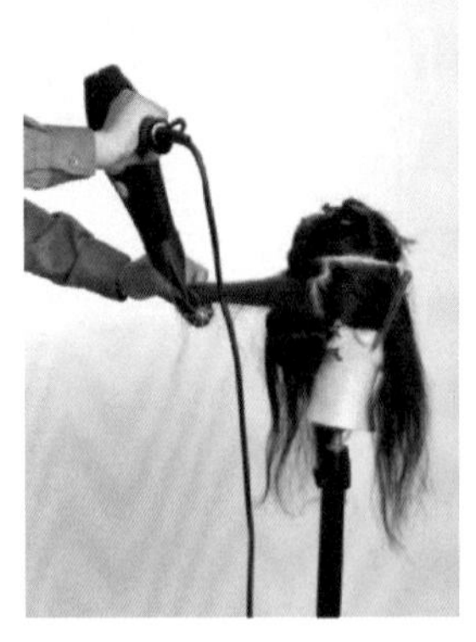

图5—131

图5—132

**步骤3** 左侧向左，右侧向右，以同样方式吹风，也可用鸭嘴夹固定，同样也可以用造型棒直接做成定型卷（见图5—133、图5—134、图5—135）。

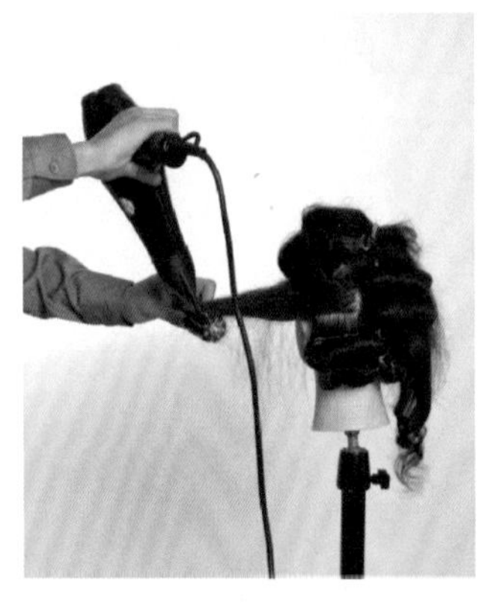

图5—133

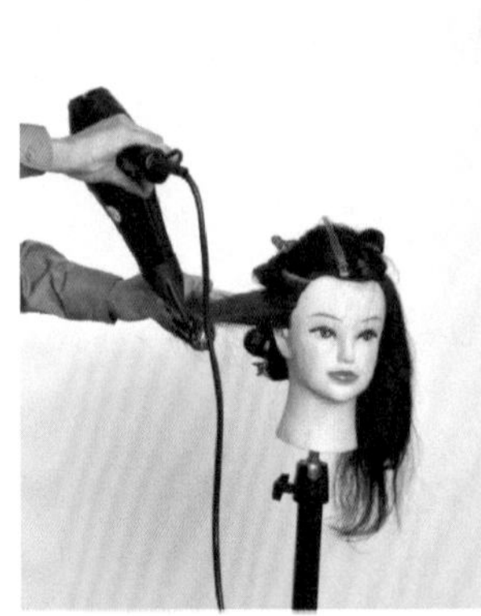

图5—134

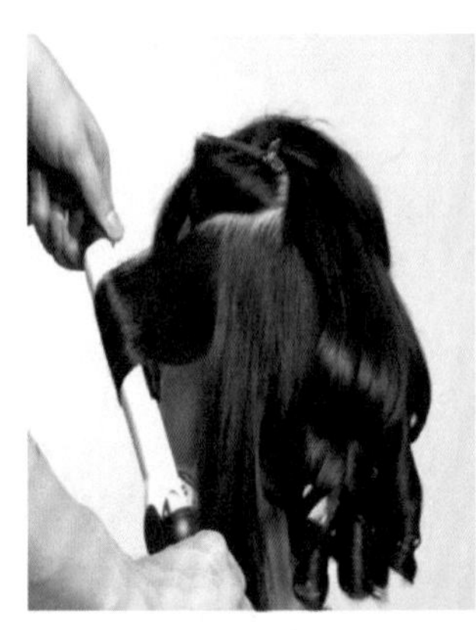

图5—135

**步骤4** 在吹风过程中也可以将吹风口向里侧进行吹风，头发自然冷却后取下圆滚梳再进行另一侧吹风，同样也可以用造型棒直接做成定型卷（见图5—136、图5—137、图5—138）。

**步骤5** 一层吹好后，再取下一层，同样也可以用造型棒直接做成定型卷（见图5—139、图5—140、图5—141）。

图 5—136

图 5—137

图 5—138

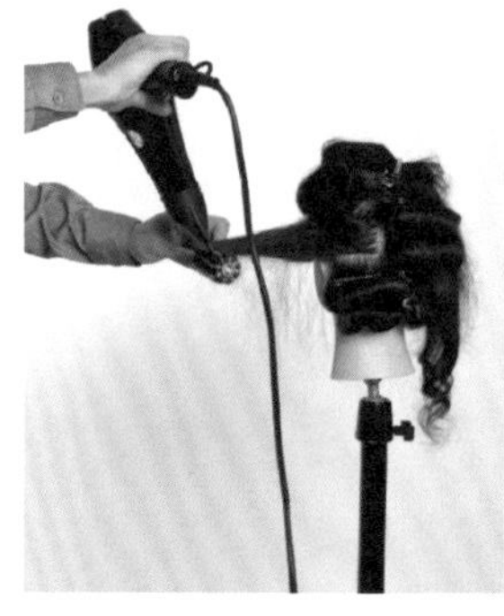
图 5—139

图 5—140

图 5—141

**步骤 6** 从侧面开始吹头发，提拉发根将发根吹蓬松，使发根站立且有弧度，发梢部分缠绕，再取下一层，同样也可以用造型棒直接做成定型卷（见图 5—142、图 5—143）。

图 5—142

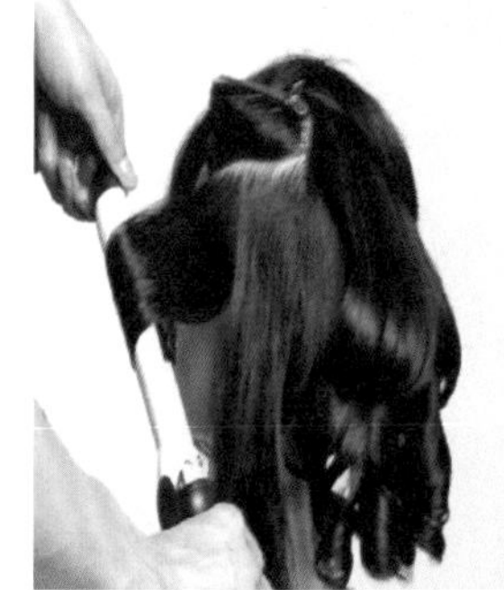
图 5—143

**步骤 7**　后部基本完成效果，左右两侧要向前卷曲，同样也可以用造型棒直接做成定型卷（见图 5—144、图 5—145、图 5—146）。

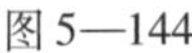
图 5—144

图 5—145

图 5—146

**步骤 8**　顶部头发向上提拉，制造顶部的蓬松感，发梢卷曲。同样也可以用造型棒直接做成定型卷（见图 5—147、图 5—148）。

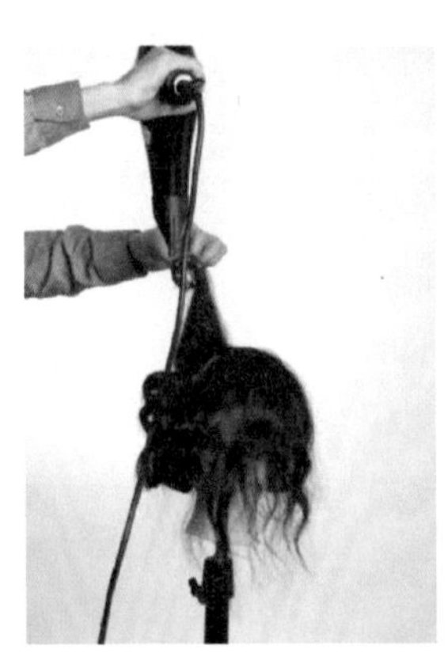
图 5—147

图 5—148

**步骤 9**　在刘海区域取出一片头发，用圆滚梳提拉发片角度，增加头发蓬松度，制造饱满度和线条感，同样也可以用造型棒直接做成定型卷（见图 5—149、图 5—150）。

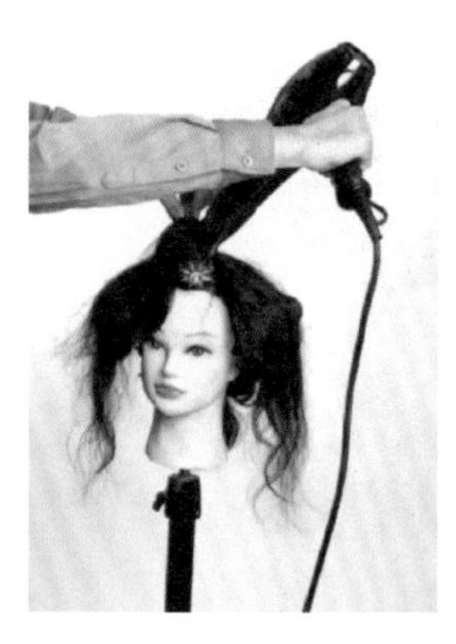

图5—149

图5—150

**步骤10** 可用定位夹先把整个发卷固定，待自然冷却后再进行梳理（见图5—151、图5—152、图5—153）。

图5—151

图5—152

图5—153

**步骤11** 冷却定型后，适当涂抹一些造型产品，再用吹风、梳理、徒手造型等方式进行调整修饰（见图5—154、图5—155、图5—156、图5—157）。

**步骤12** 正面、侧面、侧后面效果如图5—158、图5—159、图5—160所示。

图 5—154

图 5—155

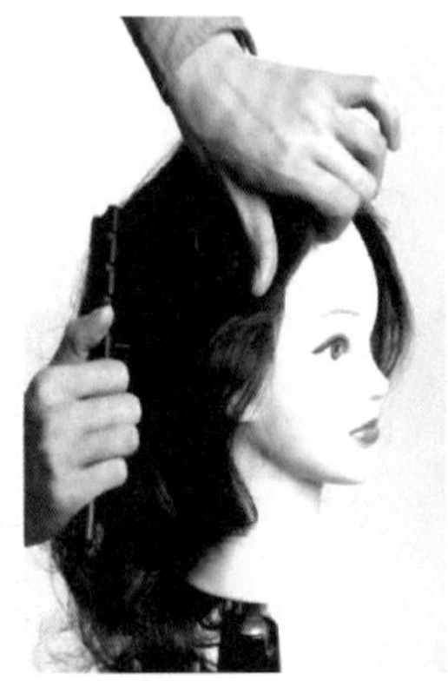

图 5—156

图 5—157

图 5—158

图 5—159

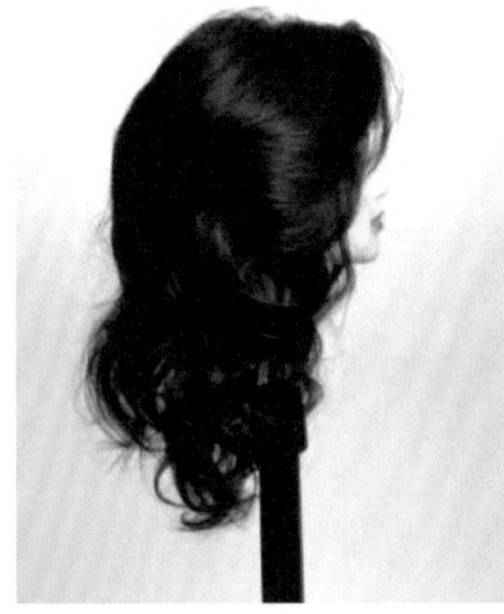

图 5—160

**注意事项**

(1) 注意开始时头发不要吹得太干，不要涂抹产品后再进行吹理造型。

(2) 注意两侧发卷的流向，送风时间不能过长，否则整体造型会太刻板。

(3) 现代型波浪要自然，整体造型饱满柔和。

## 经典型中长波浪式造型

**操作准备**

(1) 准备各种美发器具。

(2) 设定将要制作的发型式样。

**操作步骤**

**步骤 1**　按发型造型需要，有次序分批上卷筒（见图 5—161、图 5—162、图 5—163）。

**步骤 2**　用大吹风烘 20 分钟后，拆下卷筒，从最底层开始进行梳通（见图 5—164、图 5—165）。

**步骤 3**　从下往上，层层进行发型的梳理（见图 5—166、图 5—167）。

**步骤 4**　用钢丝刷由前往后、先右后左的方式反复梳理头发，寻找发型的最佳感觉（见图 5—168、图 5—169）。

图 5—161

图 5—162

图 5—163

图 5—164

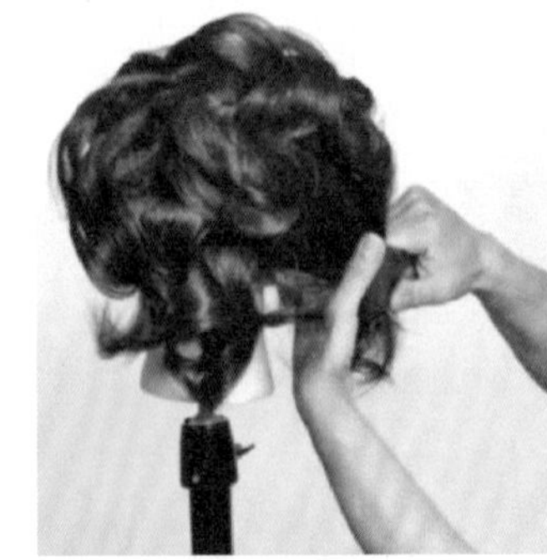

图 5—165

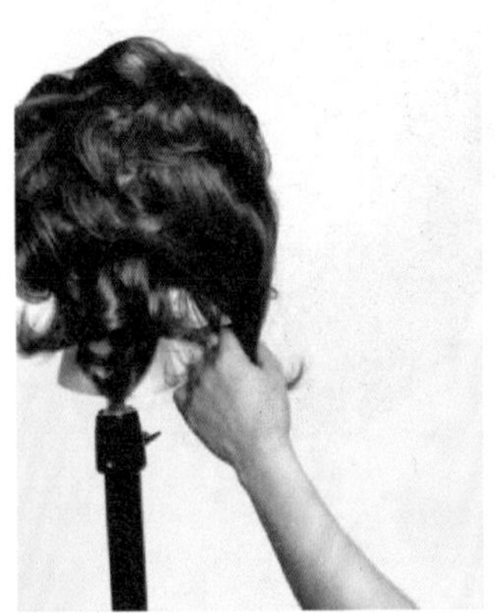

图 5—166

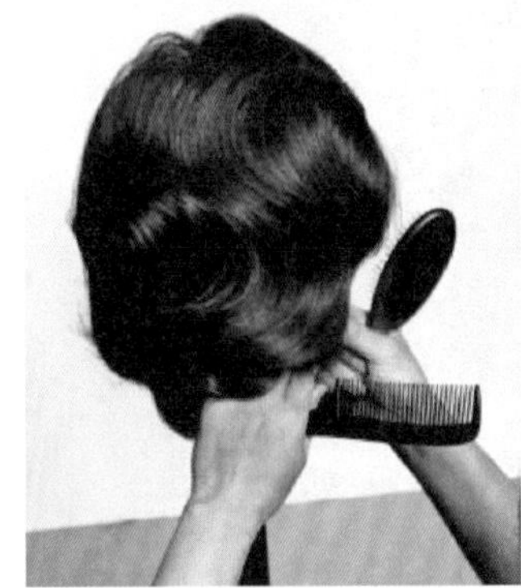

图 5—167

图 5—168

图 5—169

**步骤 5**　钢丝刷与手并用，梳理出最佳刘海效果（见图 5—170、图 5—171、图 5—172）。

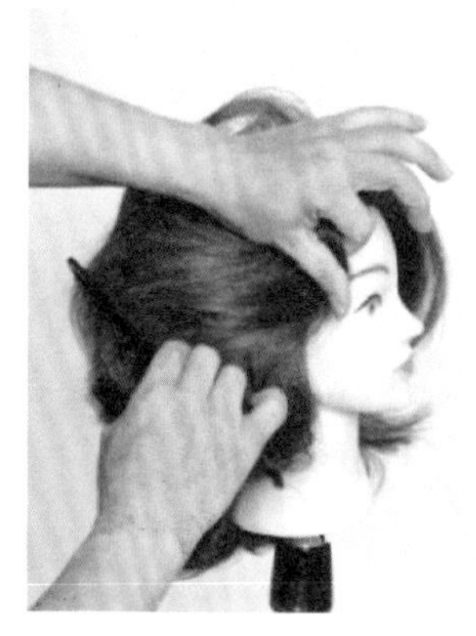

图 5—170

图 5—171

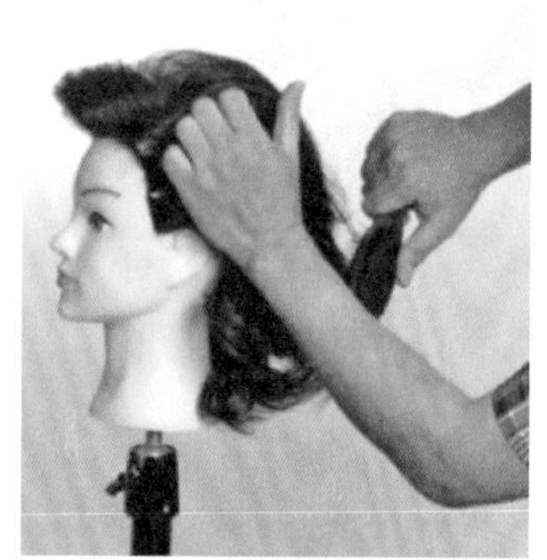

图 5—172

**步骤 6**　从前向后依次梳理出波浪造型（见图 5—173、图 5—174、图 5—175）。

**步骤 7**　为了使波浪大小均匀，用宽梳及钢丝刷由上往下排梳一遍（见图 5—176、图 5—177、图 5—178）。

**步骤 8**　如发根不够立体饱满，可用吹风适当地固定一下，接着可从头发顶部开始吹风整理造型或由下往上吹风整理造型，总体要求是发根部立体饱满，发杆、发梢线条柔软顺畅（见图 5—179、图 5—180）。

图 5—173

图 5—174

图 5—175

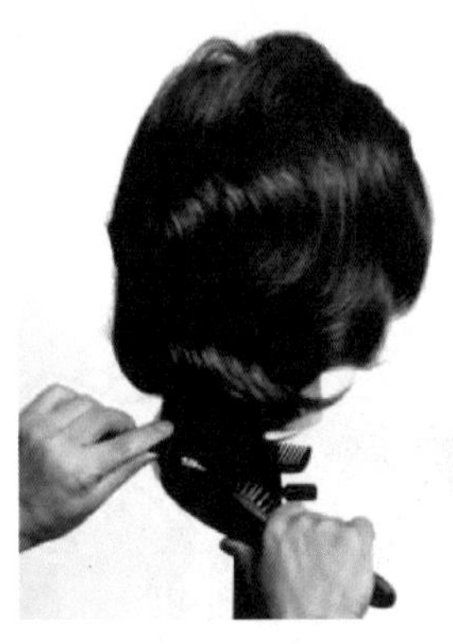
图 5—176

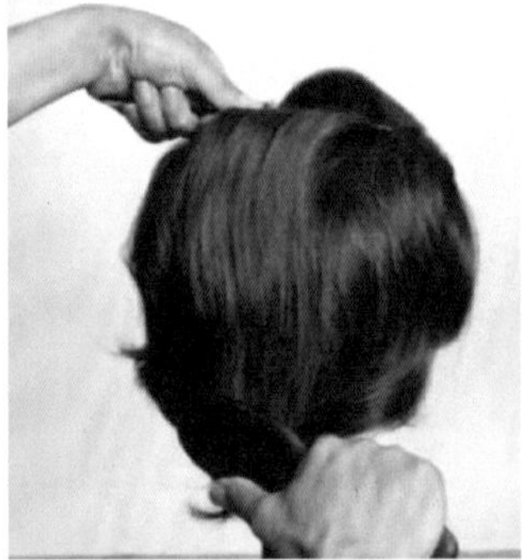
图 5—177

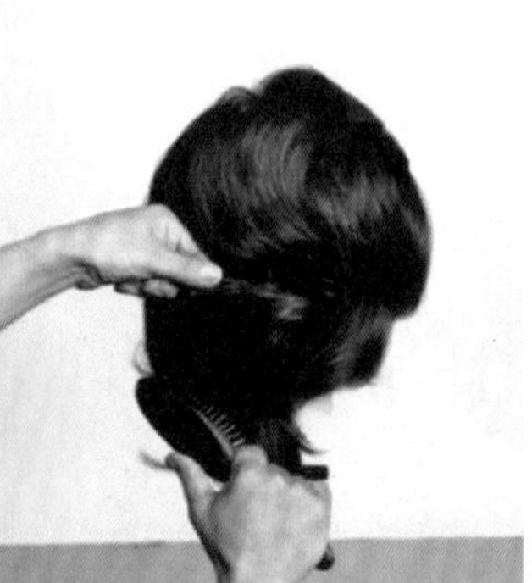
图 5—178

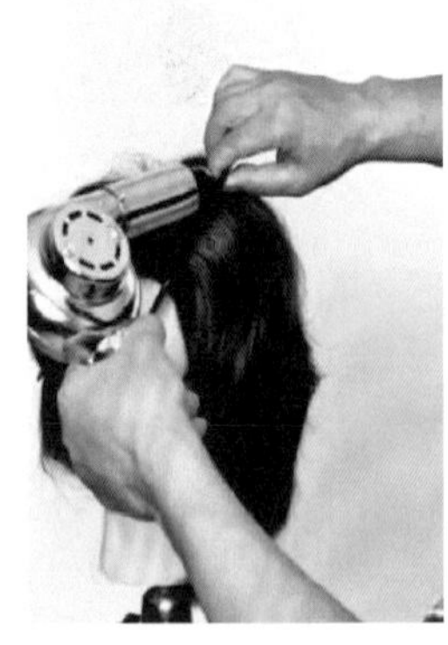
图 5—179

图 5—180

**步骤 9**　依次按照波浪的顺序吹风造型（见图 5—181、图 5—182、图 5—183）。

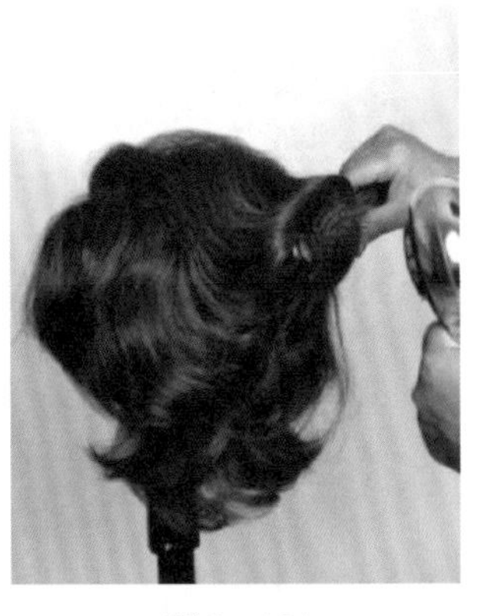

图 5—181

图 5—182

图 5—183

**步骤 10**　发尾部进行发丝的自然顺畅处理（见图 5—184、图 5—185）。

图 5—184

图 5—185

**步骤 11**　进行刘海处理，吹起发根，向上提拉，使发型具有立体感和蓬松度（见图 5—186、图 5—187）。

图 5—186

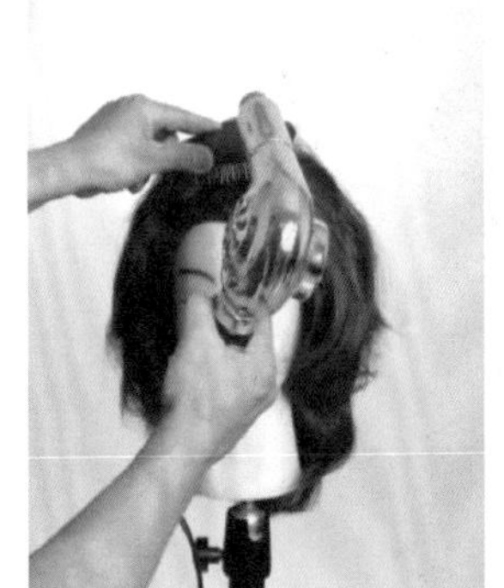

图 5—187

**步骤12** 正面、后面、侧面效果如图5—188、图5—189、图5—190所示。

图5—188

图5—189

图5—190

### 注意事项

（1）梳理部分。按照头发的自然波纹进行梳理，寻找最佳的波浪效果。

（2）吹风部分。注意发根部分的立体感、发杆、发梢弧度流线的顺畅。根据发型效果可采用不同的风力进行造型，避免线条僵硬。

## 现代型中长发波浪式造型

### 操作准备

（1）准备各种美发器具。

（2）设定将要制作的发型式样。

### 操作步骤

现代型女式中长发波浪造型如图5—191、图5—192、图5—193所示。

图5—191

图5—192

图5—193

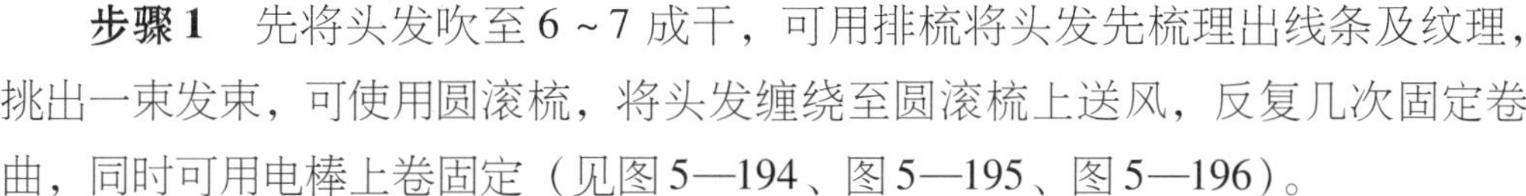

**步骤 1** 先将头发吹至 6 ~ 7 成干，可用排梳将头发先梳理出线条及纹理，挑出一束发束，可使用圆滚梳，将头发缠绕至圆滚梳上送风，反复几次固定卷曲，同时可用电棒上卷固定（见图 5—194、图 5—195、图 5—196）。

**步骤 2** 用吹风机或电棒造型，一般采用由下往上手法，也可采用定位夹固定，保持头发卷度和弹力（见图 5—197、图 5—198、图 5—199）。

**步骤 3** 左侧卷曲的流向向左，右侧向右，注意将头发吹理光洁，也可用电棒直接造型（见图 5—200、图 5—201、图 5—202）。

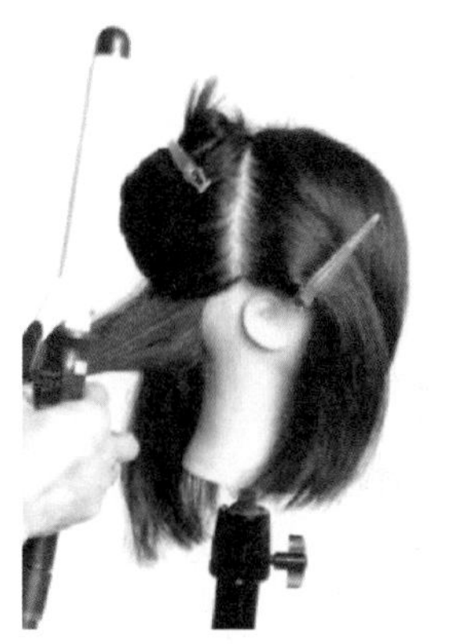

图 5—194

图 5—195

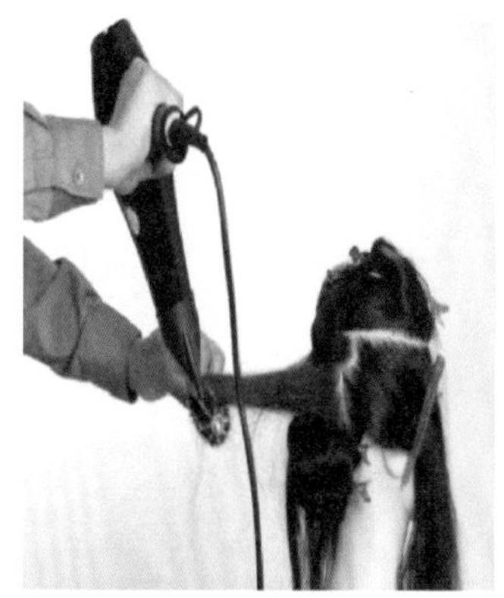

图 5—196

图 5—197

图 5—198

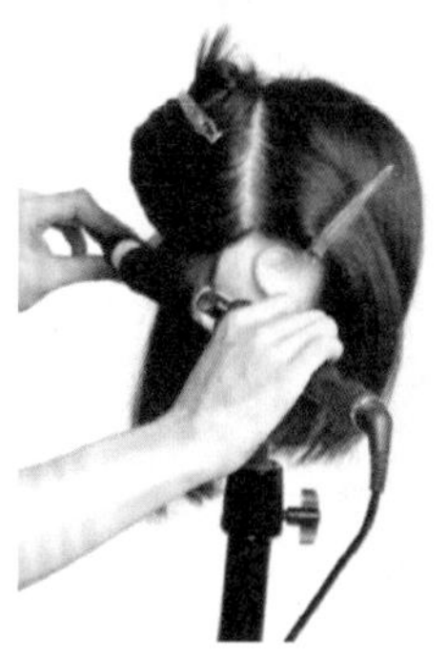

图 5—199

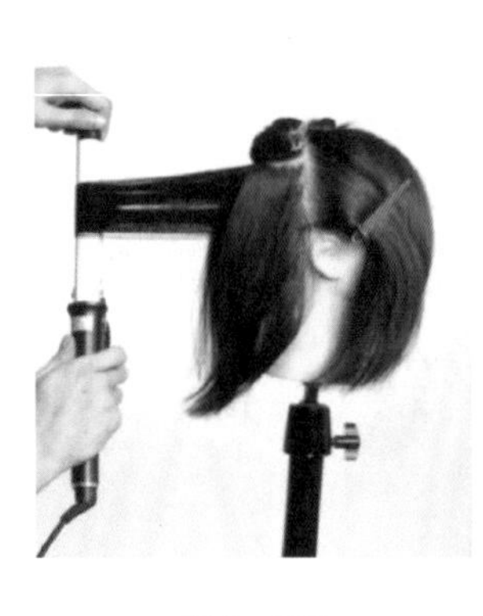

图 5—200

图 5—201

图 5—202

**步骤 4**　开始进行上部吹风造型，发根处要提拉送风，使顶部轮廓饱满，也可用电棒直接造型（见图 5—203、图 5—204、图 5—205）。

图 5—203

图 5—204

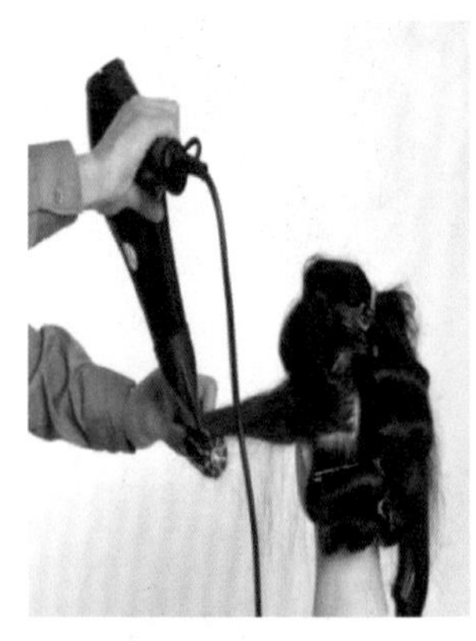

图 5—205

**步骤 5**　两侧卷曲流向要向前提拉，注意根部要向上提拉并吹梳光洁，也可用电棒直接造型（见图 5—206、图 5—207、图 5—208）。

**步骤 6**　在吹顶部头发时一定要将头发拉起，也可以用电棒直接造型（见图 5—209、图 5—210、图 5—211）。

**步骤 7**　然后再吹顶角侧面，方法相同，也可用电棒直接造型（见图 5—212、图 5—213）。

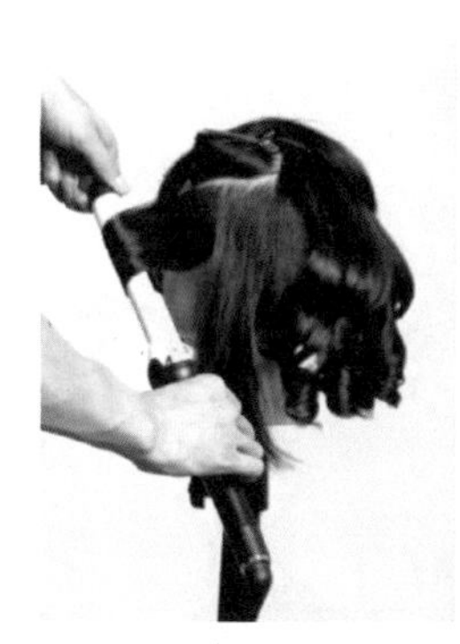

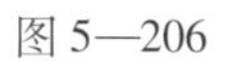

图 5—206

图 5—207

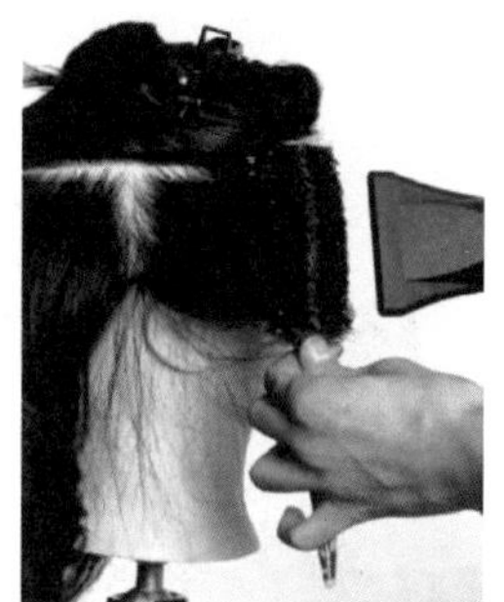

图 5—208

图 5—209

图 5—210

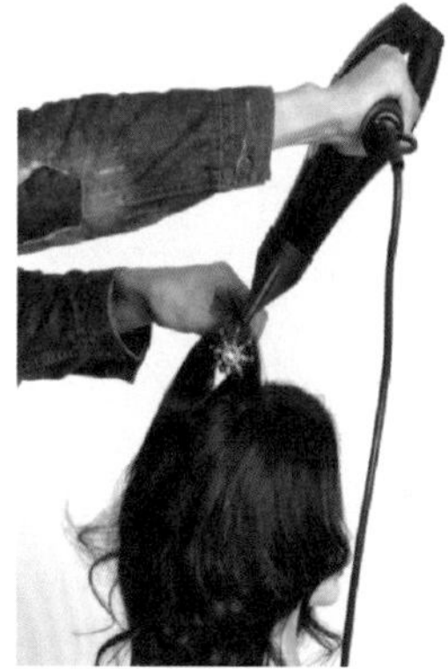

图 5—211

图 5—212

图 5—213

**步骤8** 接下来吹刘海儿区域，拉起发片用圆滚梳反复吹滚，使刘海儿饱满，也可用电棒造型（见图5—214、图5—215、图5—216）。

图5—214

图5—215

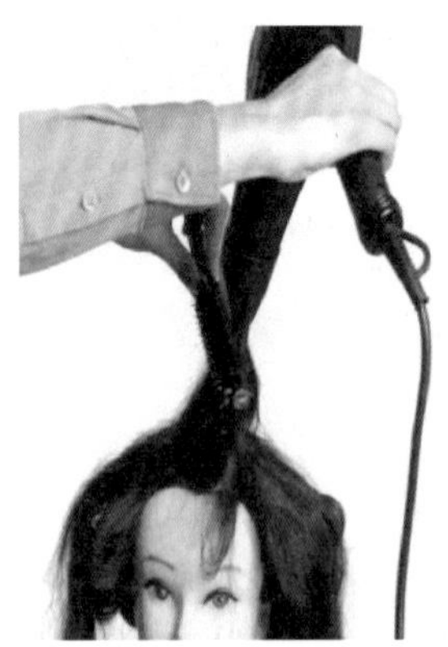
图5—216

**步骤9** 第一步，用吹风机或电棒做出卷度，同时可用定位夹把卷度固定。第二步，拆取定位夹后用排梳或其他工具梳理，把头发梳顺，找出所需要的纹理和波纹，吹风配合定型（见图5—217、图5—218、图5—219、图5—220、图5—221、图5—222）。

**步骤10** 发型基本成型后可涂抹一些造型产品进行打理，使发型具有光泽度并达到自然的动感效果。其正面、后面、侧面效果如图5—223、图5—224、图5—225所示。

图5—217

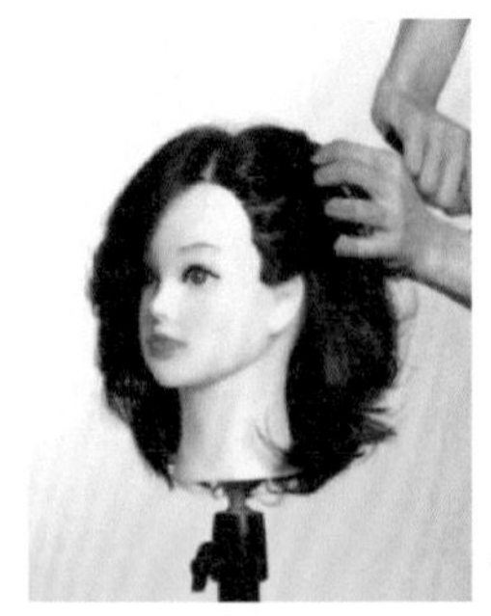
图5—218

图5—219

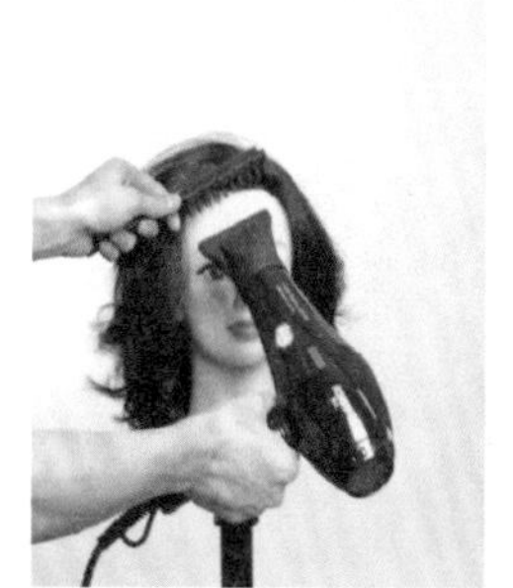
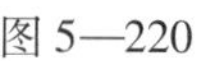
图 5—220

图 5—221

图 5—222

图 5—223

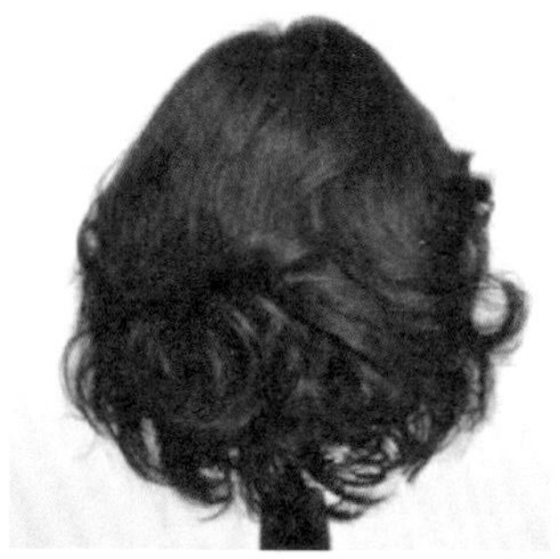
图 5—224

图 5—225

### 注意事项

（1）注意开始时头发不宜吹得太干，可根据发质适当涂抹一些护发造型产品，再进行吹理造型，也可直接吹风造型。

（2）根据发型需求，注意两侧的发卷流向，送风时间适当，达到整体造型自然的效果。

（3）现代型波浪要符合时代的需求，发型自然，整体造型流畅。

## 经典型短发波浪式造型

### 操作准备

（1）准备各种美发器具。

（2）设定将要制作的发型式样。

### 操作步骤

**步骤 1**　上卷筒，按发型需求进行全头有次序、分批卷上卷筒，也可用塑料卷筒和扁圈进行盘卷（见图5—226、图5—227）。

图5—226

图5—227

**步骤2**　用大吹风烘20分钟左右，之后将卷筒或扁圈拆除（见图5—228）。

**步骤3**　用钢丝刷由前往后、由右往左对发型进行梳通、梳理，左手配合右手钢丝刷推、切出最佳波纹（见图5—229、图5—230、图5—231）。

**步骤4**　用钢丝刷及木梳刻排出头后部均匀清晰的波浪或波纹（见图5—232、图5—233、图5—234）。

**步骤5**　用发夹固定波纹或波浪（见图5—235）。

**步骤6**　用电吹风按波纹的纹路定型（见图5—236、图5—237）。

**步骤7**　根据习惯吹风可从前往后，从上至下，也可由下往上，原则上要使头顶发根部位饱满，具有立体感，发杆、发梢弧度自然、流畅（见图5—238、图5—239）。

图5—228

图5—229

图5—230

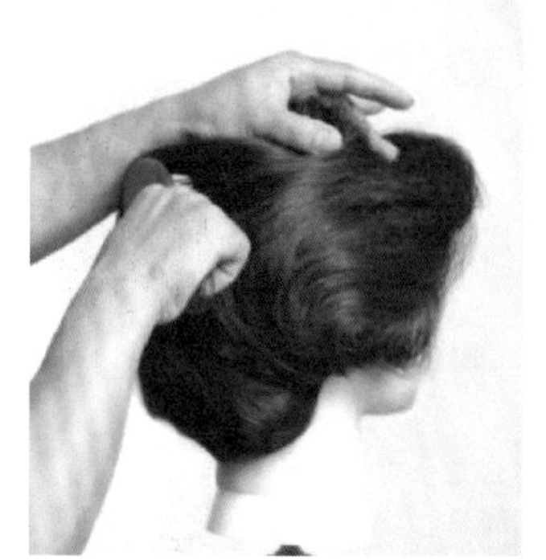

图5—231

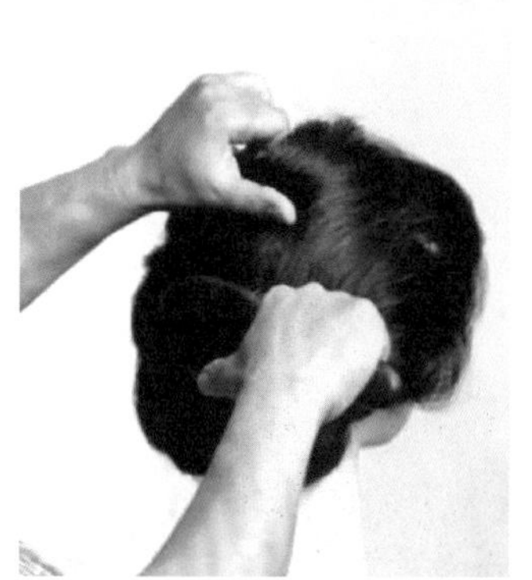

图5—232

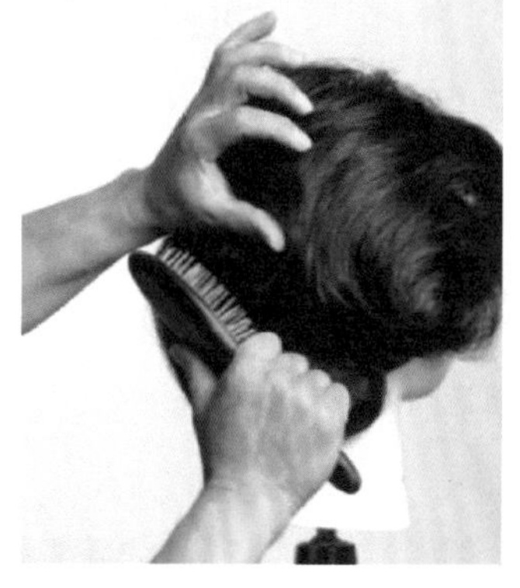

图5—233

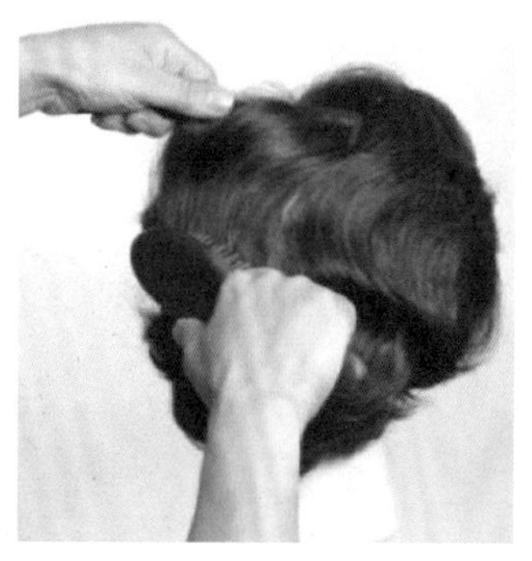

图5—234

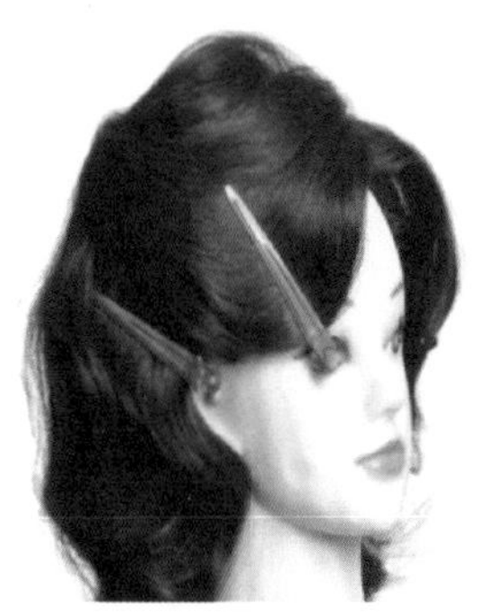

图5—235

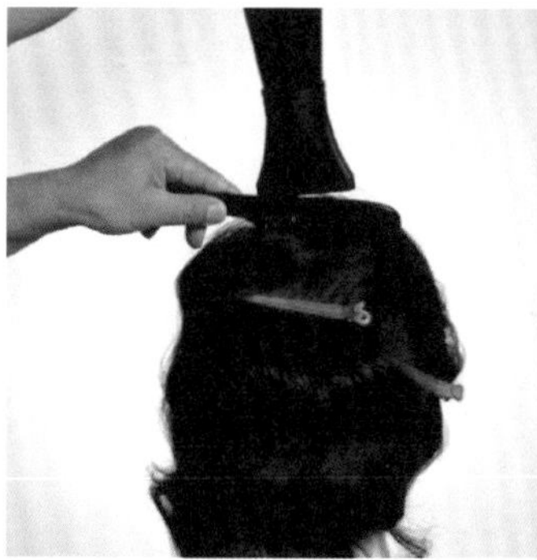

图5—236

图5—237

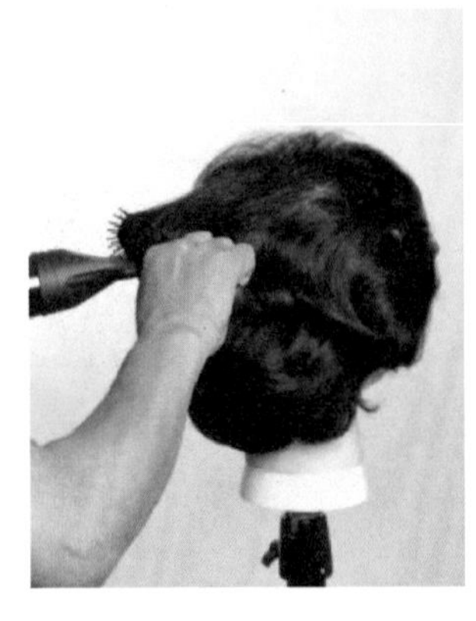

图 5—238

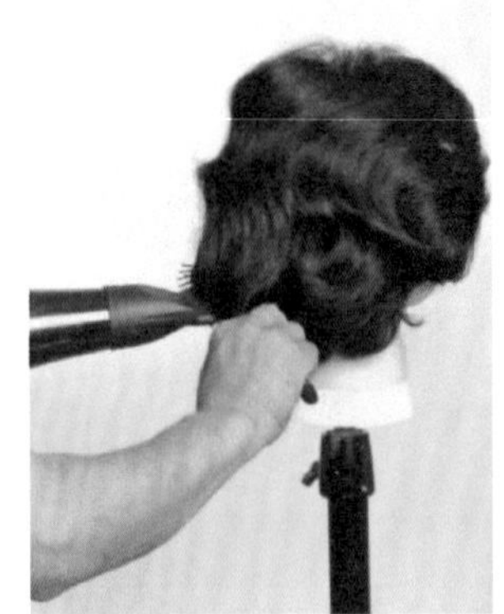

图 5—239

**步骤 8**　按照波纹的弧度进行吹风（见图 5—240）。

**步骤 9**　发尾处进行头发的流畅处理（见图 5—241）。

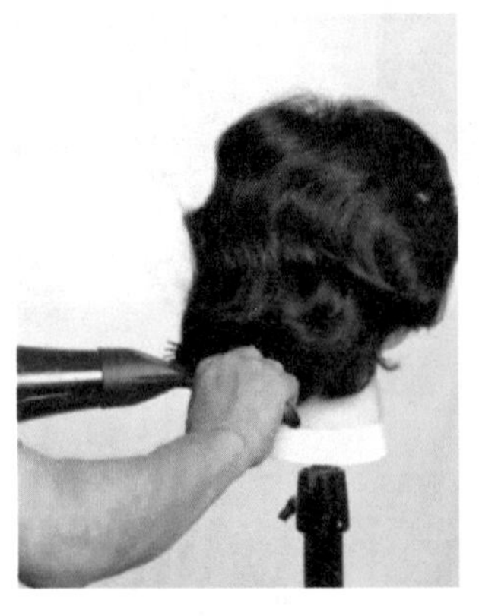

图 5—240

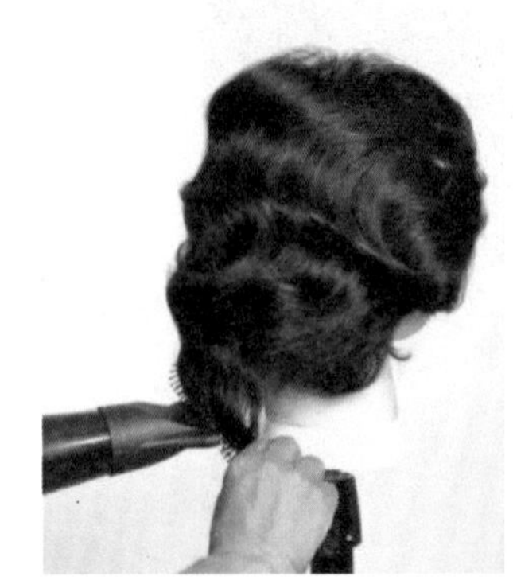

图 5—241

**步骤 10**　刘海处理，吹起发根，向上提拉，使头发有立体感、蓬松度，与头发的顶部衔接（见图 5—242、图 5—243）。

**步骤 11**　正面、后面、侧面效果如图 5—244、图 5—245、图 5—246 所示。

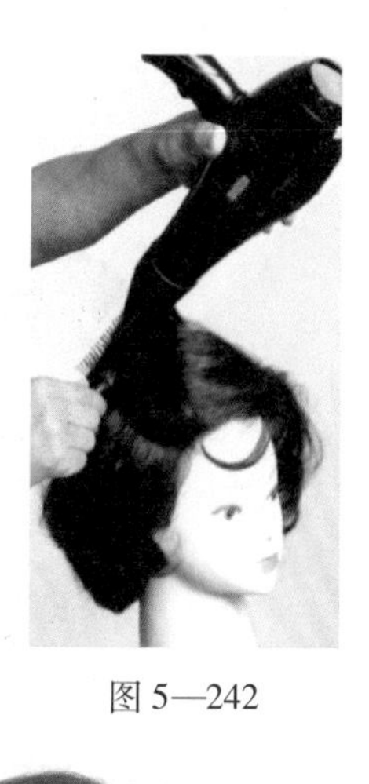
图 5—242

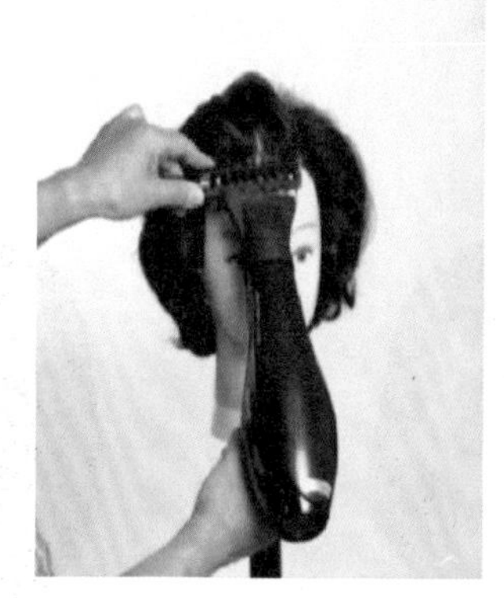
图 5—243

图 5—244

图 5—245

图 5—246

### 注意事项

（1）头发较短，用小号的卷筒或扁圈处理。

（2）梳理部分，按照头发的自然纹路梳理波纹，头发较短，注意柔和度。

（3）发根立起，要有蓬松度，发尾柔顺，具有光泽度，达到整个轮廓线条的饱满度。

## 现代型短发波浪式造型

### 操作准备

（1）准备各种美发器具。

（2）设定将要制作的发型式样。

**操作步骤**

现代型女式短发波浪式造型如图5—247、图5—248、图5—249所示。

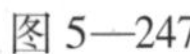

图5—247

图5—248

图5—249

**步骤1** 先将头发吹至6～7成干，用小号圆滚梳从根部开始缠绕，注意送风的角度和时间，一般现代型女士短发可用电棒直接造型（见图5—250、图5—251）。

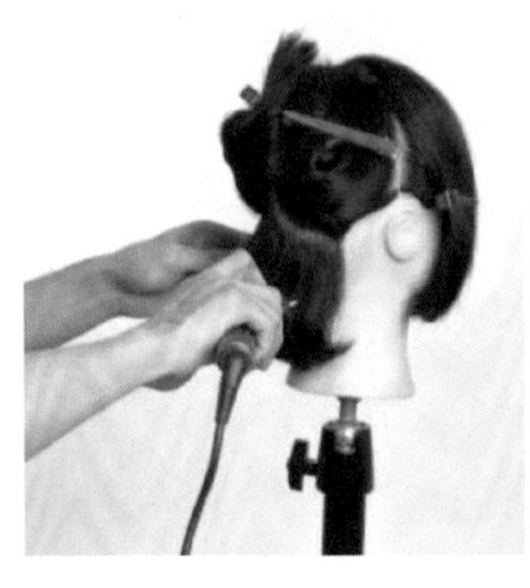

图5—250

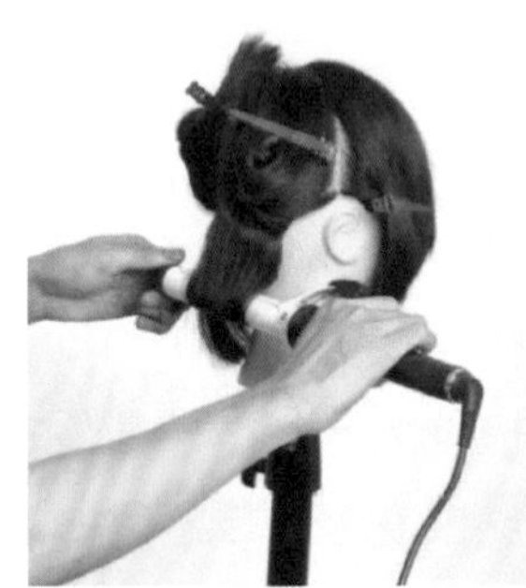

图5—251

**步骤2** 电棒一般由发梢卷至离发根10cm左右，注意电棒的温度（见图5—252、图5—253）。

**步骤3** 为了改变脑后部的纹理及方向，用同步骤2一样的技巧左右斜向卷（见图5—254、图5—255）。

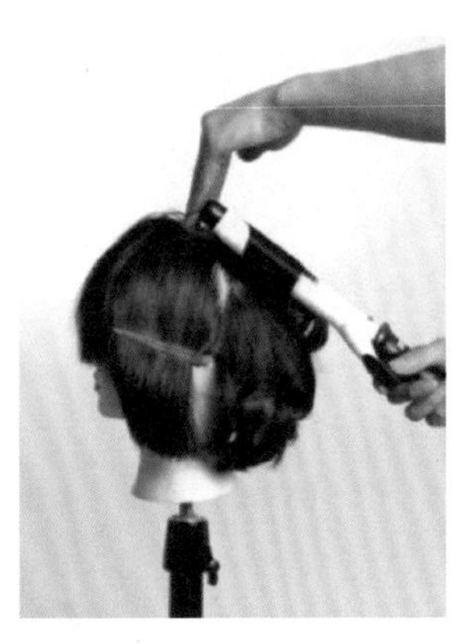
图 5—252

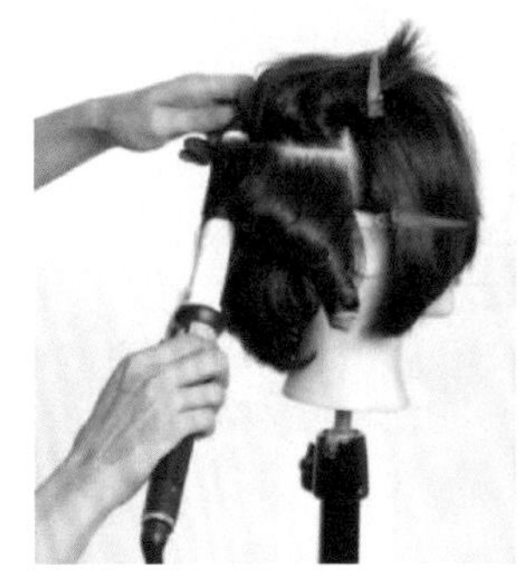
图 5—253

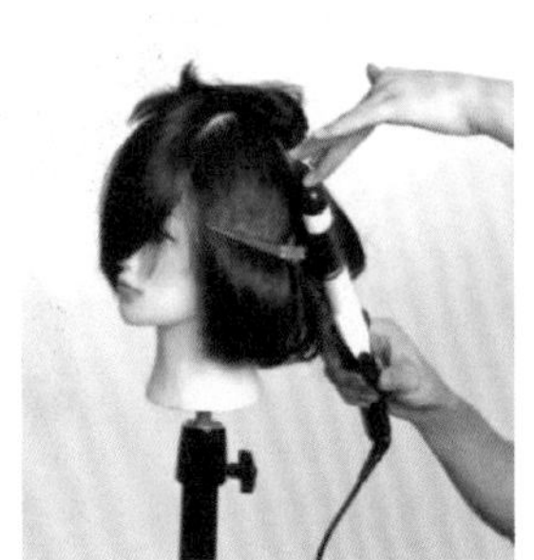
图 5—254

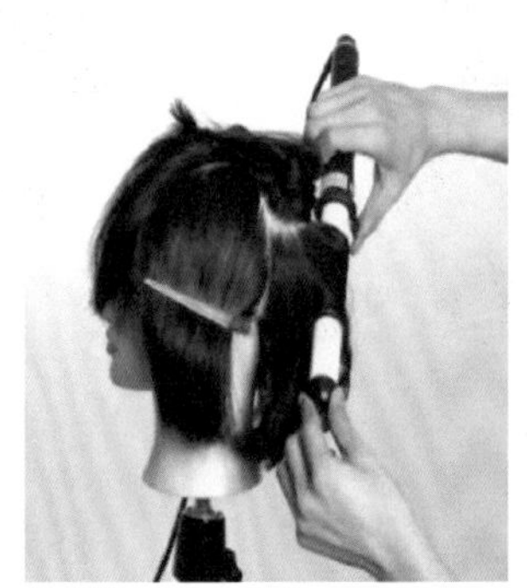
图 5—255

**步骤 4** 左右两侧用同样的手法进行电棒造型，根据发型流向可自我掌控，向内、向外、向左、向右都可（见图 5—256、图 5—257、图 5—258）。

图 5—256

图 5—257

图 5—258

**步骤5**　依次完成以下部分的操作：发梢处理时，要掌控好电棒温度，达到所需要的卷度，应用电棒操作技巧，先分层、分块面，先脑后部，再左侧部、右侧部完成所需要的卷度（见图5—259、图5—260、图5—261）。

**步骤6**　在顶部部位操作时，注意头发角度往上提拉，达到蓬松、立体的效果（见图5—262、图5—263）。

**步骤7**　操作刘海时，卷度不宜过卷，便于刘海的梳理造型（见图5—264、图5—265）。

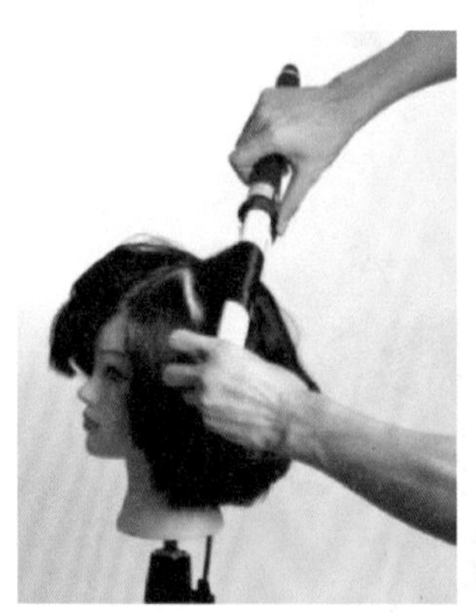

图5—259

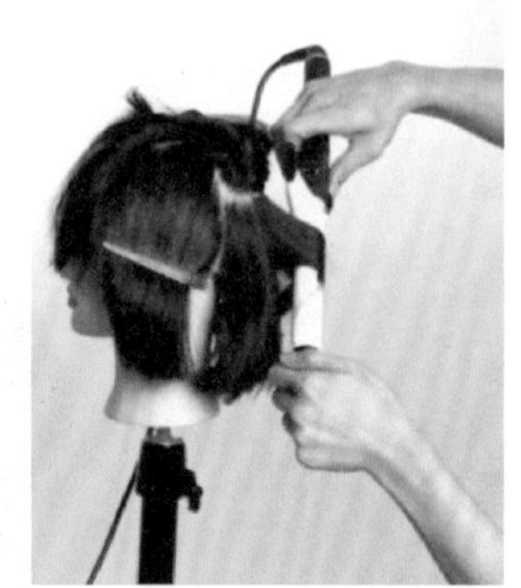

图5—260

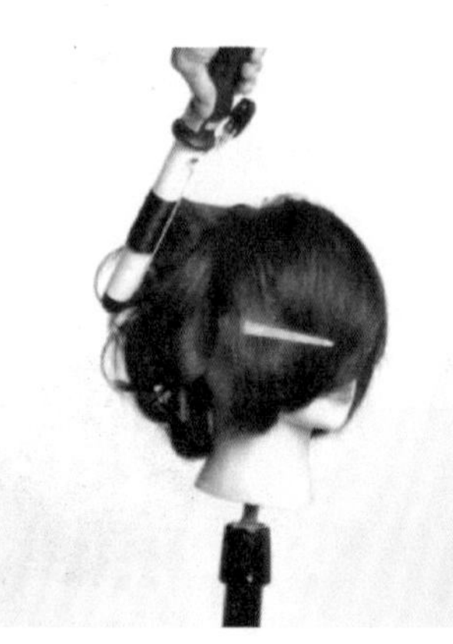

图5—261

图5—262

图5—263

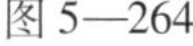

图 5—264

图 5—265

**步骤 8** 电棒造型基本完成后，可适当涂抹一些造型产品，用排梳梳理出所需要的发型（图 5—266、图 5—267、图 5—268）。

图 5—266

图 5—267

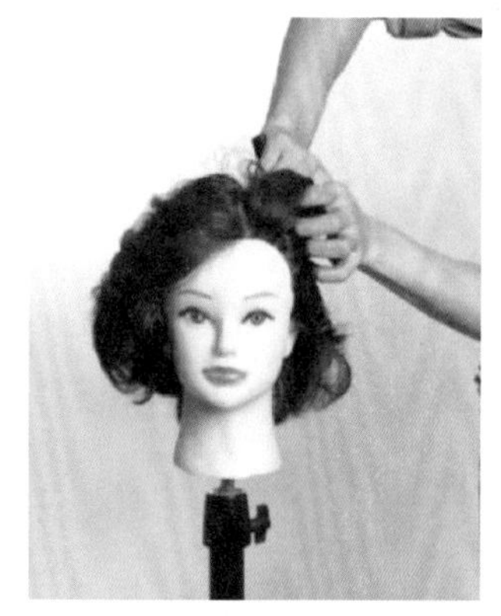

图 5—268

**步骤 9** 完成后的效果，发型整体要柔和自然、卷曲适中。其正面、侧面、后面效果如图 5—269、图 5—270、图 5—271 所示。

**注意事项**

（1）现代型短发波浪式造型要注意头发卷曲的流向不要太单一，卷曲度要适中。

（2）头发要自然柔和，不要吹梳时间过长，使发型刻板。

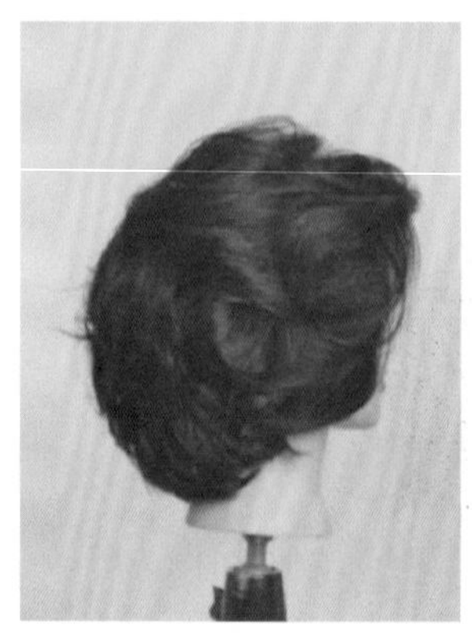
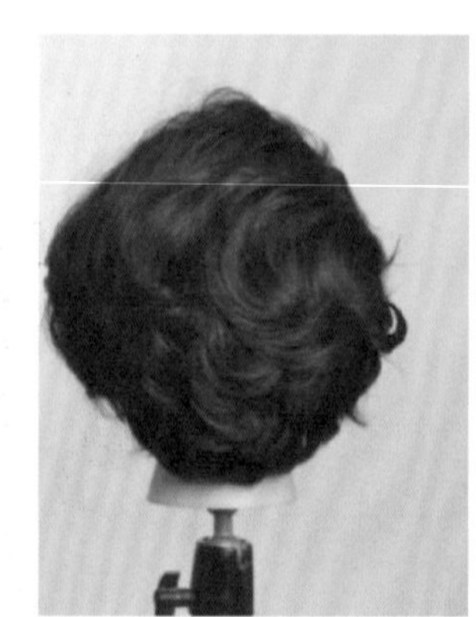

图 5—269　图 5—270　图 5—271

## 现代大花式造型

### 操作准备

（1）准备各种美发器具。

（2）设定将要制作的发型式样。

### 操作步骤

**步骤 1**　头发沿耳后分区（见图 5—272）。

**步骤 2**　在后颈区域，先把发根到发中的头发，以 30°角提升吹直，吹风口与头发呈 30°角（见图 5—273）。

**步骤 3**　发尾的头发平行地从发尾卷到发中，注意发尾的平整（见图 5—274）。

图 5—272　图 5—273　图 5—274

**步骤 4**　吹完后颈的头发，用同样的方法吹头顶部（见图 5—275、

图5—276、图 5—277）。

图 5—275

图 5—276

图 5—277

**步骤 5**　刘海的发尾要向内吹卷（见图 5—278）。

**步骤 6**　刘海的发根部位要吹蓬松，发根到发中的头发吹顺（见图 5—279）。

图 5—278

图 5—279

**步骤 7**　吹发根，让头发发根蓬松自然（见图 5—280、图 5—281）。

图 5—280

图 5—281

**步骤 8** 整理头发，喷发胶定型（见图 5—282）。

**步骤 9** 其正面效果如图 5—283 所示。

图 5—282

图 5—283

**步骤 10** 侧面、后面效果如图 5—284，图 5—285 所示。

图 5—284

图 5—285

## 注意事项

（1）在吹理中刷子的方向一定要一致。

（2）发根、发尾一定要吹到位、吹蓬松，头发表面一定要有光泽。

### 现代发型式造型

## 操作准备

（1）准备各种美发器具。

（2）设定将要制作的发型式样。

## 操作步骤

**步骤 1** 把头发吹干，从耳后分区（见图 5—286）。

**步骤 2** 从发根吹到发中，头发要吹直吹顺（见图 5—287）。

图 5—286

图 5—287

**步骤 3** 发梢部分绕着圆滚梳一圈半，吹成 C 形弯曲（见图 5—288）。

**步骤 4** 从后部中间先把发根到发中的头发吹直吹顺，再把发梢的头发吹成 C 形（见图 5—289、图 5—290）。

图 5—288

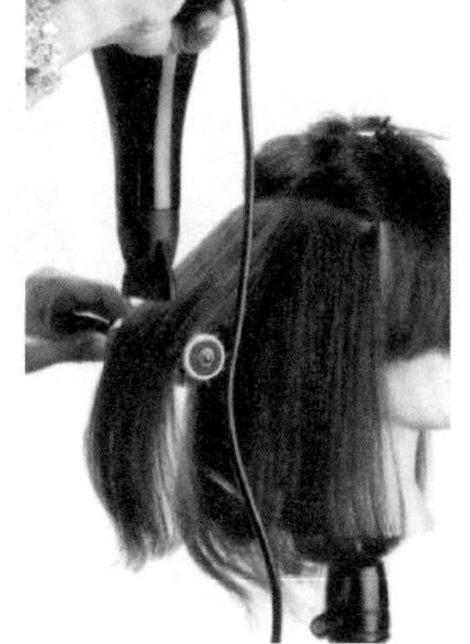

图 5—289

图 5—290

**步骤 5** 吹左侧的头发，先吹发根到发中的头发，再把发梢的头发吹成 C 形弯曲（见图 5—291、图 5—292）。

**步骤 6** 吹头顶的头发，先把发根吹蓬松，然后把发根到发中的头发吹直吹顺（见图 5—293、图 5—294）。

**步骤 7** 把 U 形区发梢的头发连同 U 形区以下的头发一起吹成 C 形弯曲（见图 5—295、图 5—296）。

**步骤 8** 把刘海的头发吹顺，发根需要吹蓬松，发尾保持吹向右边的流向

（见图 5—297）。

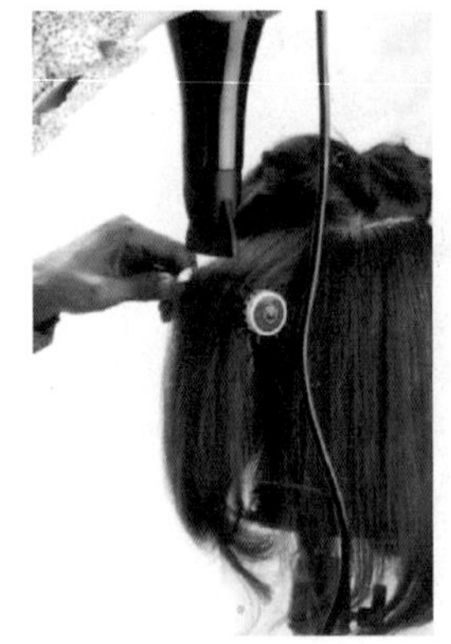

图 5—291

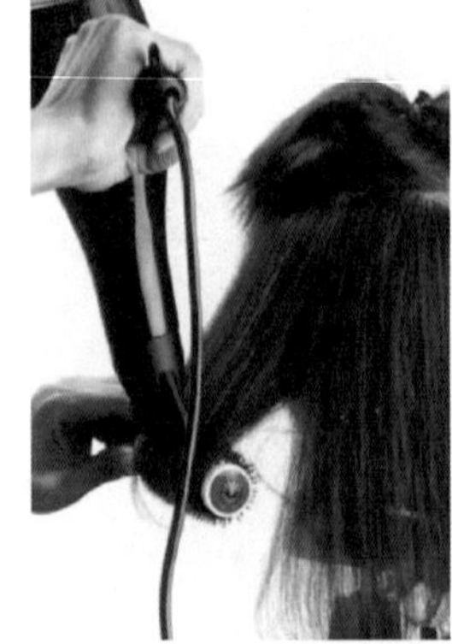

图 5—292

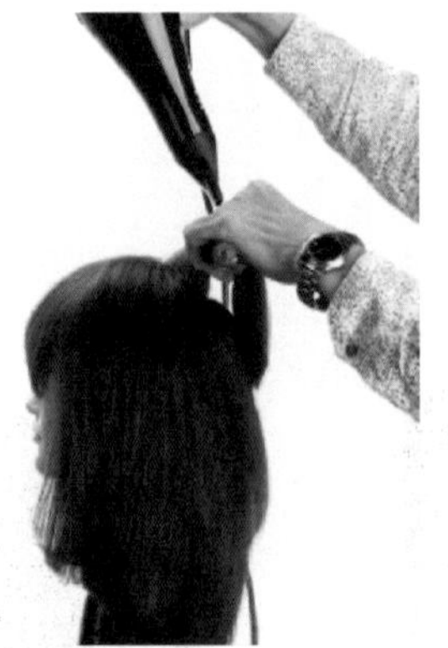

图 5—293

图 5—294

图 5—295

图 5—296

图 5—297

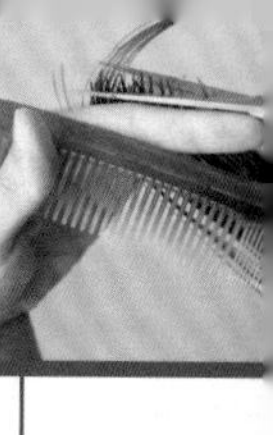

**步骤 9**　完成后的正面、侧面、后面效果如图 5—298、图 5—299、图 5—300 所示。

图 5—298

图 5—299

图 5—300

**注意事项**

（1）发杆吹干时，不宜吹得过干，应保持发杆上的水分约在 30%，水分过少会使发杆蓬乱，产生静电。

（2）送风时，先梳通、梳顺再上风，由上而下顺着发丝吹，保持好每片头发的送风时间，吹至发梢时发梳要多次转动，使发梢更柔顺更光滑。

（3）吹梳枕部以上区域时，要打底风（将发根顶起），让发式具有蓬松立体感，打底风时保持好送风时间和距离，千万别烫着人。

## 第 3 节　不同器具、手法与发型变化的关系

完美的发式造型是在美发工具、操作手法的变化中制作出来的。不同的器具、不同的技术手法的变化，能创造出各式各样的、深受顾客喜爱的发式，也让美发事业得到更深、更远的发展。

### 一、盘卷手法与发型变化的关系

盘卷可以增加发丝的弹力和可塑性，盘卷的器具、方法、手法的变化，能制作出多种多样的发式造型。操作时根据发式要求进行变化，为制作理想的发式造型打下基础。

## 二、各种盘卷方法的不同特点

### 1. 平盘盘卷

平盘盘卷的手法能梳理出平伏的“S”形发丝。

### 2. 竖立盘卷

竖立盘卷的手法适合梳理根部的“S”形发丝。

### 3. 局部曲形盘卷

无须满头都做，对所需区域进行盘卷，适应梳理要求。

### 4. 斜波浪的盘卷

发卷的排列成“⦚”形，能有效地制作波浪。

## 三、各种盘卷发卷的方法

### 1. 盘

在头发根部取束头发梳顺、梳光，顺时针或逆时针方向盘绕在食指上，发根藏在中心外部，形成螺旋形的扁卷发卷，用发夹固定。

### 2. 盘卷

在头发根部取束头发，分成斜发片，梳顺、梳光发丝，从发束尾部开始，将发片卷在食指上，发梢在发卷的中间，然后将发卷取下放平，形成盘卷发圈，用发夹固定。

### 3. 竖立形的盘卷

在头发根部取束头发，梳顺、梳光发丝，垂直提拉发片，从发梢部卷盘成竖立形的发卷，用发夹固定。竖立形盘卷为了定向定型，分前后左右，发型向前应是发卷向前卷，发型向后应是发卷向后卷。

### 4. 盘卷分界方法

盘卷的分界线为左右两侧向头后部连成半圆线，后部的位置要高于两侧，否则波浪会向下垂。完成第一层后再完成第二层，依次完成头部头发的盘卷。

### 5. 盘卷排列方法

盘卷的排列关系到头发“S”波浪形的走向，“S”的规律取决于盘卷大小、排列的统一。盘卷时行与行的卷曲方向要相反，奇数行为正卷发卷，偶数行为反卷发卷。如要大波浪造型可双行正、双行反的方法操作，也可通过盘卷的发卷直径大小调整波浪的宽度和张力。

## 四、筒形发卷与发型变化的关系

### 1. 筒形发卷的操作方法

有手指卷、塑料筒形卷和电棒卷三种。从排列方向的角度来讲，有正卷（内卷）、反卷（外卷），发根卷至发梢，发梢卷至发根，水平、垂直、斜向等。排列方法不同其特点也有所不同。

（1）手指卷具有操作方便灵活、形状与手法变化多样、技术难度高的特点。这也是美发师三级必须要掌握的操作手法。

（2）塑料筒形卷具有操作便捷易掌握，技术难度低于手指卷，烘筒烘干时容易控制发卷伸缩，发卷的张力和弹力较大，梳理时难以控制“S”波浪形的特点。

### 2. 筒形发卷的特点

内卷（向里卷）的筒形发卷能梳出向左向右的“S”波浪，也可梳理出大小不等的块面，是一种灵活多变、自然的卷发发型。而外卷（向外卷）卷成的筒形发卷，可梳理出发尾向上轻轻浮动的卷曲，也可梳理外翘（翻翘）发型。

### 3. 筒形发卷的操作要求及注意事项

（1）分区——发片的厚度需符合卷筒的直径和发式要求。发片的宽度要略小于卷筒的长度，发片如宽于卷筒，会导致卷筒两端发丝缺乏弹力和张力，如太窄，发丝集中在发筒中间，会影响发卷的正常排列。

（2）发片卷起的角度——发片与头皮所呈现的角度要按发型的需要而定。发片卷起的角度分为：锐角（45°）能使发卷呈现低平并能放大波浪的效果；直角（90°）发卷适中，容易整理成蓬松、均匀的波浪形状；钝角（135°）能使发丝梳理时呈现自然向前倾的效果，用于蓬松的发式。

## 五、刷子和手配合与发型变化的关系

刷子与手配合推刷波浪。操作时用拇指内侧部按压住“C”形的低谷处，用拇指与中指、食指捏住浪峰，刷子向左梳理浪心，梳出下部的反“C”形，然后用拇指与中指、食指捏住已梳理出的下一个浪峰，依次完成整个头发波浪的推梳。对不成“S”形的头发可用木梳子进行调整，方法同上，只不过是将手指换成木梳进行推梳。

## 六、吹风和梳子配合与发型变化的关系

（1）用梳子配合吹风——在吹波浪时，先用梳子梳住“C”形的低谷处头发且向前略推，利用吹风送温定型出“C”形状，然后用梳子揿于下部的反“C”形的低谷处，头发向后略拉，利用吹风送温定型出下部的反“C”形状，形成起伏明显的“S”形波浪，依次完成整个头的波浪，使浪心与浪峰固定。

（2）用圆滚梳配合吹风——以圆滚梳正卷或反卷住发片，将吹风机风口对着卷起的发片进行加热，加热时可向下或向上滚吹、旋转，经过加热、滚卷固定、冷却定型，使发根蓬松，发卷松弛有弹性。

## 七、电棒和梳子配合与发型变化的关系

电棒的特点是做卷效果好、操作方便快捷、头发成形自然、发卷弹力十足、携带方便等。

电棒的型号、粗细各异，根据发式要求选用，操作时电棒的温度通常控制在120℃～180℃之间。操作方法是：右手握住电棒不受热部位，左手拇指与食指拎起一束符合电棒宽度的发片，用梳子将发丝梳顺，电棒从发片根部夹紧发片向发中、发尾梳理，这时左手夹住头发要拉紧，使头发紧贴在电棒上，产生有弹性的弧形。每片发片按方向的需要，依次类推。待全部发卷做好后，再组合梳理成完整的发式。

# 第4节　假发的种类、造型及护理知识

## 一、假发的种类

假发属于轻工业制造业中发制品行业。发制品行业中分为工艺发条、男士发

块、女士假发、教习头、化纤发等。假发从用料上分为人发、化纤、人发掺化纤。

### 1. 按材料分

按材料，假头发分为化纤丝和真人发。化纤丝假发是用化纤制成，逼真度差，佩戴后有痒的感觉，容易与头皮起反应，不过价钱便宜，定型效果持久。真人发假发是选用经过处理的真人头发制作而成的，其逼真度高，不易打结，可以焗、染、烫，方便变换发型，价格较高，定型效果并不是太好。

### 2. 按面积分

按面积分，假发分为假发套和假发片。假发套是带在头上的整个假发，佩戴方便、牢固，覆盖面积大，适用情况广。假发片可以按照不同的需要定做成不同形状、大小的假发片，随意性强，逼真度极高，透气性好。

### 3. 按制作方法分

按制作方法分，假发分为机织发和手勾发。机织发是机器做出来的，一般批量生产，价格低廉，真实性并不理想，较沉重，透气性差，容易使毛囊受阻，容易打结。手勾发是纯手工勾制而成，逼真度高，透气性好，佩戴舒适，但价格比较高。

### 4. 从工艺上分

从工艺上分，假发分为全手织发套、全机织发套、半机织发套、全蕾丝发套、印度假发、半蕾丝发套、发块、蕾丝假发。

### 5. 从用途上分

从用途上分，假发分为真人佩戴假发、模特用假发、娃娃假发、动漫假发、节日假发、角色扮演假发。

### 6. 从性别分

从性别上分，假发分为男士假发、女士假发。

### 7. 从长短分

可分为长发假发、中长发假发、短发假发。

### 8. 从产物分

从产物上分，假发分为全头仿真发、半头仿真发、头顶发片、刘海、马尾等

各种造型假发。

## 二、假发的护理

真发也好，假发也好，都要进行护理，假发更是如此。假发使用后进行护理能延长假发的使用寿命，清洁假发上的污垢，有利于个人的卫生健康。

### 1. 选择

根据顾客的头型大小来选择适合的发套，发片根据脱发的部位、配饰的需要选择。

### 2. 洗涤

正确的洗涤方法为：将假发先用清水浸透，然后泡在含有香波的温水中，用手轻揉，洗净污垢；用清水冲去泡沫，再用护发素护理；洗净后将假发拎出，用干毛巾轻按，吸去水分；将假发架在木托上，梳理通顺。

### 3. 修剪

根据发式需要进行修剪，修剪时心要细，梳发要轻，落刀要准。

### 4. 烫发

烫发时，烫发液要选用对头发损伤小的，控制好烫发液的反应时间、温度，宜烫大卷。具有真发发质的假发才能烫发。

### 5. 做花

假发做花时应将发型整体梳理一遍，梳理时以木质梳理工具为主。根据发型的需要进行盘卷做花或吹风定型（必须是真发）。

### 6. 修饰定型

假发佩戴后不要大面积梳理，梳理时动作要轻柔，不可用力拉发丝根部，只作局部简单的调整。吹风造型时，风的热度不宜过强，根据要求修饰整理成型。

### 7. 洗后处理

毛发质假发每次洗涤后都需进行护发操作，护理后需重新造型。可根据发型的需要使用各种梳理工具。毛发质假发的造型大部分应在托架上进行，但在操作过程中应反复套在佩戴者的头上试看效果，使发型适合脸型。

### 8. 假发佩戴

在假发佩戴时，应在假发的发际边缘留出自然生长的头发，显现出自然衔接，梳理时将自然生长的头发与假发的边缘进行统一的造型处理。

### 9. 假发与肤色

假发的佩戴要与肤色协调，在有自然生长头发的情况下，应尽量选择与自己发色相同或接近的颜色，在发量少或自身无头发时应根据肤色选择。肤色白应选择棕黄色、浅褐色假发；肤色黑应选择黑色、棕黑色假发；肤色黄应选择栗色、深褐色假发。

## 测 试 题

**一、填空题（将正确的答案填在横线空白处）**

1. 男式低色调波浪式的外形轮廓呈__________的饱满状圆弧形。

2. 手掌压是用掌心或衬以毛巾按在头发的__________。

3. 发型首先要有________和________感，不可出现两边重量不对称的情况。

4. 运用形式美的规律和__________技巧，对头发进行发型艺术美的创造，满足现代生活中人们的__________。

5. 完美的发式造型是在美发工具、操作手法的__________制作出来的。

6. 盘卷的分界线为左右两侧向头后部连成__________，后部的位置要高于两侧，否则__________会向下垂。

7. 电棒的特点是__________，操作方便快捷，头发成形自然，发卷弹力十足，携带方便等。

8. “压”与“____________”的方法一般仅适用两侧及后脑轮廓线附近，“__________”多用于头顶部。

9. 平盘的盘卷手法能梳理出平伏的“__________”形发丝。

10. 化纤丝的假发是用__________制成，逼真度差，佩戴后有__________的感觉，容易与头皮起反应。

**二、单项选择题（选择一个正确的答案，将相应的字母填入括号中）**

1. 男式低色调波浪式发型给人的感觉是（ ）、线条流畅、极富动感。

A. 造型优美　　B. 动作优雅　　C. 感觉良好　　D. 动感大方

2. 为了把头发吹成微弯形状，要用梳刷斜插在头发内，梳刷齿向下沿头皮运转，使发杆向内倾斜，这种方法称为“（　　）”。

A. 别　　B. 托　　C. 挑　　D. 拖

3. 时尚长发式造型要求纹理清晰流畅，线条（　　），体现男性独特气质和充满激情与活力的感觉。

A. 安静　　B. 奔放　　C. 刚柔并济　　D. 狂野

4. 各种型号的塑料卷筒盘卷后，通过（　　）加温烘干，冷却后拆掉卷筒，进行梳理塑型。

A. 吹风机　　B. 定向吹风　　C. 电棒　　D. 烘发机

5. 发尾的表现会影响整款发型的质感。在（　　）中，要保持发梢的顺畅，不可打折，如出现发梢毛糙的现象，可用吹风机和梳子针对发梢弄顺畅。

A. 修剪过程　　B. 造型过程　　C. 吹风过程　　D. 烫发过程

6. 现代发型的主要构成是以线条来体现，线条形态不同，给予人的（　　）和感受也各不相同。

A. 轮廓饱满　　B. 发式大方　　C. 发型优美　　D. 审美情趣

7. 发杆吹干时，不宜吹得过干，应保持发杆上的水分约在（　　），水分过少会使发杆蓬乱，产生静电。

A. 15%　　B. 30%　　C. 45%　　D. 60%

8. 锐角（　　）能使发卷呈现低平并能放大波浪的效果。

A. 15°　　B. 30°　　C. 45°　　D. 60°

9. 修饰定型——（　　）佩戴后不要大面积梳理，梳理时动作要轻柔，不可用力拉发丝根部，只作局部简单的调整。

A. 吹发　　B. 剪发　　C. 烫发　　D. 假发

10. 假发套是带在头上的整个（　　），佩戴方便，牢固，覆盖面积大，适用情况广。

A. 真发　　B. 假发　　C. 发条　　D. 发块

**三、判断题（请将判断结果填入括号中，正确的填“√”，错误的填“×”）**

1. 男士气质和阅历可通过发型完美展现状态，发型能成功提升个人魅力，

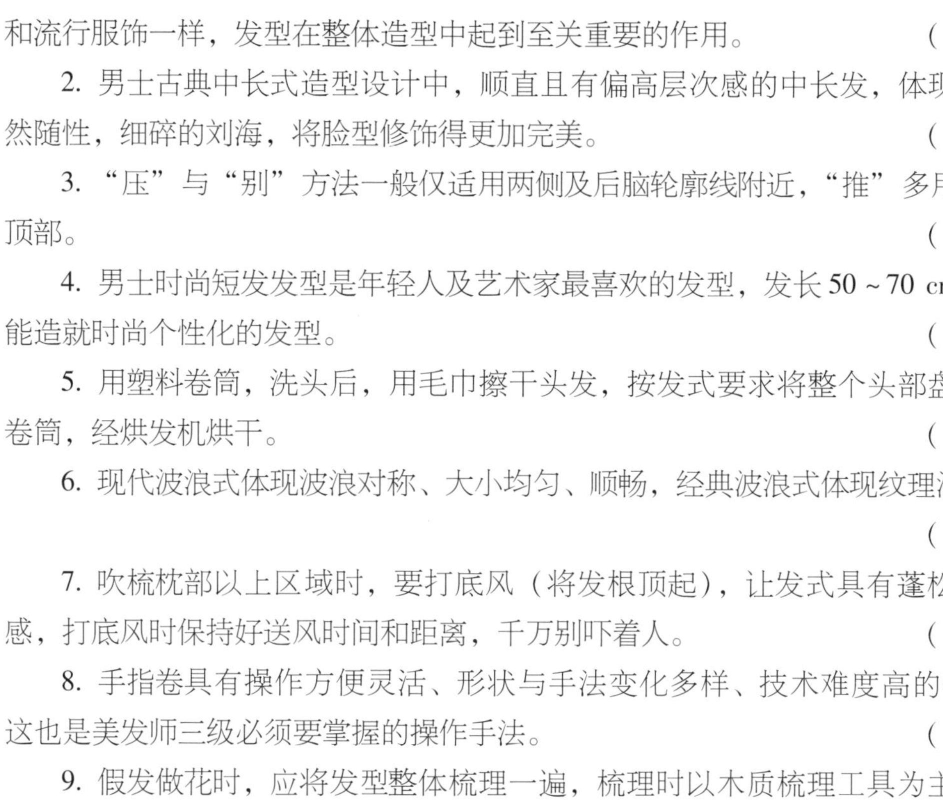

和流行服饰一样，发型在整体造型中起到至关重要的作用。 （ ）

2. 男士古典中长式造型设计中，顺直且有偏高层次感的中长发，体现出自然随性，细碎的刘海，将脸型修饰得更加完美。 （ ）

3. “压”与“别”方法一般仅适用两侧及后脑轮廓线附近，“推”多用于头顶部。 （ ）

4. 男士时尚短发发型是年轻人及艺术家最喜欢的发型，发长 50 ~ 70 cm，却能造就时尚个性化的发型。 （ ）

5. 用塑料卷筒，洗头后，用毛巾擦干头发，按发式要求将整个头部盘卷上卷筒，经烘发机烘干。 （ ）

6. 现代波浪式体现波浪对称、大小均匀、顺畅，经典波浪式体现纹理清晰。 （ ）

7. 吹梳枕部以上区域时，要打底风（将发根顶起），让发式具有蓬松立体感，打底风时保持好送风时间和距离，千万别吓着人。 （ ）

8. 手指卷具有操作方便灵活、形状与手法变化多样、技术难度高的特点。这也是美发师三级必须要掌握的操作手法。 （ ）

9. 假发做花时，应将发型整体梳理一遍，梳理时以木质梳理工具为主。根据发型的需要进行盘卷做花或吹风定型（必须是真发）。 （ ）

10. 在假发佩戴时，应在假发的发际边缘留出自然生长的头发，显现出自然衔接，梳理时将自然生长的头发与假发的边缘进行阶梯式的造型处理。 （ ）

## 测试题答案

### 一、填空题

1. 方中带圆 2. 边缘 3. 协调 平衡 4. 造型艺术 追求 5. 变化中 6. 半圆线 波浪 7. 做卷效果好 8. 别 推 9. S 10. 化纤 痒

### 二、单项选择题

1. A 2. A 3. C 4. D 5. B 6. D 7. B 8. A 9. D 10. B

### 三、判断题

1. √ 2. × 3. √ 4. × 5. √ 6. × 7. × 8. √ 9. √ 10. ×

# 第 6 章　盘发造型

第 1 节　经典生活类盘发、束发、编发、包发的造型

第 2 节　现代生活类盘发、束发、编发、包发的造型

第 3 节　盘发、束发、包发、编发的饰品和搭配

# 第1节 经典生活类盘发、束发、编发、包发的造型

## 学习目标

- 了解经典生活类盘发、编发、束发、包发的相关知识。
- 掌握经典生活类盘发、束发、编发、包发制作和造型的技巧。

## 知识要求

### 一、经典生活类盘发的种类、概念及要领

这里所指的“经典”也就是指20世纪具有代表性的发式。经典生活类盘发呈现出女性美丽而又文雅的形象，在发式结构上大都呈现出静态、紧凑、纹理清晰、块面大、波纹深的状态，以便突现出女性的时尚气息。那个年代的中外电影海报常常会出现许多这种经典生活类盘发，给人留下深刻而又美好的印象。

在做经典生活类盘发时，头顶部位的头发不宜盘得过高，一般高度不超过两个手指，这样看上去才自然、不做作。经典生活类盘发运用形状纹理来调节轮廓效果和形状范围，盘发通常都以整体发型收起盘绕来处理（见图6—1）。

### 二、经典生活类束发的种类、概念及要领

经典生活类束发与盘发的根本区别在于束发是把头发分股用橡皮筋扎起来进行造型，而盘发是把头发以片为分区，用发夹固定进行造型的。束发适合头发较长、层次较低、发量较多的情形，束发以简洁、明快、块面多、纹理清晰、起伏较大的特点来塑造形状。整个发型给人以干净、紧凑、优雅经典的感觉，在国内外宫廷皇室及平民女性中，都用束发来盘头。经典生活类束发不在做好的头发上插任何装饰品，而且头顶部位不能过高，要自然、简单、块面多，在分股扎橡皮筋时要扎紧，然后将扎好的头发再进行盘绕，盘出各种形状（见图6—2）。

6—1　经典生活类盘发

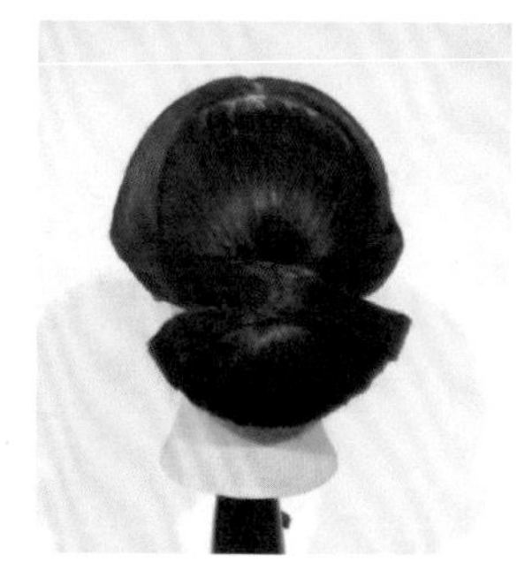

图 6—2　经典生活类束发

## 三、经典生活类包发的种类、概念及要领

包发发型一般适合宴会、舞会及生日聚会等场合。发型的固定模式与整体轮廓结合或内部纹理的点缀是晚妆包发发型设计的主要方式和目的。经典生活类包发发型包含着高贵、文静、古典和妩媚之意。

经典生活类包发发型采用束与盘的技法，大块面的纹理与弧形及波浪相结合，各区域起到各自的作用，刘海是发型与脸型结合的过渡区，侧发区又起到连接头顶后部头发的作用。各区域连接，首先要了解其作用，根据作用的不同和发型要求，注意连接区域上下融合度及其本身在发型当中所起到的作用，这样才能使晚妆包发发型达到所要的表面发丝整齐清晰、轮廓饱满、起伏圆润（需要时可使用假发作为填充物）、高贵典雅的视觉效果（见图 6—3）。

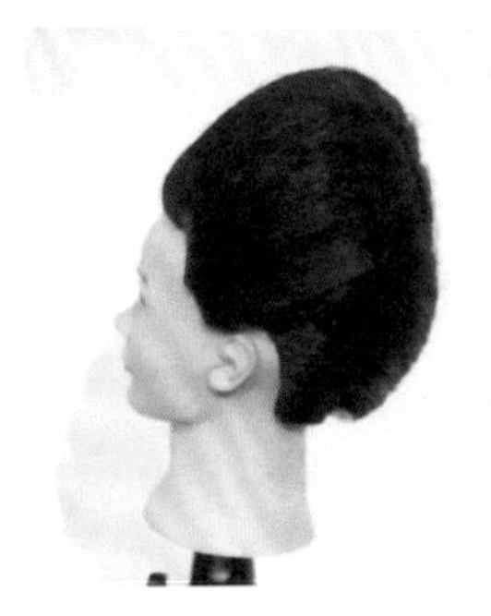

图 6—3　经典生活类包发

## 四、经典生活类编发的种类、概念及要领

经典生活类编发主要以传统的单股拧绳、两股编、三股编及四股编等为主要设计思路。发型的设计比较简单朴实，主要以传统中式的编发技巧来展现发型的美感，具有中华民族特色。美发师在操作前必须熟练掌握单股拧绳、两股编、三股编及四股编等操作技巧，对于手腕及手指能较好地控制，并在操作过程中遇到

问题时能及时做出相应的调整。

## 技能要求

### 经典生活类盘发的操作方法

**操作准备**

（1）准备各类美发、盘发工具。

（2）选择和准备发饰品。

**操作步骤**

**步骤1**　分区（见图6—4、图6—5）。

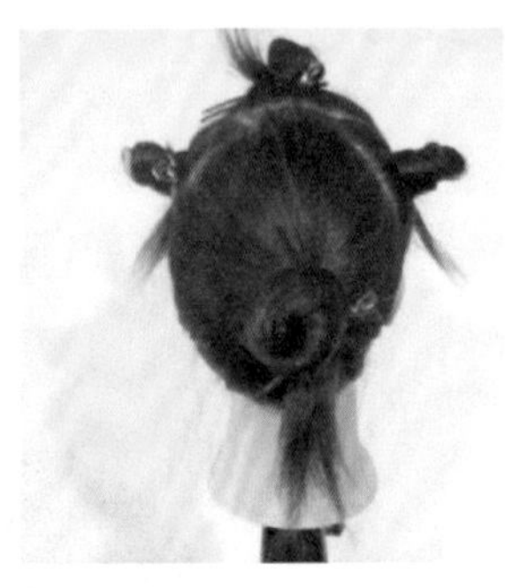

图6—4

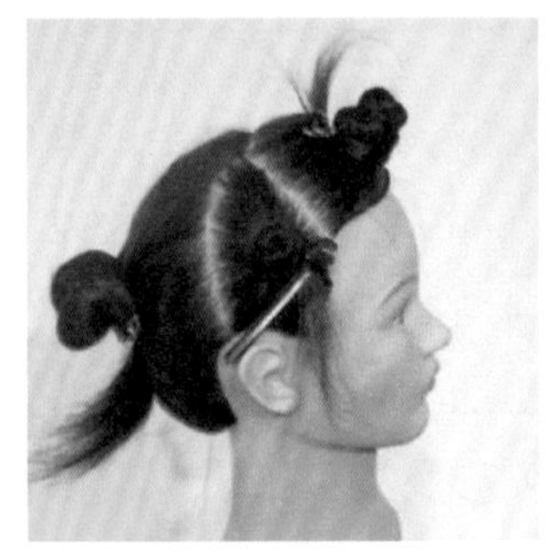

图6—5

**步骤2**　将后区头发提升90°角，倒梳发片，完成后，将外侧头发梳理光滑，用梳尖做轴心，完成扭包（见图6—6、图6—7、图6—8、图6—9）。

图6—6

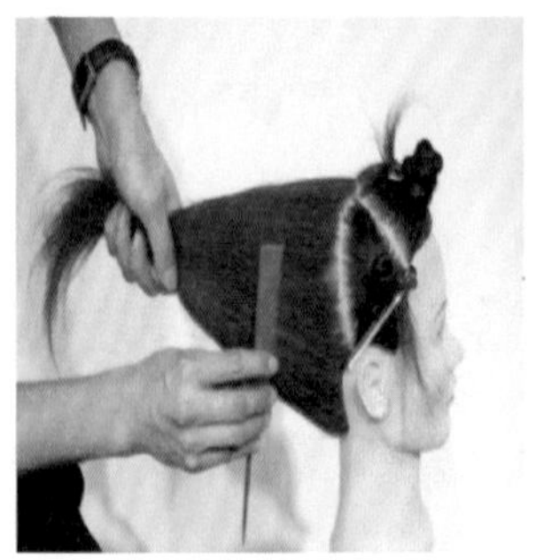

图6—7

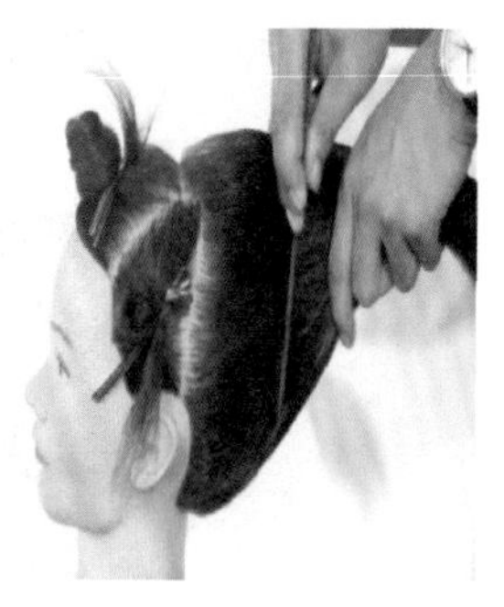

图 6—8

图 6—9

**步骤 3** 喷上发胶并将头发表面梳理光滑，(梳光表面)，下夹固定，完成拧包（见图 6—10、图 6—11）。

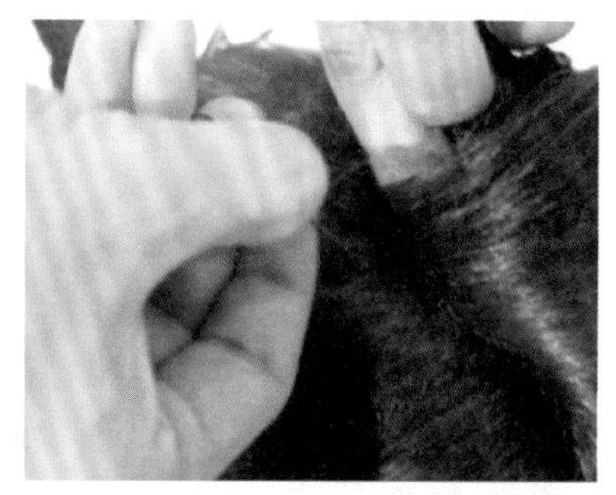

图 6—10

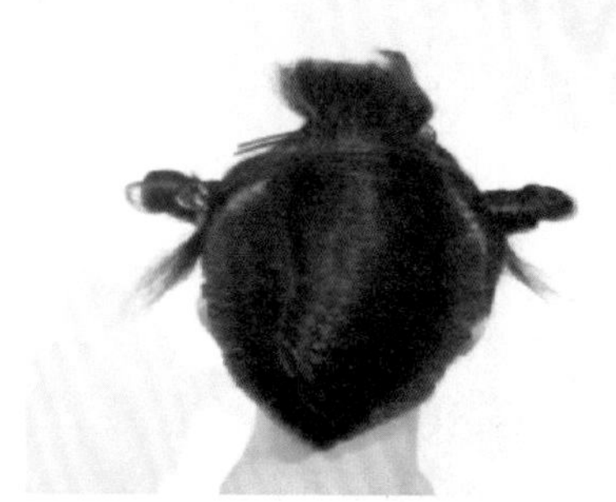

图 6—11

**步骤 4** 分片倒梳，梳光表面，向后拧转，并下夹固定（见图 6—12）。将右侧头发分片倒梳，略喷发胶并梳光表面（见图 6—13），向后拧转，用夹子固定（见图 6—14）。

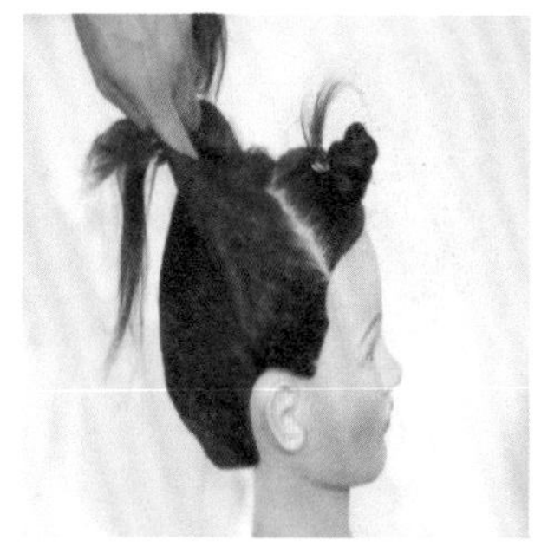

图 6—12

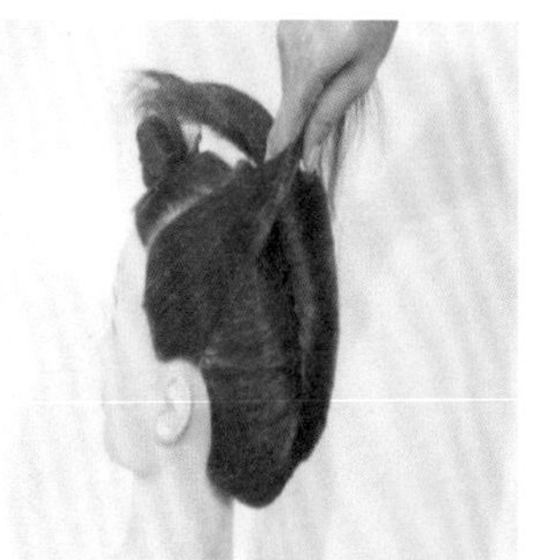

图 6—13

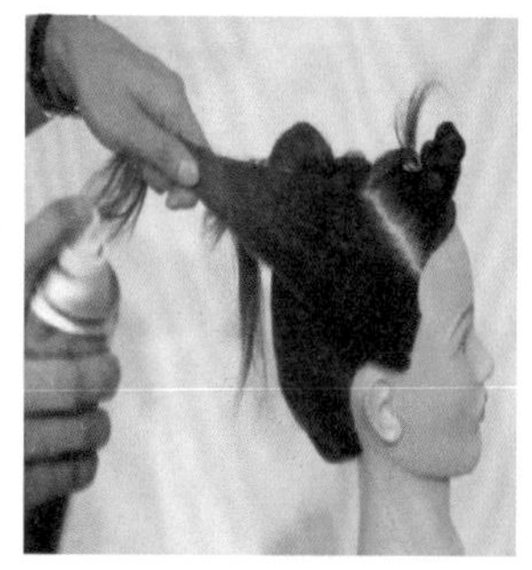

图 6—14

**步骤5** 刘海倒梳并梳光表面，以梳尖为轴心向内旋转（见图6—15），下夹固定（见图6—16）。

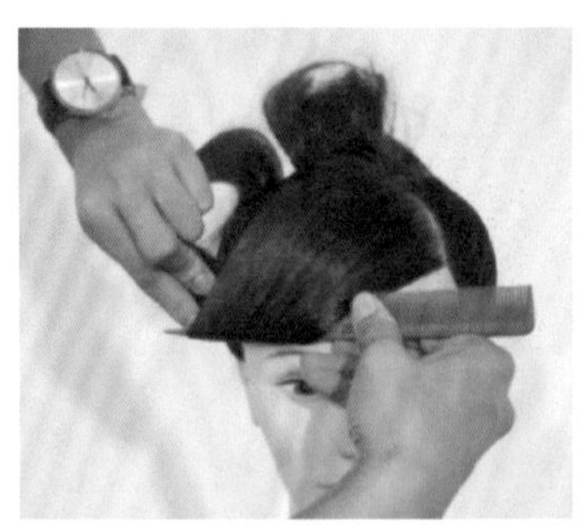

图6—15

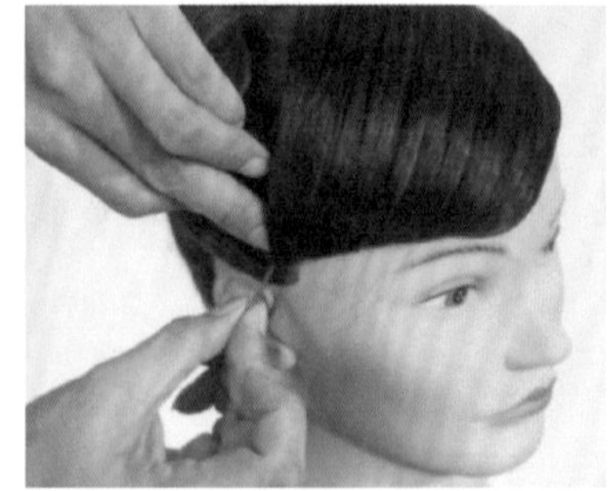

图6—16

**步骤6** 倒梳余下的发片，梳光表面内卷并下夹固定（见图6—17）。调整卷筒，下夹固定（见图6—18、图6—19）。

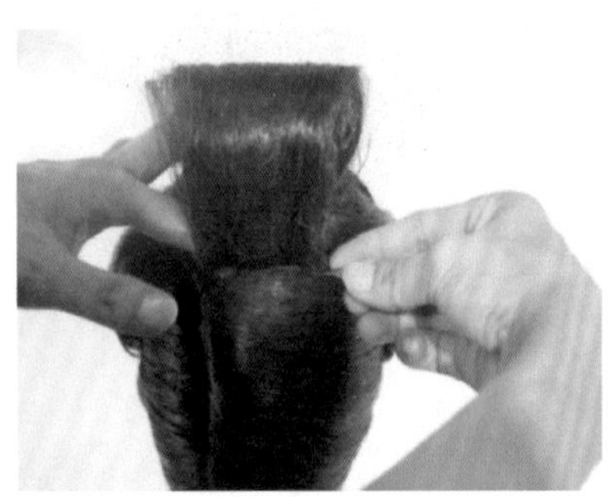

图6—17

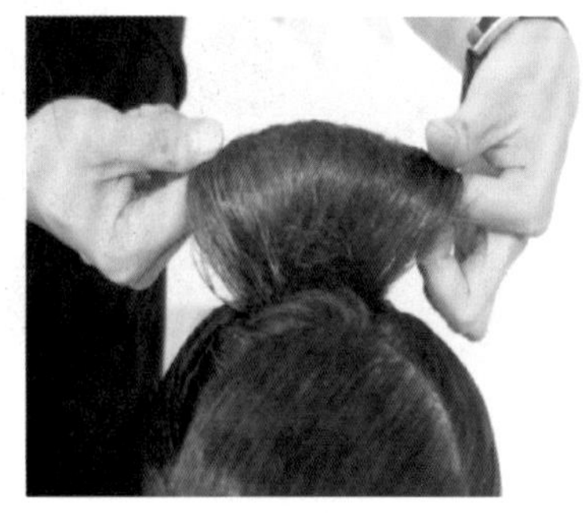

图6—18

**步骤7** 正面效果如图6—20所示。

图6—19

图6—20

### 注意事项

（1）头顶部位头发不宜过高。

（2）纹理要清晰、紧凑、块面大。

## 经典生活类束发的操作方法

### 操作准备

（1）准备类美发、盘发工具。

（2）选择和准备饰品。

（3）确定盘发的发式。

### 操作步骤

**步骤 1**　进行正面分区（见图 6—21）、侧面分区（见图 6—22）、后面分区（见图 6—23）。

图 6—21

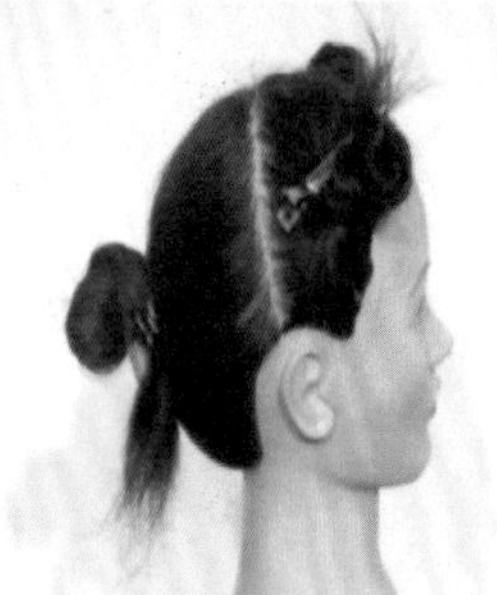

图 6—22

图 6—23

**步骤 2**　喷发胶并梳光表面（见图 6—24），将橡皮筋套在左手拇指上开始扎结（见图 6—25）。

图 6—24

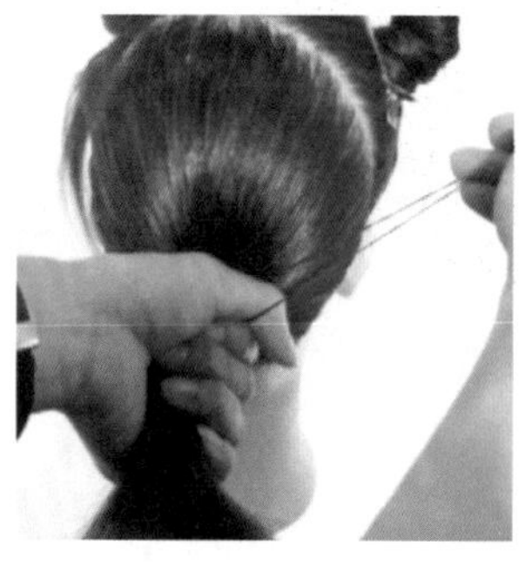

图 6—25

**步骤 3** 倒梳马尾（见图6—26），将马尾表面梳光滑（见图6—27）。

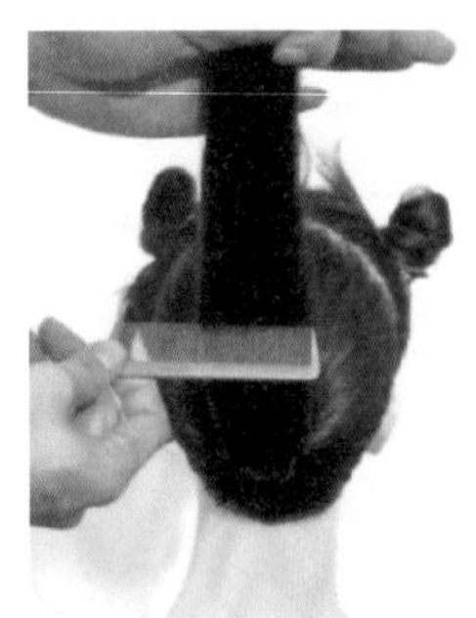

图 6—26

图 6—27

**步骤 4** 内卷（见图 6—28），下夹固定（见图 6—29），调整卷筒（见图 6—30）。

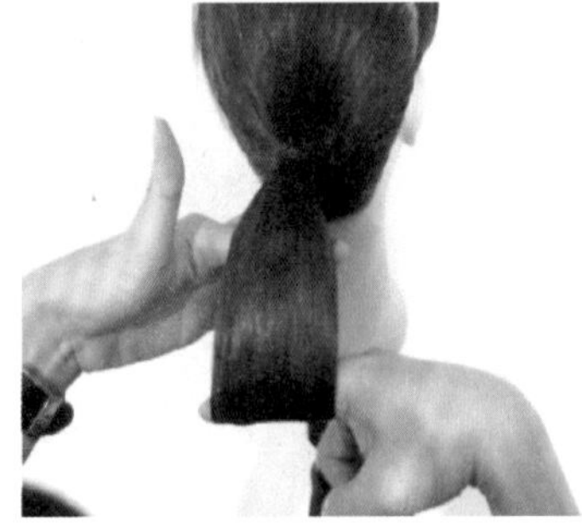

图 6—28

图 6—29

图 6—30

**步骤 5** 梳光表面（见图6—31），梳尖压住表面（见图6—32）。

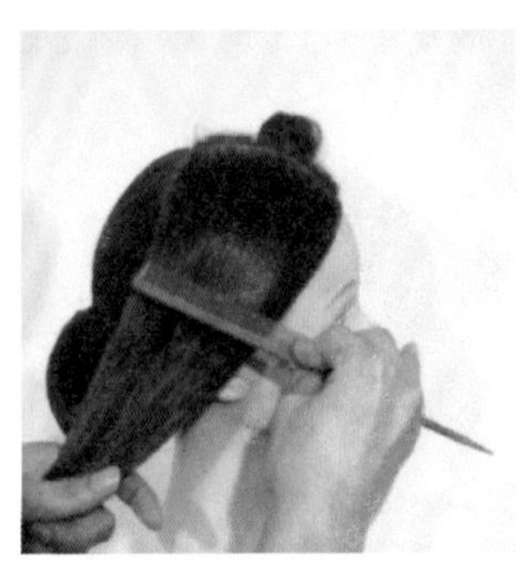

图 6—31

图 6—32

**步骤 6**　向后拧转，下夹固定（见图 6—33），余下的发尾做卷筒（见图 6—34），下夹固定（见图 6—35）。

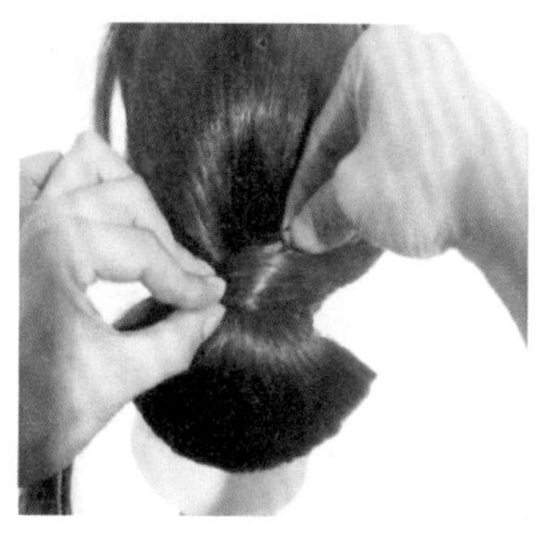

图 6—33

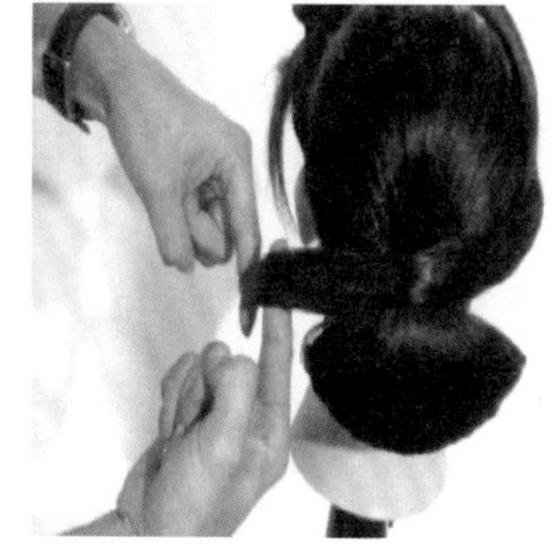

图 6—34

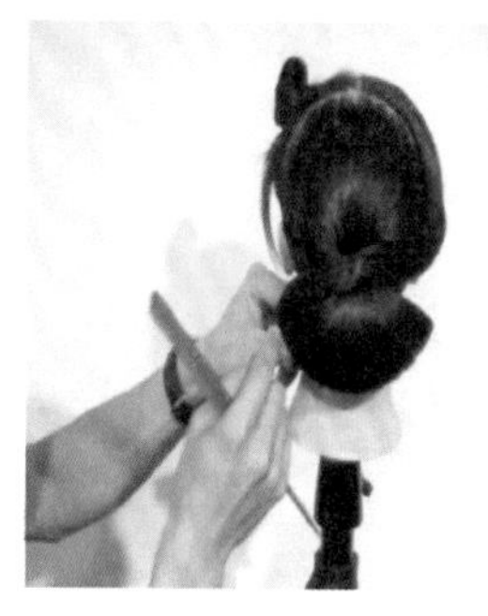

图 6—35

**步骤 7**　梳尖压住表面（见图 6—36），下夹固定（见图 6—37），余下发尾做卷筒并下夹固定（见图 6—38）。

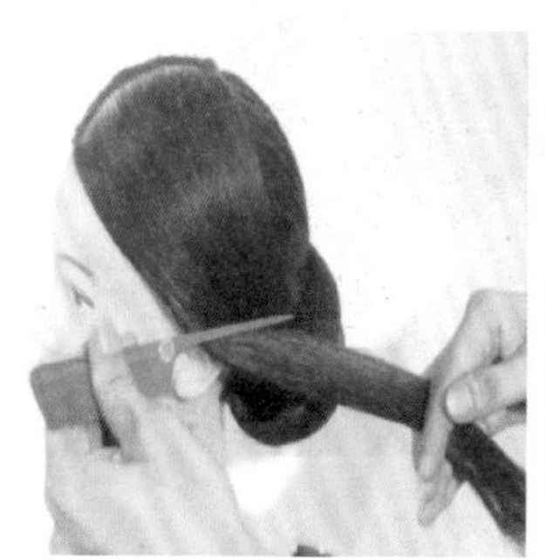

图 6—36

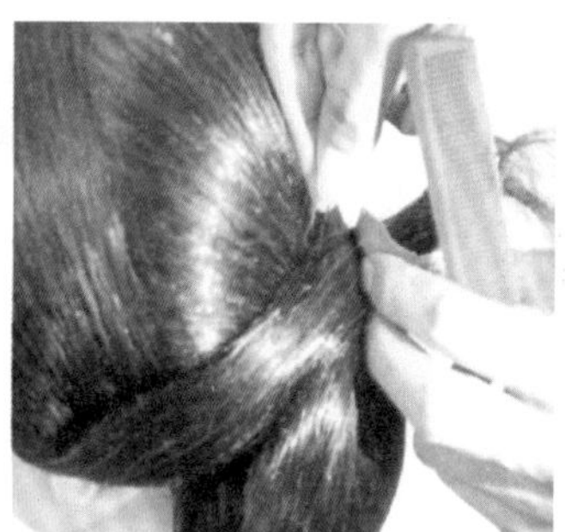

图 6—37

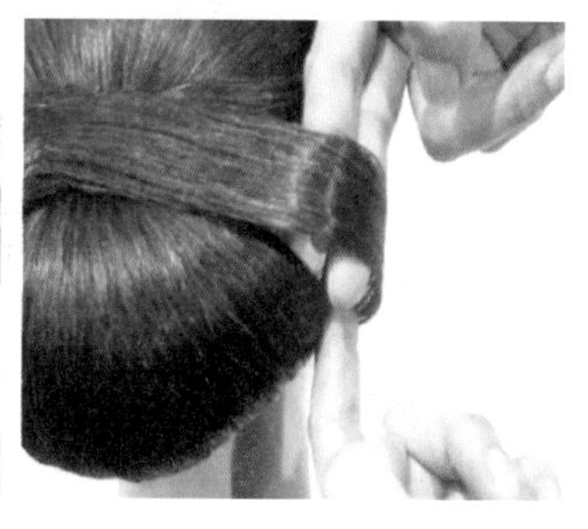

图 6—38

**步骤 8**　正面、背面效果如图 6—39、图 6—40 所示。

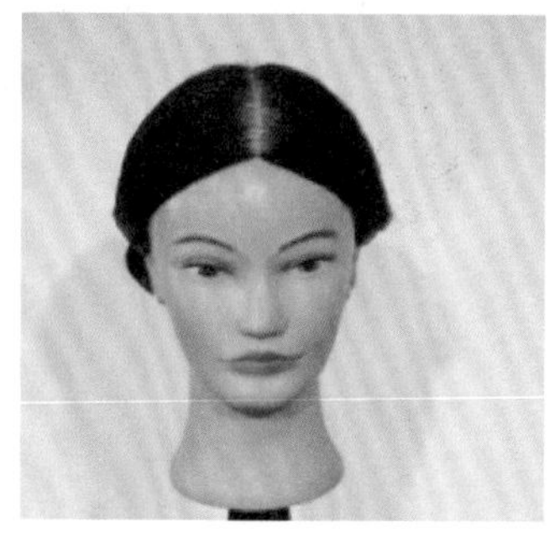

图 6—39

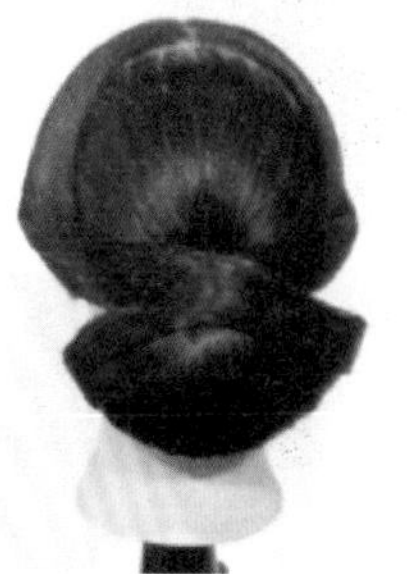

图 6—40

**注意事项**

（1）纹理要清晰，起伏要大。

（2）橡皮筋要扎紧。

## 经典生活类包发的操作方法

**操作准备**

（1）准备各类美发、盘发工具。

（2）选择和准备饰品。

（3）确定盘发的发式。

**操作步骤**

**步骤1** 分前、后区（见图6—41），倒梳发片（见图6—42）。

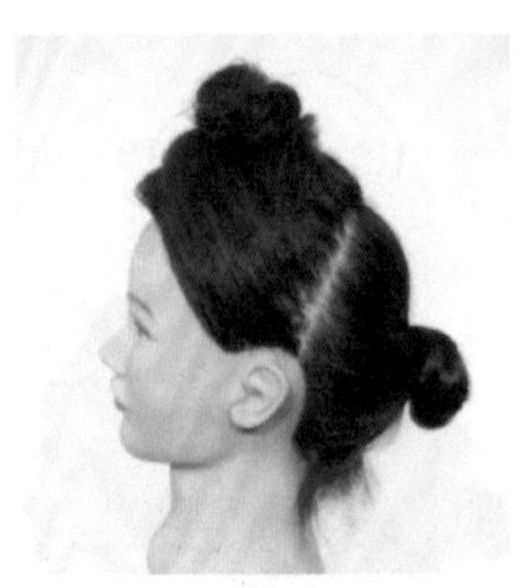

图6—41

图6—42

**步骤2** 喷发胶（见图6—43），梳光表面（见图6—44）。

图6—43

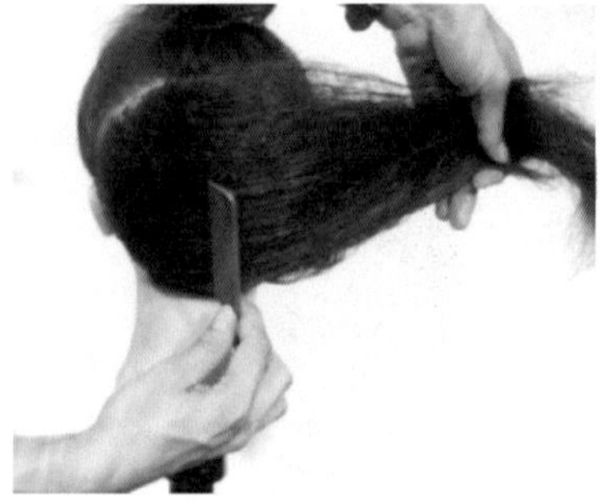

图6—44

**步骤3**　下夹固定（见图6—45），交叉下夹（见图6—46）。

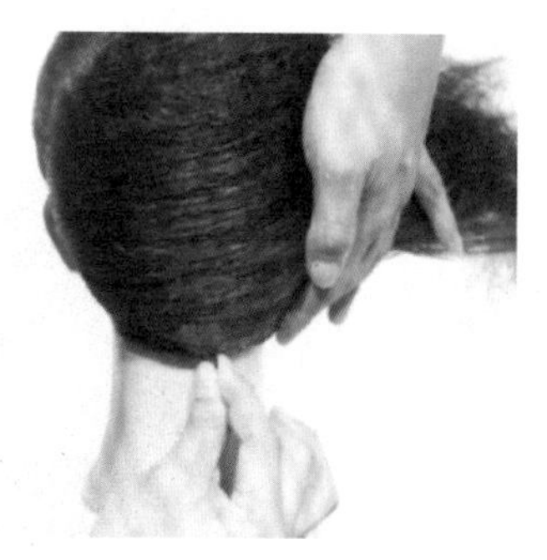

图6—45

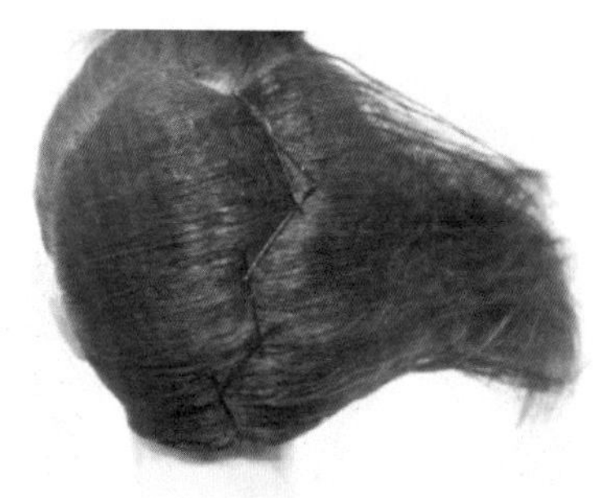

图6—46

**步骤4**　将右侧发片表面梳光滑（见图6—47），以梳尖为轴心拧转（见图6—48），下夹固定（见图6—49）。

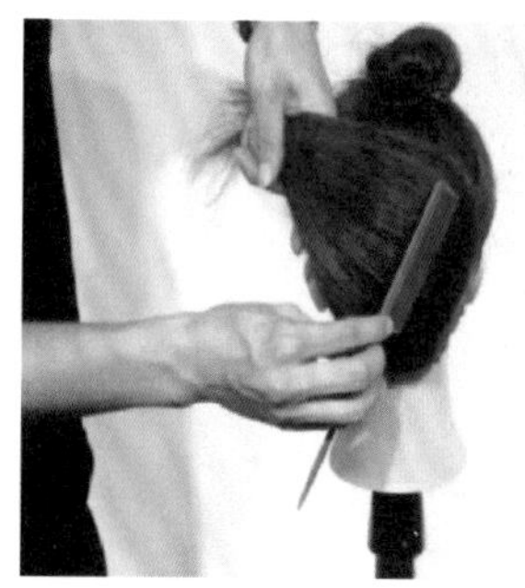

图6—47

图6—48

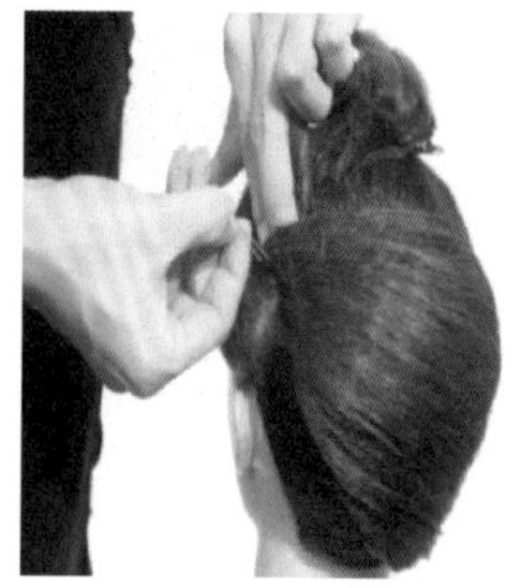

图6—49

**步骤5**　倒梳前区发片并梳光表面（见图6—50），以手为轴心向内做卷筒并下夹固定（见图6—51）。

图6—50

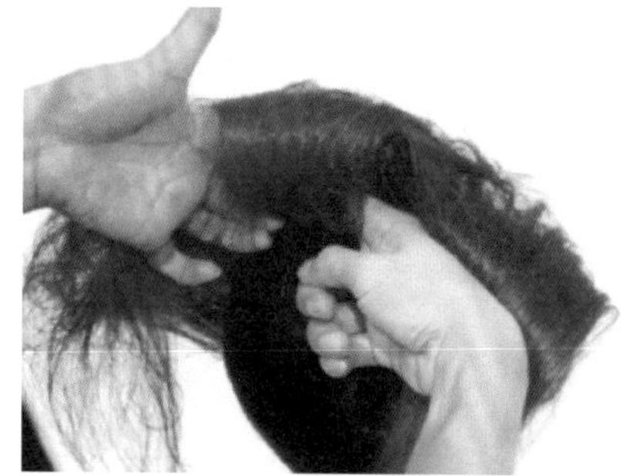

图6—51

**步骤6** 左侧向后做卷筒下夹固定（见图6—52），右侧向后做卷筒（见图6—53），下夹固定（见图6—54）。

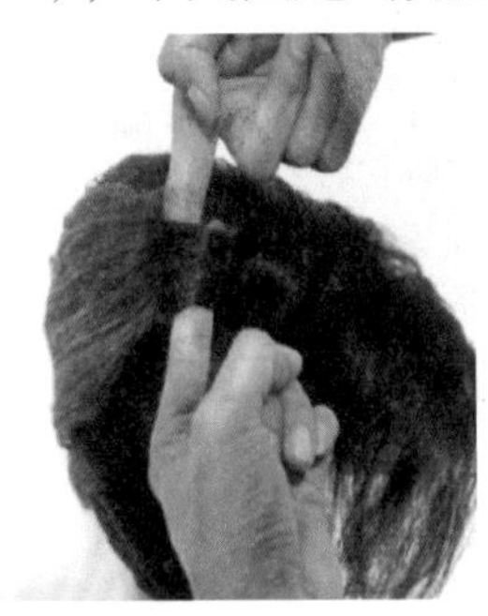

图6—52

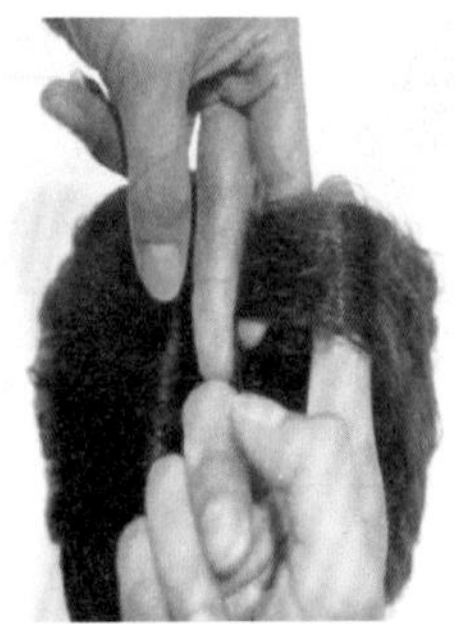
图6—53

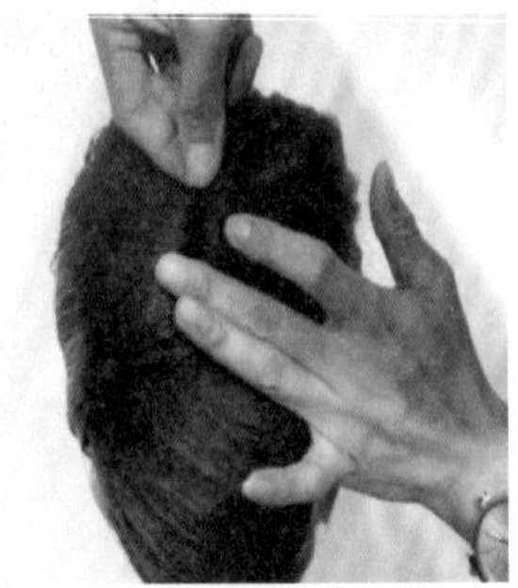
图6—54

**步骤7** 其正面、侧面效果如图6—55、图6—56所示。

图6—55

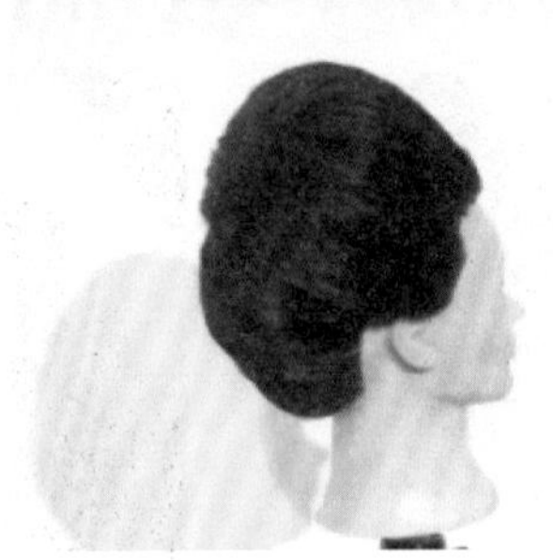
图6—56

**注意事项**

（1）纹理要清晰、光滑。

（2）整体发型要饱满、光亮。

### 经典生活类编发的操作方法

**操作准备**

（1）准备尖尾梳、夹子、橡皮筋、发卡、啫喱。

（2）准备蝴蝶发卡、螺旋珠花、彩色丝带。

**操作步骤**

#### 1. 经典生活类（鱼骨编发造型）的操作方法

**步骤1** 将头发梳通顺，从头发中央进行分区，分成两股（见图6—57、图6—58）。

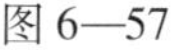

图 6—57

图 6—58

**步骤 2**　从左侧耳前区发际线处取出一束头发编入右侧发区。再从右侧耳前区发际线处取出一束头发编入左侧发区（见图 6—59、图 6—60）。

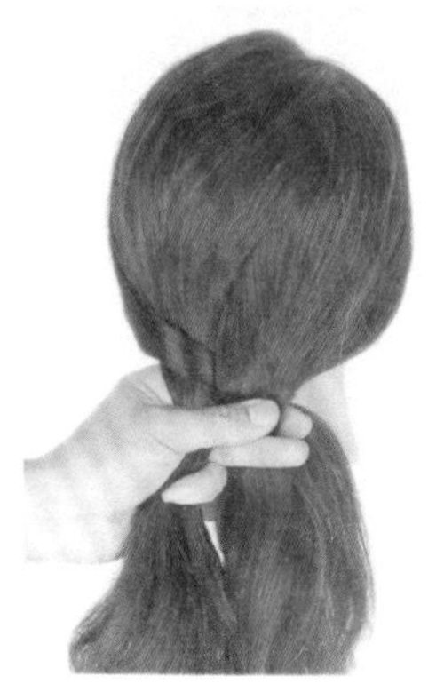

图 6—59

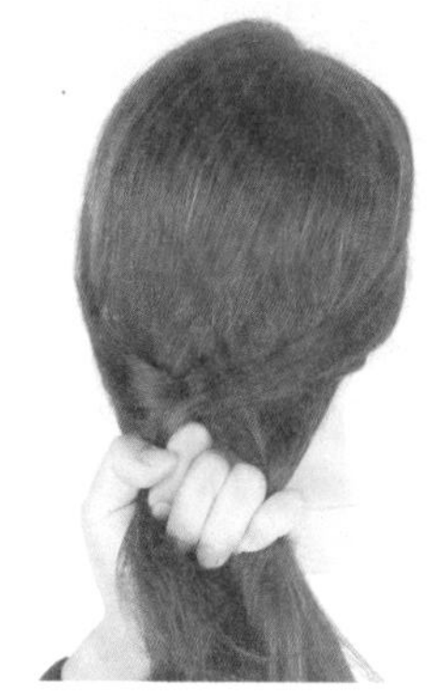

图 6—60

**步骤 3**　以此类推，分别从发际线处取相同大小的发束交叉加入后发区，发际线处头发取完之后再分别从两股头发外侧分别取出相同大小的发束交叉加入后发区，直到全部完成（见图 6—61 、图 6—62）。

**步骤 4**　全部完成后，用手指轻轻拉扯发束使其蓬松自然（见图 6— 63、图6— 64）。

**步骤 5**　再用橡皮筋固定发尾并将其内卷藏入后发际线并用发卡固定（也可以自然披肩）（见图 6—65、图 6—66）。

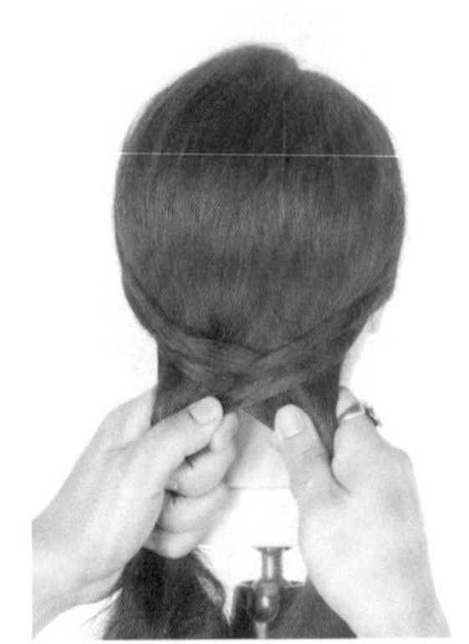
图 6—61

图 6—62

图 6—63

图 6—64

图 6—65

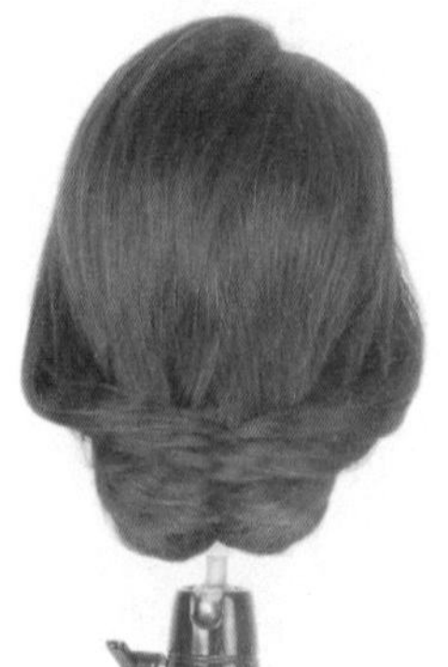
图 6—66

**步骤6**　最后佩戴上饰品即可（见图6—67、图6—68）。

图6—67

图6—68

## 2. 经典生活类（彩带编发造型）的操作方法

**步骤1**　在前额发际线处取均匀三束发片，将彩色丝带固定于中间发束根部。采用三股编两边加发的技巧进行“S”形操作，发尾用橡皮筋固定（见图6—69、图6—70、图6—71、图6—72）。

**步骤2**　用发卡将发辫盘绕固定至设计位置，将彩带制作成花型。将制作完成的花心固定于中心位置，并对整体略作调整（见图6—73、图6—74、图6—75、图6—76）。

图6—69

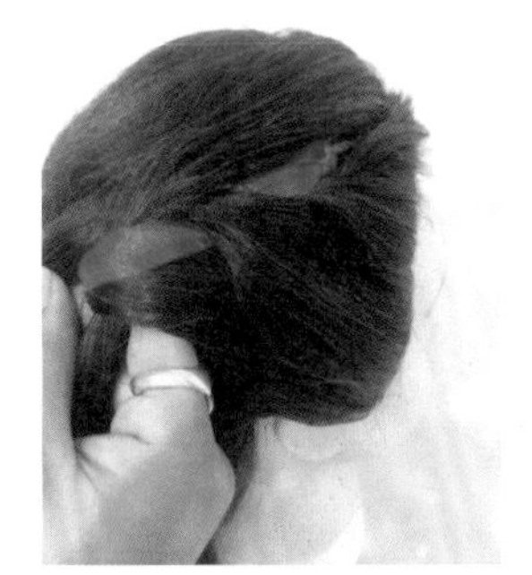

图6—70

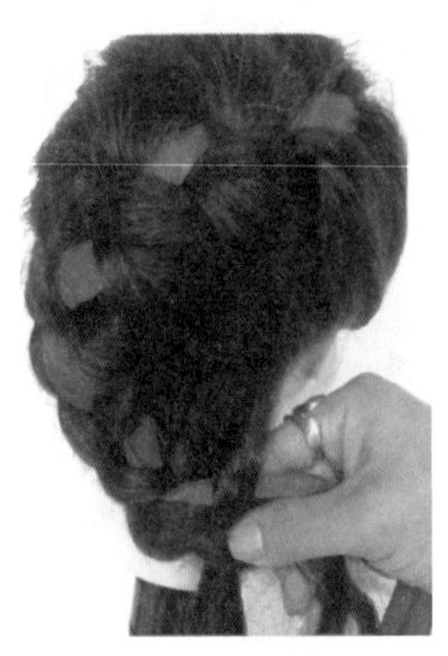

图 6—71

图 6—72

图 6—73

图 6—74

图 6—75

图 6—76

**注意事项**

（1）分区时应采用“S”形或“Z”形，避免编制过程中显露分区线，影响美观。

（2）在编制过程中可以适量使用啫喱，使造型较有光泽。

（3）分出发束时，一定要从发际线或头发的最外侧挑出，发量要均匀。

（4）编制完成后拉扯发丝时，应注意力度和两侧的对称度及发式效果的要求。

## 第 2 节 现代生活类盘发、束发、编发、包发的造型

### 学习目标

- 了解现代生活类盘发、编发、束发、包发的相关知识。
- 掌握现代生活类盘发、束发、编发、包发制作和造型的技巧。

### 知识要求

#### 一、现代生活类盘发的种类、概念及要领

现代生活类盘发主要是指在现实生活中合理搭配长裙、大衣、晚礼服、职业装等服装，出席较为正式场合所用的发型。现代生活类盘发不能太过夸张，应该根据穿着的生活服装（如休闲装、正装、运动装等）来设计，在设计时一定要随之变化。正装要将发型轮廓及纹理梳理得整齐些，休闲装或运动装发型要设计得随意、松散些，这样就容易为人所接受。现代生活类盘发的主要操作要领关键在于简洁自然，发型外轮廓与脸型（头型）的差距不要太大。现代生活类盘发要求发型不夸张、不高耸，其形态以自然、柔和、服帖、随意为主要特点。现代生活类盘发的手法往往以束发扭绕，盘发、包发、编发、束发混合等为主。

盘发要求为：能体现造型而不夸张，能够扬长避短而不偏离时尚，以能够出席正常生活圈的宴会、职场、社交活动、团体聚会为目的。所以审视现代生活类盘发造型时，往往以后脑勺以下为中心点，以头发是否有过于紧贴，侧部留发是

否过厚、过多等违背自然生活状态原则作为基本标准（见图6—77）。

## 二、现代生活类束发的种类、概念及要领

现代生活类束发既可以用于正式场合，又可以用于生活中各种场合。较为典型的束发是将头发紧贴头，用橡皮筋扎一个马尾。上舞台可加一些闪亮的粉片以增加视觉效果，而且头发纹理均匀清晰。马尾有很多种束发手段，可以从后颈部向上移动，甚至可以到前额部，更可以扩散到头部各个区域，也可以不只是一束，同时可进行尾部的各种处理，如做成花瓣形、几何形、麻花形等，也可以将做好的假发束加入其中，以丰富颜色和造型。

束发造型是为避免人在活动中头发干扰视线而进行的非装饰性造型。但随着社会文化的进步和人们生活的改变，束发又成为喜欢干练外形和可爱效果的各个年龄层的最佳造型选择。束发造型是以正面是否有头发干扰视线为评判标准。束发造型的原则是：有1/3以上（含1/3）头发被束结。具有单一马尾束结效果的，则需要在顶部或两侧或后脑勺部添加造型。单一扎束的马尾可称为束发，但因其过于简单、单一而不能够称为造型。

在操作现代生活类束发造型时，手法可以多种多样，既可以多束交叉扎结，也可以单一扎束之后分束造型。现代生活类束发造型基本分为可爱类束发造型、职业类束发造型、运动类束发造型三种。现代生活类束发造型的要求和标准为：额前无乱发、两鬓角不毛糙、后部头发不凌乱（见图6—78）。

图6—77　现代生活类盘发

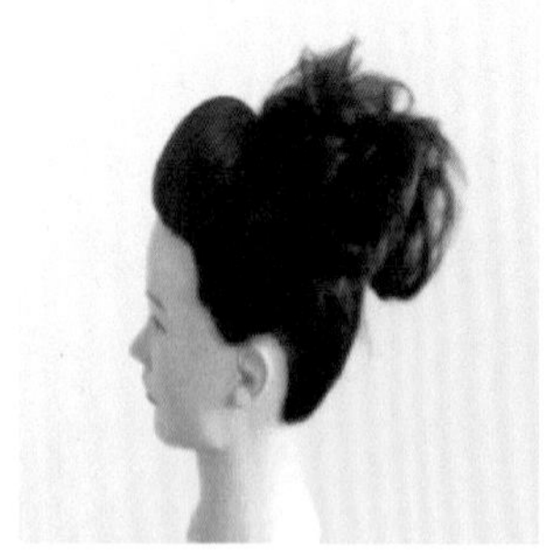

图6—78　现代生活类束发

## 三、现代生活类包发的种类、概念及要领

现代女性比较喜欢留长头发，因为长头发的样式变化多，可扎可盘，可根据场合的不同变化发式造型。如参加宴会时可塑造符合宴会的发式，参加舞会时可塑造符合舞会的发式，友人聚会时可塑造符合聚会场合的发式等。其目的就是为了显现现代女性的高雅、庄重。批着凌乱的头发出现在高雅的场合显然是不可取的，所以要将长发盘扎起来，将发梢包在里面，并用发夹固定，这就形成了包发。包发的形状可根据发质、出现的场合变化其发式，包发发型能充分体现现代女性的高贵、文静、古典和妩媚之意。

技术上现代生活类包发多采用束与盘的技法，操作上可选用大块面、纹理与弧线错位组合、波纹的“S”走向配合包发造型等，刘海要配合脸型，刘海与侧发过渡要符合头型，包发的发区之间相互衬托，突出重点，要冲击视觉。对发质差、发丝数量稀少者可使用假发进行填充。整体要求轮廓饱满，块面发丝整齐清晰，起伏过渡有序，体现包发华贵、典雅的视觉效果（见图 6—79）。

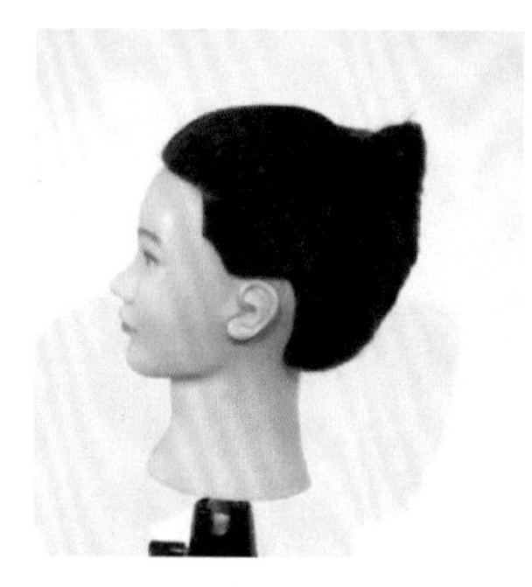

图 6—79　现代生活类包发

## 四、现代生活类编发的种类、概念及要领

现代生活类编发就是以传统的单股拧绳、两股编、三股编及四股编为基础，衍生出的更多的编发技巧。例如正（反）三股单边加发编制、正（反）三股两边加发编制、四股圆编、多股编制、打发结等。采用局部点缀或全头编制的方式来体现现代生活类编发发型的时尚感造型。现代生活类编发的设计较复杂多变，主要以美发师的灵感来设计。有些编发则起到画龙点睛的作用，体现编发发型的美感。现代生活类编发已不再受到传统发型的束缚，紧随时尚的潮流而变化，具有浓厚的时尚气息，目前已经慢慢融入现代人的生活中，并成为时尚达人的首选。美发师在操作前必须熟练掌握各种编发操作技巧，对于手腕及手指能很好地控制，并在操作过程中遇到问题时能及时做出相应的调整。除此之外美发师还必须不断学习最新的时尚编发造型知识，紧跟时尚潮

流，掌握时尚脉搏，不断培养审美观，从而达到走在时尚前沿的要求。

## 技能要求

### 现代生活类盘发的操作方法

**操作准备**

（1）准备各类美发、盘发工具。

（2）选择和准备饰品。

（3）确定发式。

**操作步骤**

**步骤1** 进行正面分区（见图6—80）、侧面分区（见图6—81）、背面分区（见图6—82）。

图6—80

图6—81

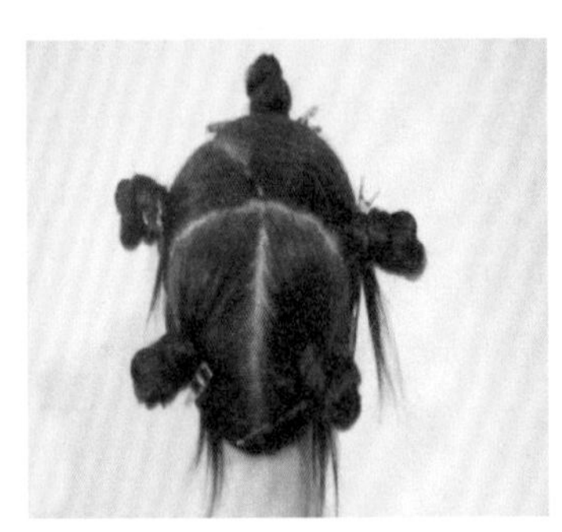

图6—82

**步骤2** 倒梳发片（见图6—83），梳光表面（见图6—84）。

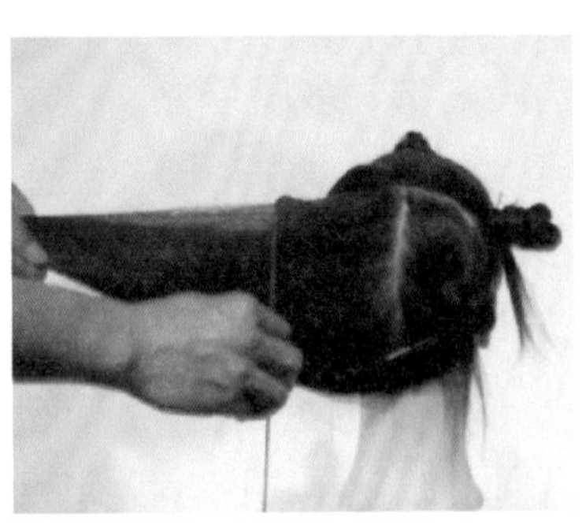

图6—83

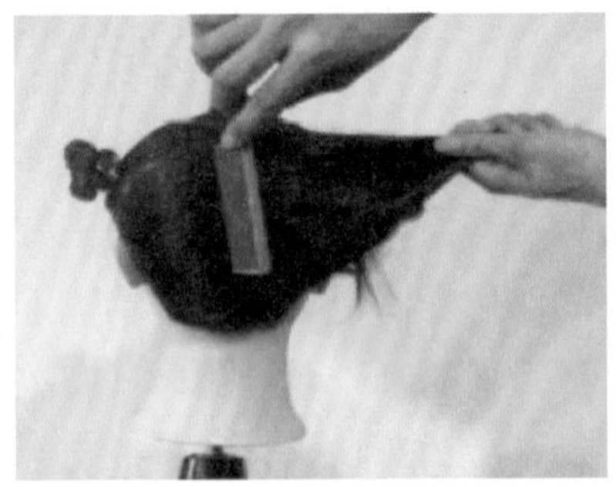

图6—84

**步骤3** 喷发胶（见图6—85），以梳尖为轴心拧转发尾（见图6—86），将头发固定，留出发尾（见图6—87）。

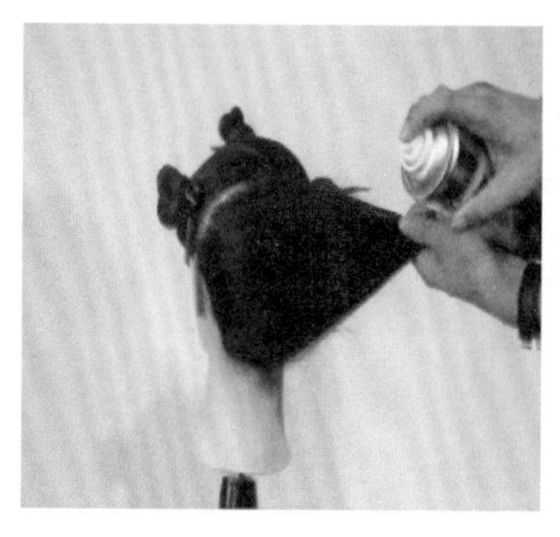

图6—85

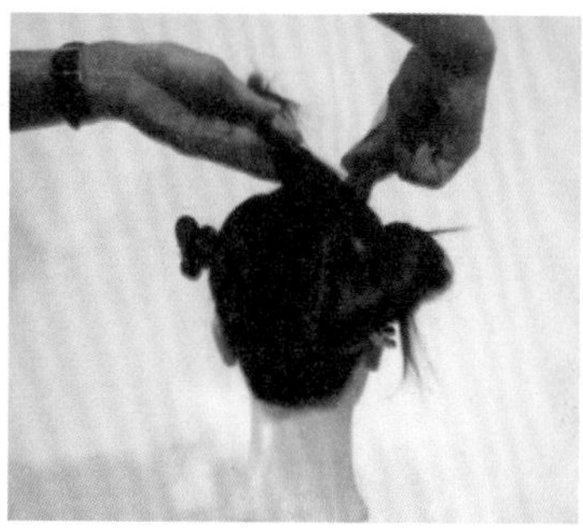

图6—86

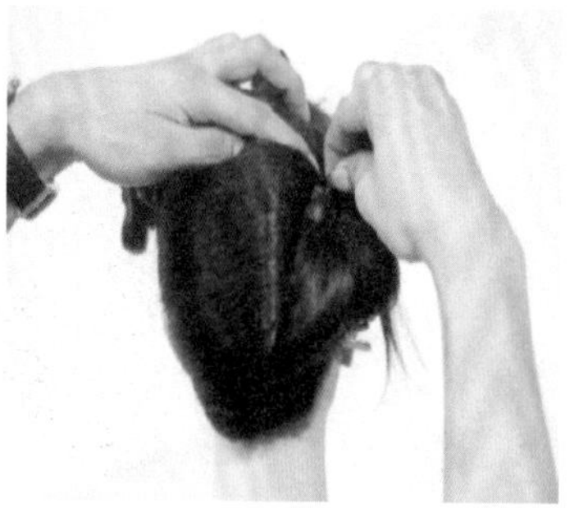

图6—87

**步骤4** 倒梳头发（见图6—88），梳理光滑（见图6—89）。

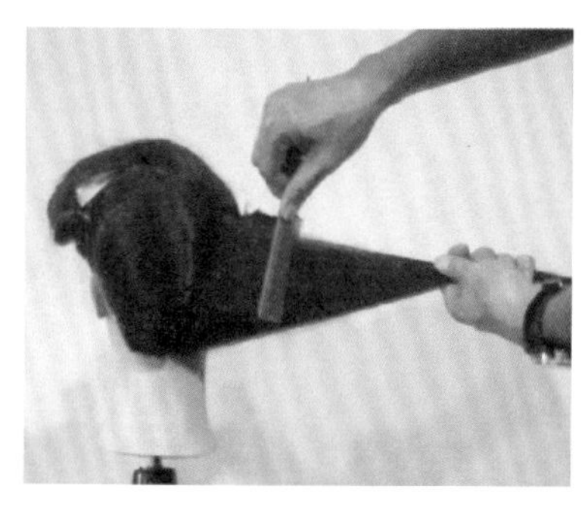
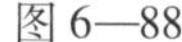

图6—88

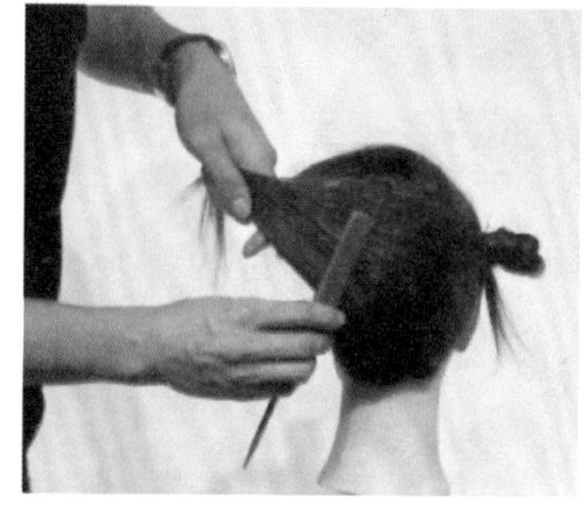

图6—89

**步骤5** 用梳尖进行拧包。收紧发尾（见图6—90），将头发固定（见图6—91）。

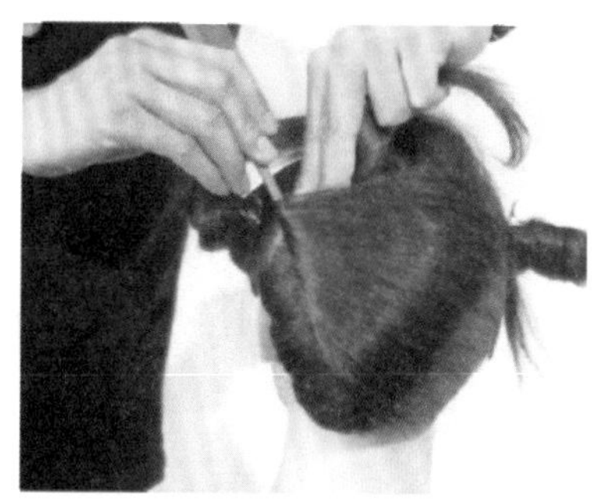

图6—90

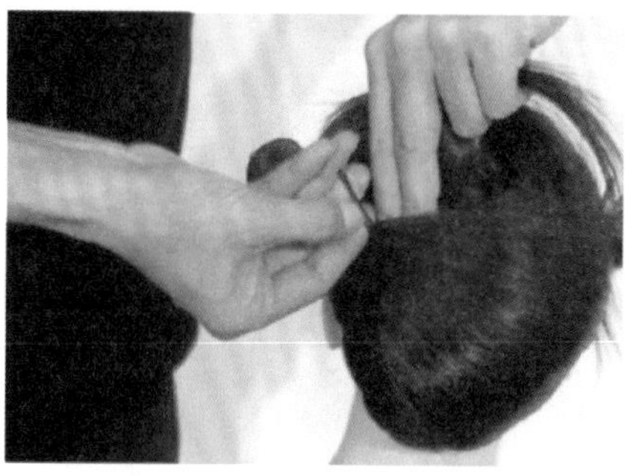

图6—91

**步骤6** 倒梳发片（见图6—92），梳光发面（见图6—93），用梳尖做轴心开始扭包（见图6—94）。

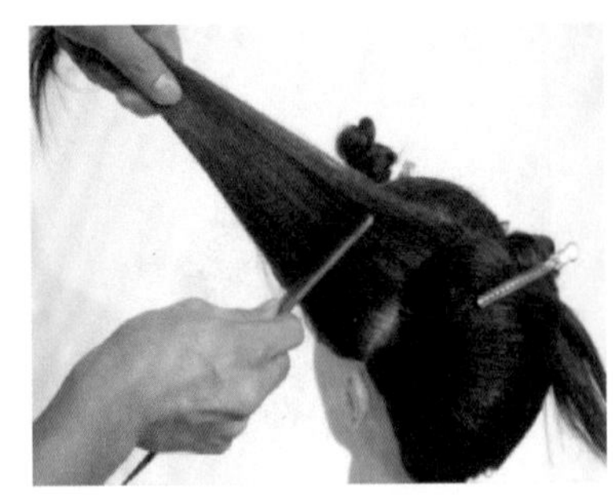

图6—92

图6—93

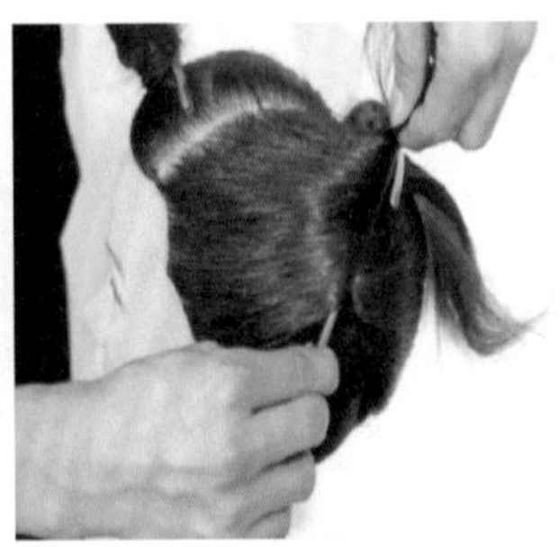

图6—94

**步骤7** 下夹固定（见图6—95），倒梳发片（见图6—96）。

图6—95

图6—96

**步骤8** 用梳尖做轴心开始扭包（见图6—97），下夹固定（见图6—98）。

图6—97

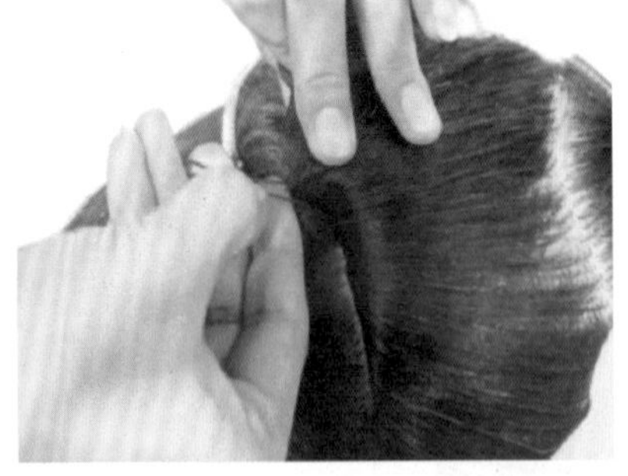

图6—98

**步骤9** 梳光刘海，用手背压住（见图6—99），下夹固定造型（见图6—100）。

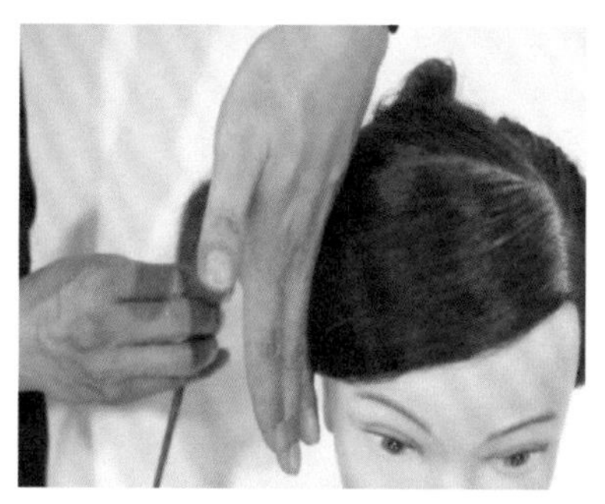

图6—99

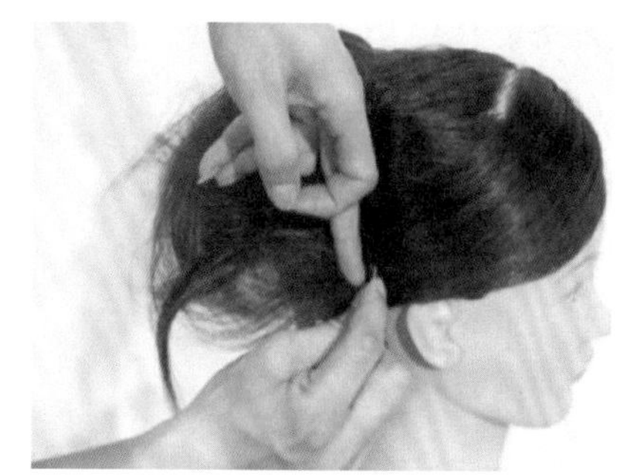

图6—100

**步骤10** 将剩余头发倒梳，打毛造型（见图6—101），调整发尾（见图6—102）。

图6—101

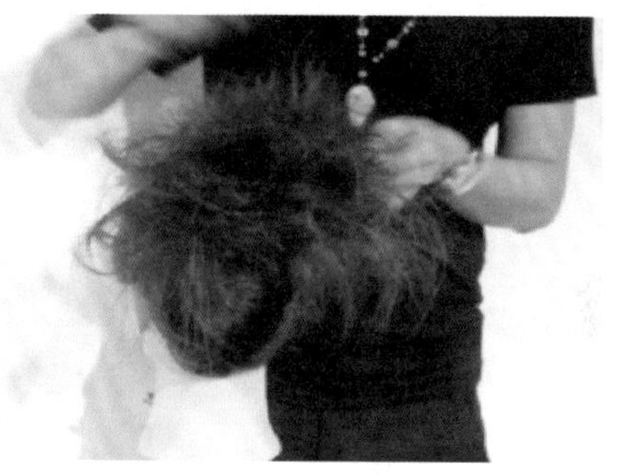

图6—102

**步骤11** 其正面、侧面效果如图6—103、图6—104所示。

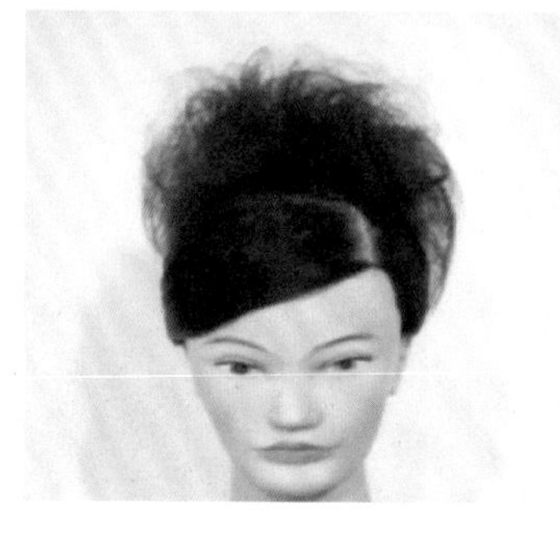

图6—103

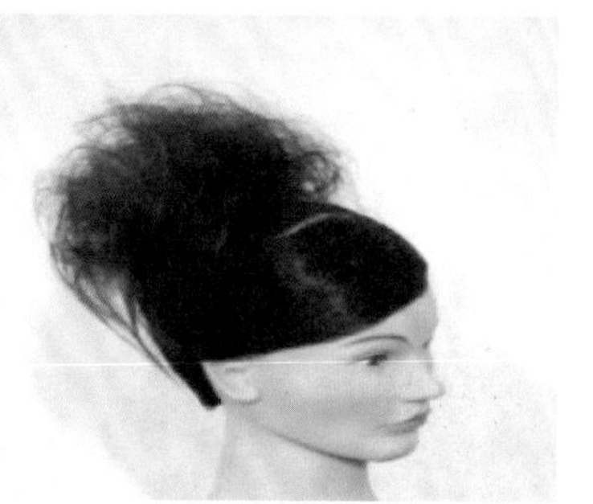

图6—104

**注意事项**

（1）发型要求不夸张、不高耸。

（2）形状要自然、柔和、服帖。

## 现代生活类束发的操作方法

**操作准备**

（1）准备各类美发、盘发工具。

（2）选择和准备饰品。

（3）确定发式。

**操作步骤**

**步骤1** 进行分区（见图6—105），喷发胶，梳光表面（见图6—106），沿顺时针方向缠绕橡皮筋（见图6—107）。

图6—105

图6—106

图6—107

**步骤2** 取一束发片（见图6—108），两股拧绳（见图6—109），将两股拉松（见图6—110）。

图6—108

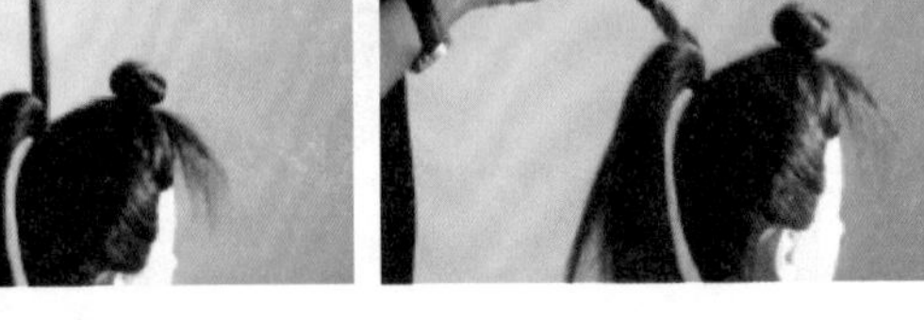
图6—109

图6—110

**步骤3** 捏紧几根头发向前推（见图6—111），下夹固定（见图6—112），重复之前的动作（见图6—113）。

图6—111

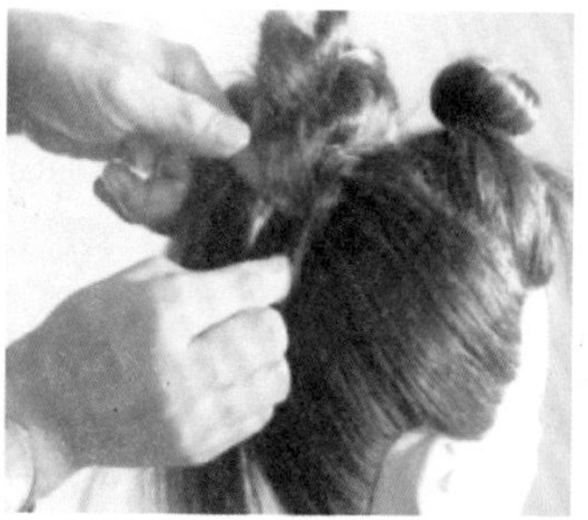

图6—112

图6—113

**步骤4** 将刘海头发倒梳（见图6—114），梳光表面（见图6—115），以梳尖为轴心拧转（见图6—116）。

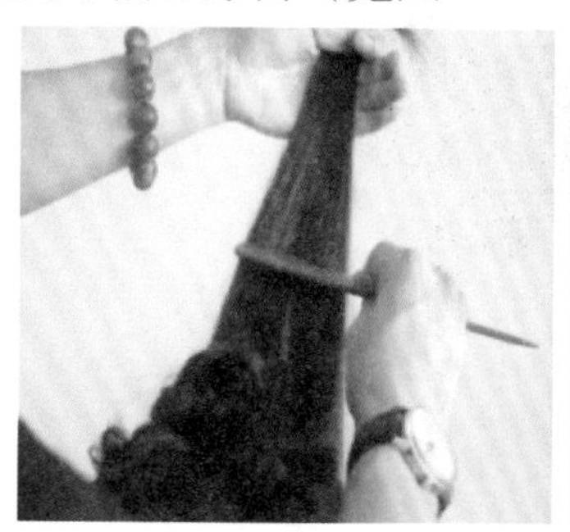

图6—114

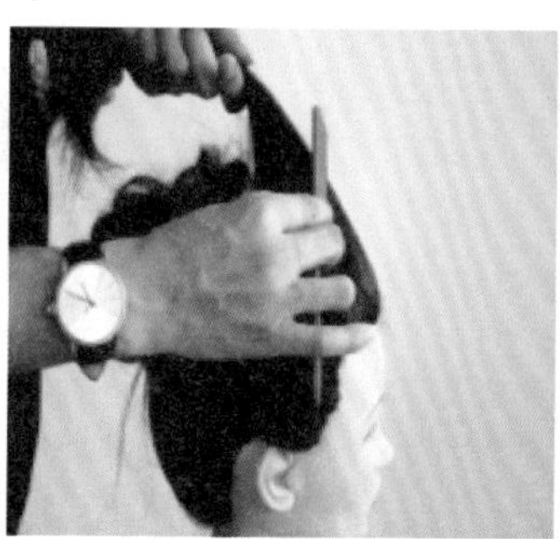

图6—115

图6—116

**步骤5** 下夹固定（见图6—117），余下的发尾分为两份（见图6—118），两股拧绳（见图6—119）。

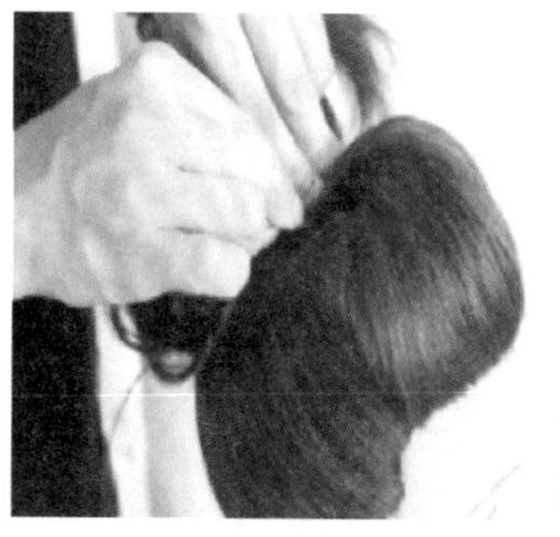

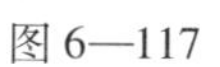

图6—117

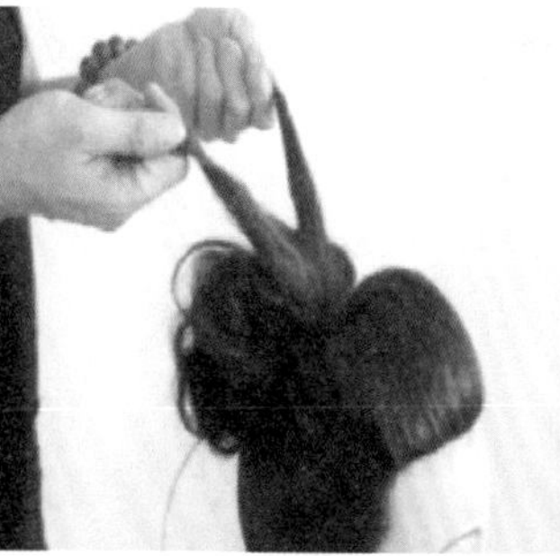

图6—118

图6—119

**步骤6** 拉松头发（见图6—120），下夹固定（见图6—121）。

图6—120

图6—121

**步骤7** 其正面、侧面效果如图6—122、图6—123所示。

图6—122

图6—123

### 注意事项

（1）纹理要清晰、光滑。

（2）整体发型要饱满、光亮。

## 现代生活类包发种类的操作方法

### 操作准备

（1）准备各类美发、盘发工具。

（2）选择和准备饰品。

（3）确定发式。

### 操作步骤

**步骤1** 头发向后梳理（见图6—124），倒梳发片，喷发胶（见图6—125）。

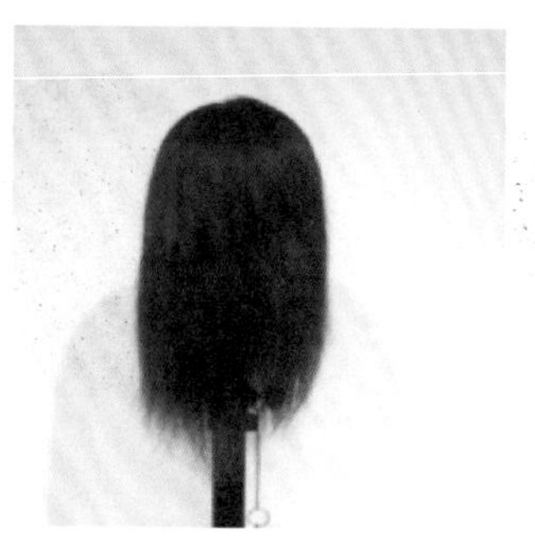
图 6—124

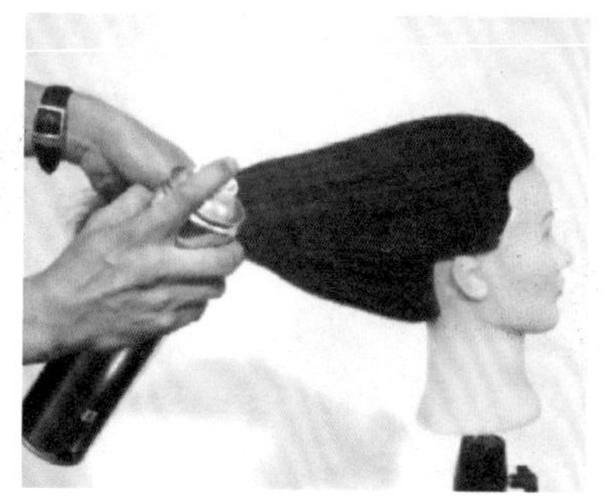
图 6—125

**步骤 2** 梳光表面（见图 6—126），以右手为轴心开始包发（见图 6—127）。

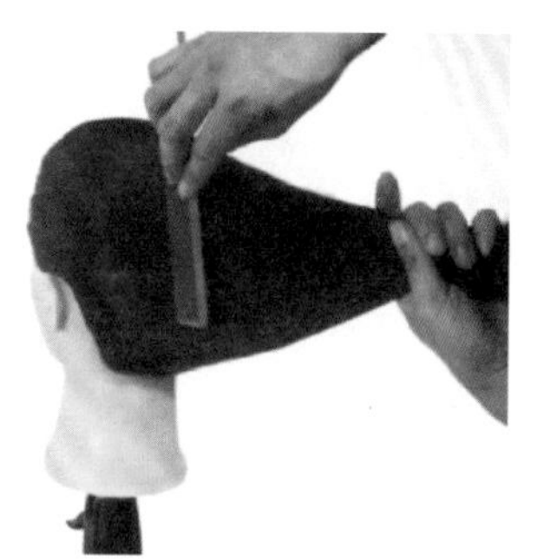
图 6—126

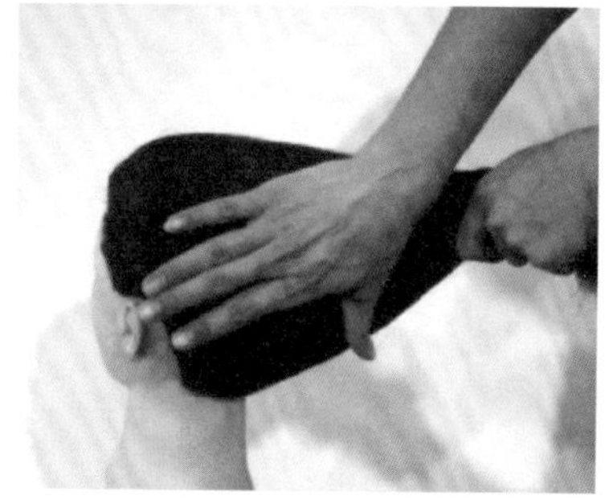
图 6—127

**步骤 3** 慢慢将头发包起（见图 6—128），将包发整理好（见图 6—129）。

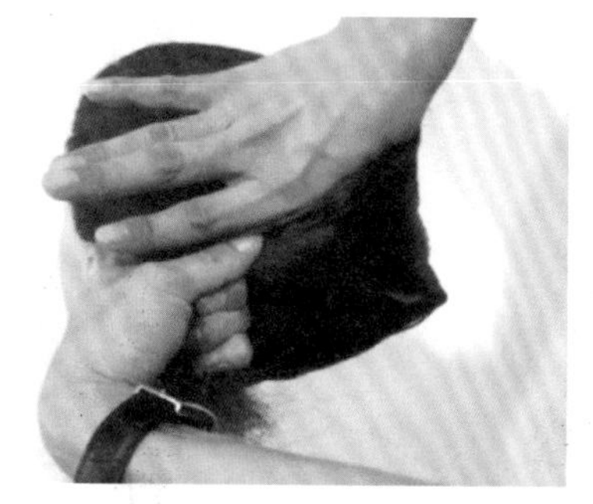
图 6—128

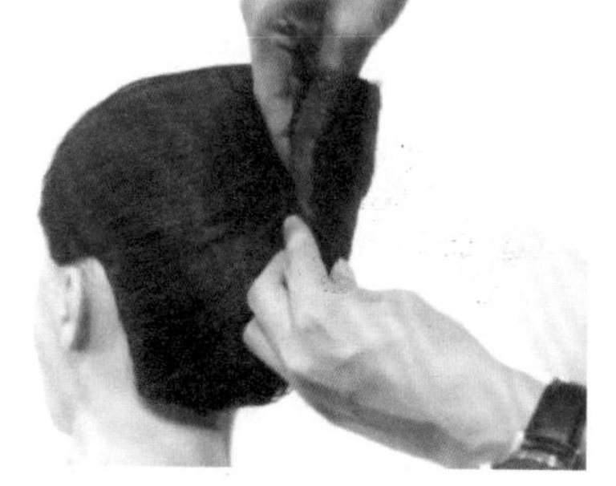
图 6—129

**步骤 4** 下夹固定（见图 6—130），其侧面、后面效果如图 6—131、图 6—132 所示。

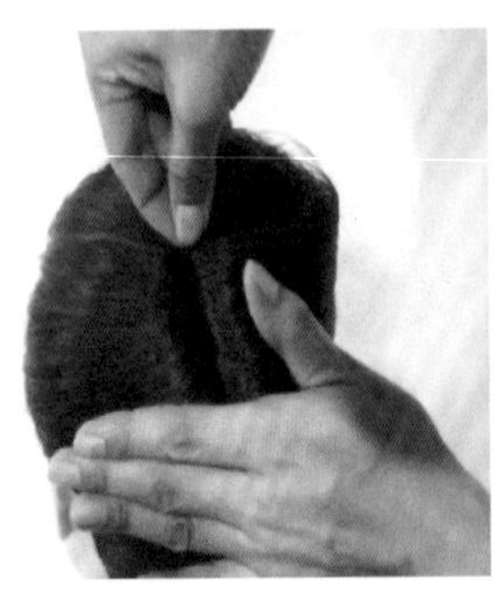
图 6—130

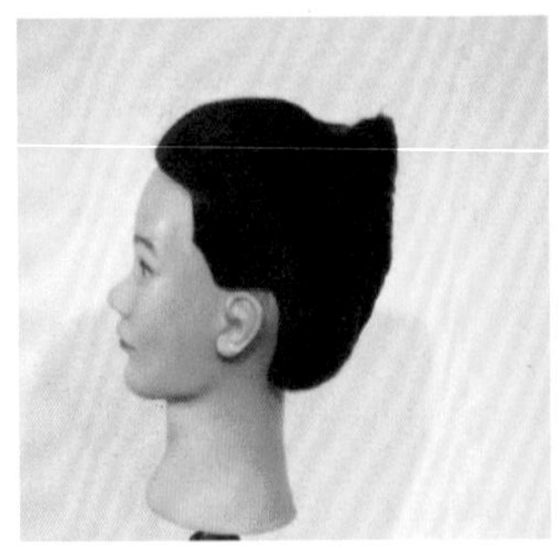
图 6—131

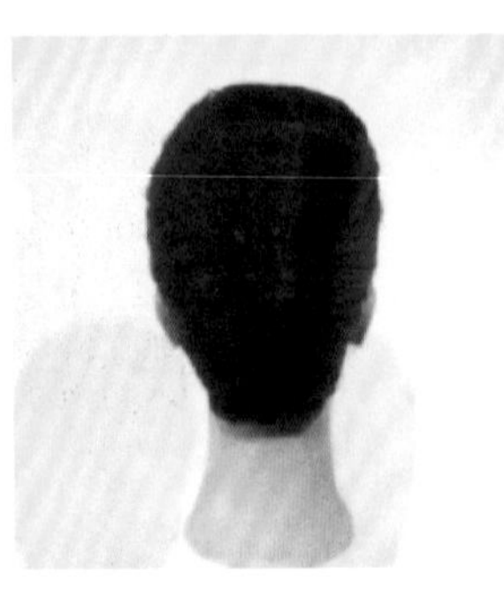
图 6—132

### 注意事项

（1）纹理要清晰、光滑。

（2）整体发型要饱满、光亮。

## 现代生活类新娘盘发的操作方法

### 操作准备

（1）准备各类美发、盘发工具。

（2）选择和准备饰品。

（3）确定发式。

### 操作步骤

**步骤 1** 进行正面分区（见图 6—133）、侧面分区（见图 6—134）、后面分区（见图 6—135）。

图 6—133

图 6—134

图 6—135

**步骤 2** 将顶部区域分成两份（见图 6—136），倒梳发片（见图 6—137）。

图 6—136

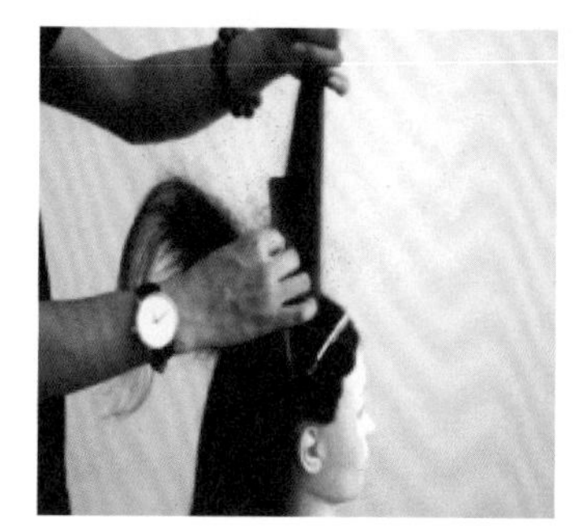

图 6—137

**步骤 3** 略喷发胶（见图 6—138），梳光表面（见图 6—139）。

图 6—138

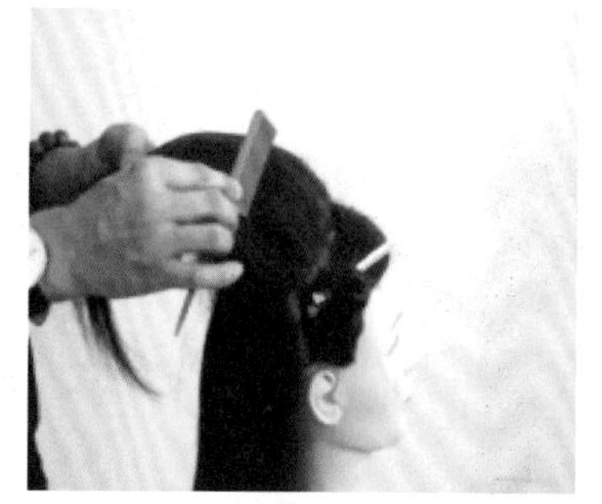

图 6—139

**步骤 4** 拧转并下夹固定（见图 6—140），将右侧头发梳光滑（见图 6—141）。

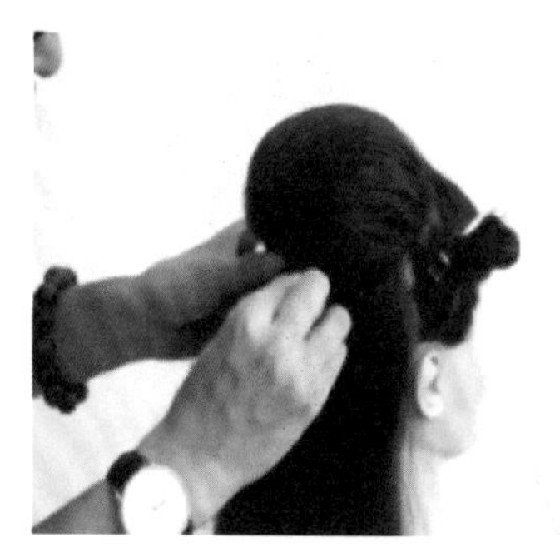

图 6—140

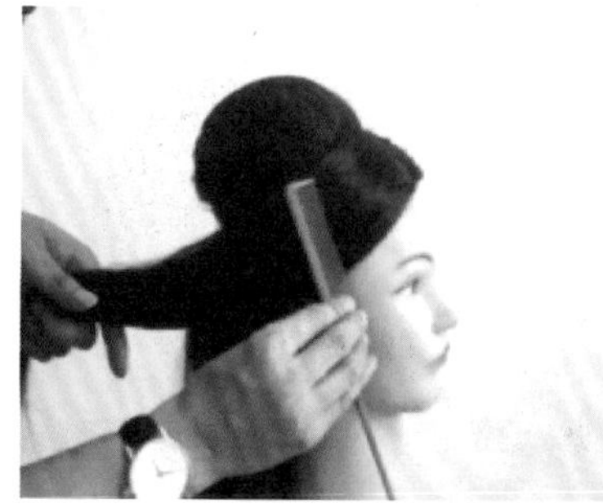

图 6—141

**步骤 5** 以梳尖为轴心拧转发片（见图 6—142），下夹固定（见图 6—143）。

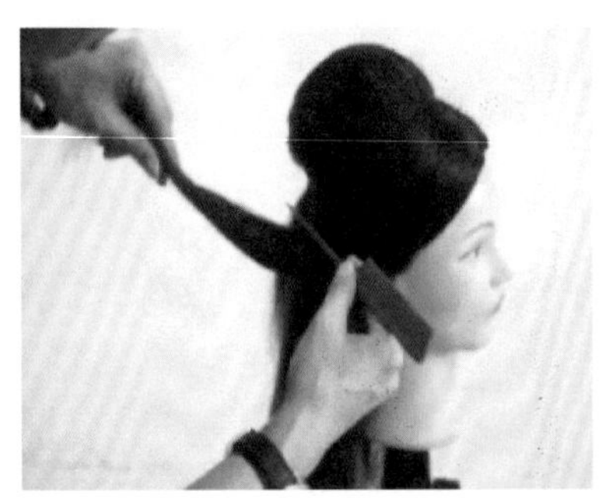
图 6—142

图 6—143

**步骤 6**　以梳尖为轴心拧转左侧发片（见图 6—144），下夹固定（见图 6—145），拧转效果如图 6—146 所示。

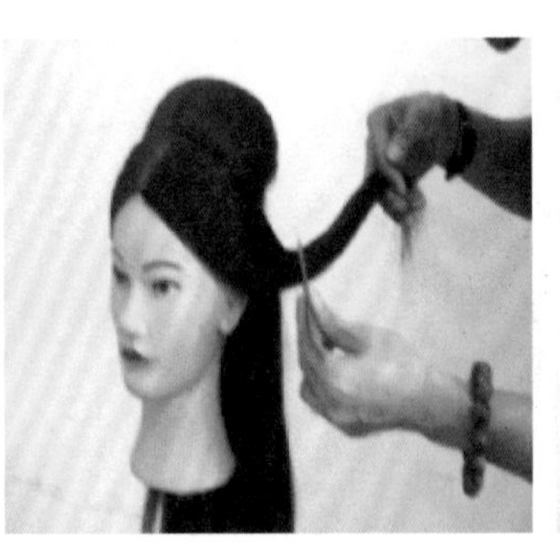
图 6—144

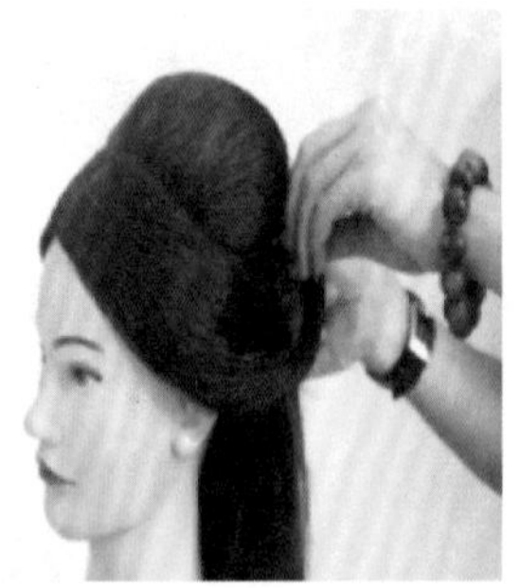
图 6—145

图 6—146

**步骤 7**　取一束发片（见图 6—147），以手指为轴心卷筒（见图 6—148）。

图 6—147

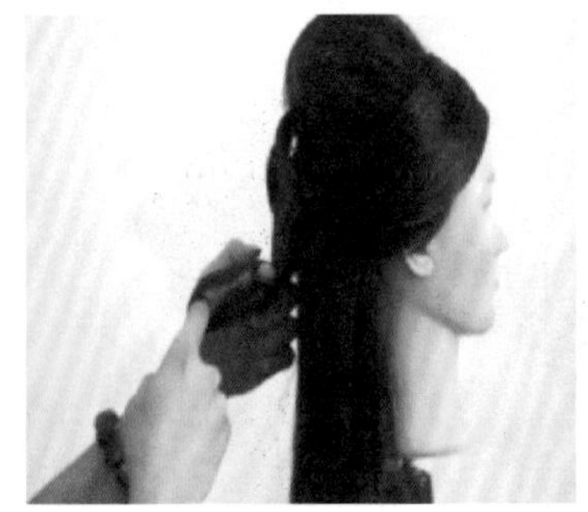
图 6—148

**步骤 8**　下夹固定（见图 6—149），重复前面步骤（见图 6—150）。

图 6—149

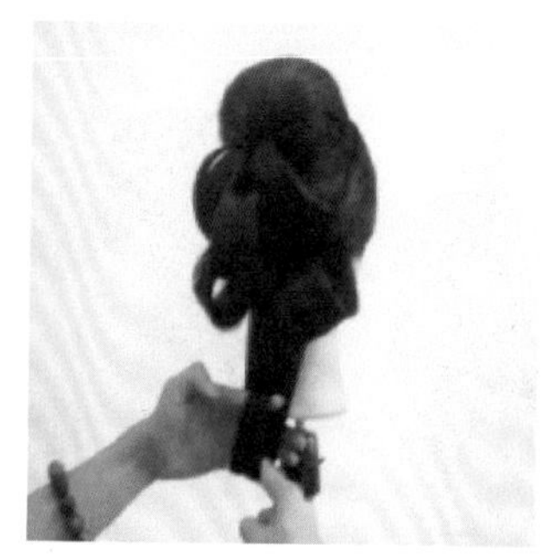
图 6—150

**步骤 9** 其正面、侧面、背面效果如图 6—151、图 6—152、图 6—153 所示。

图 6—151

图 6—152

图 6—153

### 注意事项

（1）纹理要清晰、光滑。

（2）整体发型要饱满、光亮。

## 现代生活类晚宴盘发的操作方法

### 操作准备

（1）准备各类美发、盘发工具。

（2）选择和准备饰品。

（3）确定发式。

### 操作步骤

**步骤 1** 进行分区（见图 6—154）。

**步骤2** 前额取一片发片倒梳（见图6—155），梳光表面（见图6—156）。

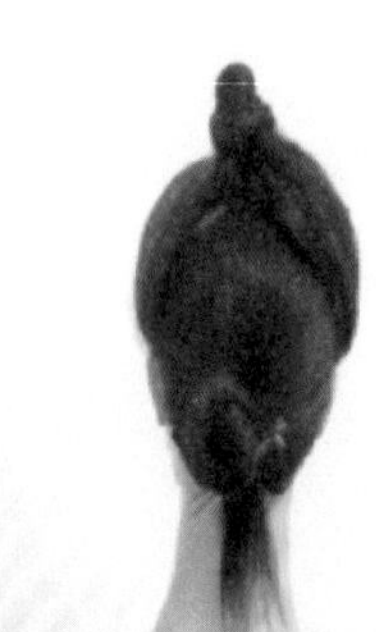

图6—154

图6—155

图6—156

**步骤3** 以梳尖为轴心拧转（见图6—157），下夹固定（见图6—158）。

图6—157

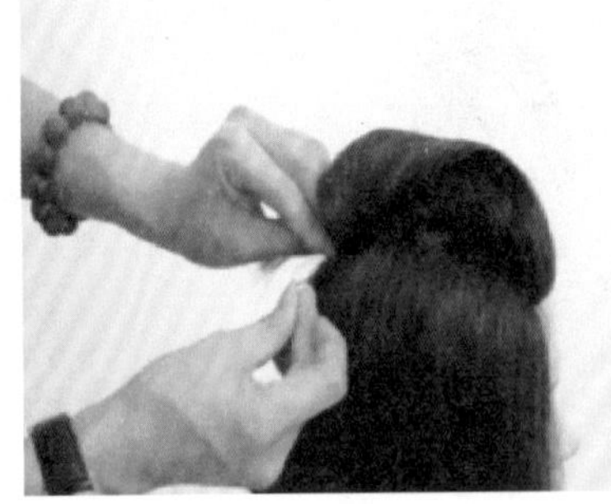

图6—158

**步骤4** 继续取发片倒梳（见图6—159），梳光表面（见图6—160），以梳尖为轴心拧转（见图6—161）。

图6—160

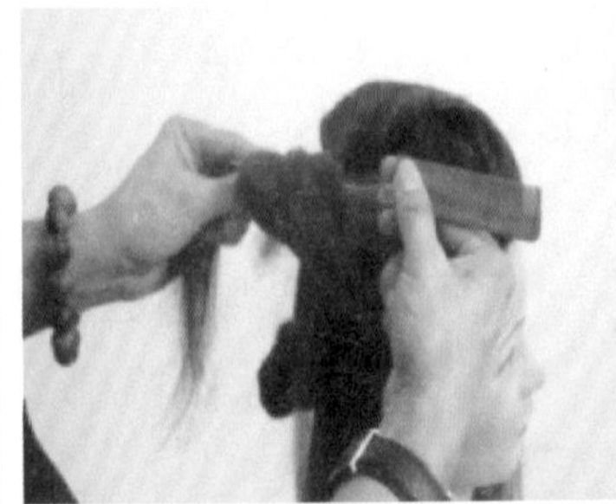

图6—161

图6—159

**步骤5** 将侧面余下的发片倒梳（见图6—162），拧转发片（见图6—163），下夹固定（见图6—164）。

图6—162

图6—163

图6—164

**步骤6** 倒梳左侧发片并梳光表面（见图6—165），拧转并下夹固定（见图6—166）。

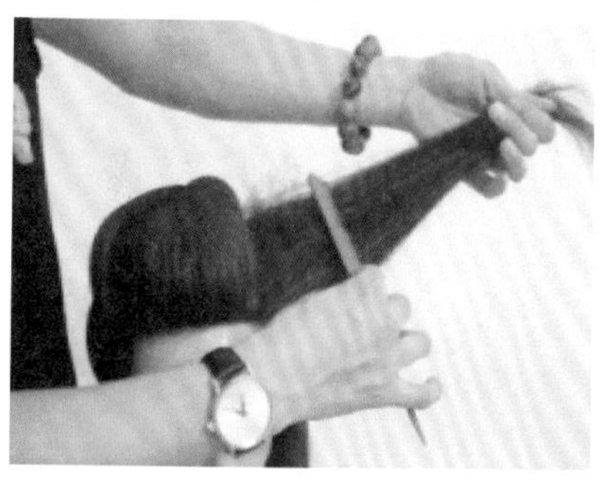
图6—165

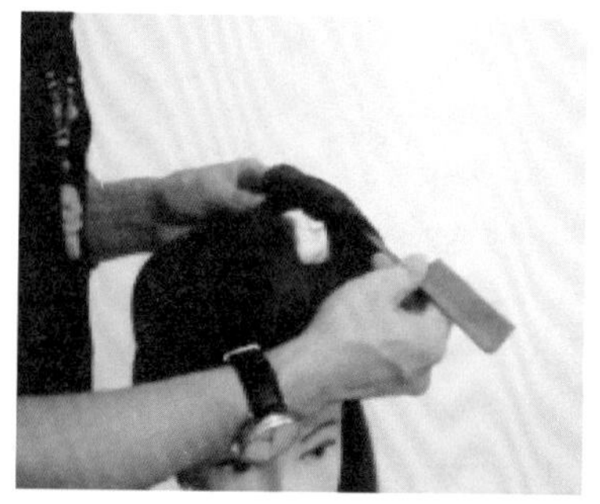
图6—166

**步骤7** 余下发片倒梳并梳光表面（见图6—167），下夹固定（见图6—168）。

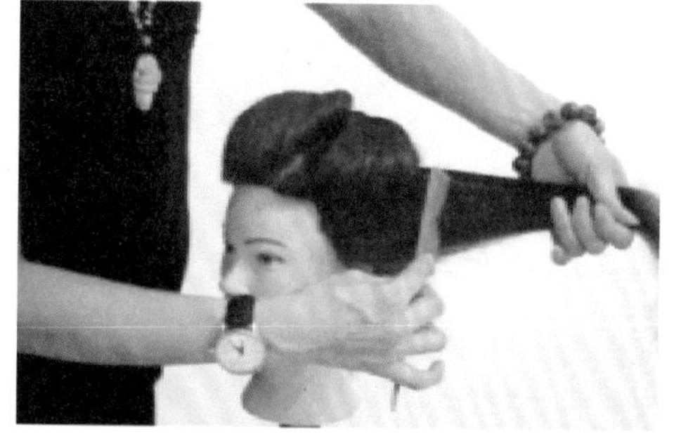
图6—167

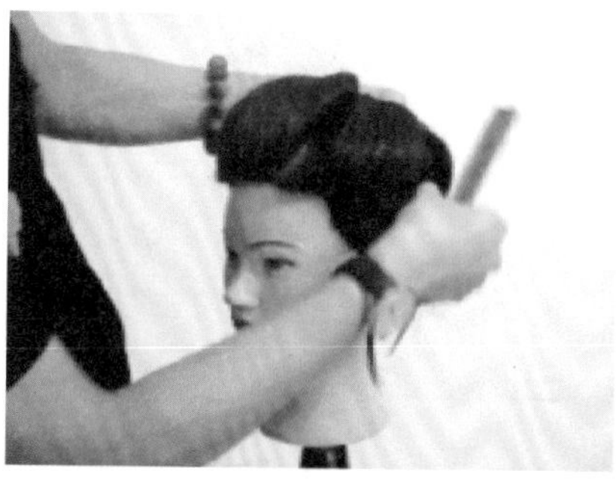
图6—168

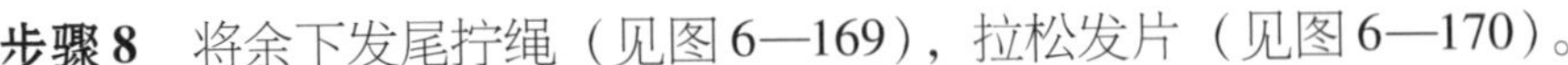



**步骤8** 将余下发尾拧绳（见图6—169），拉松发片（见图6—170）。

图6—169

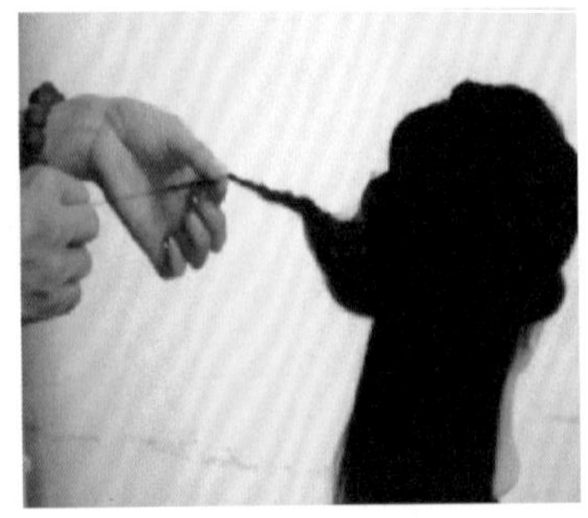

图6—170

**步骤9** 下夹固定（见图6—171），将后区发片拧绳并拉松（见图6—172）。

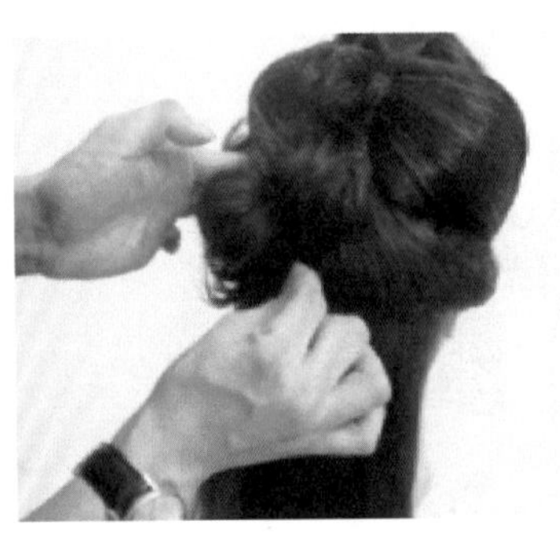

图6—171

图6—172

**步骤10** 略喷发胶（见图6—173），调整发尾（见图6—174）。

图6—173

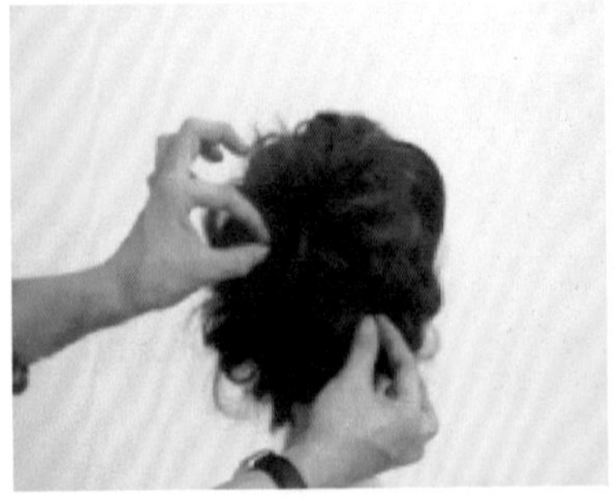

图6—174

**步骤 11** 侧面效果如图 6—175 所示，背面效果如图 6—176 所示。

图 6—175

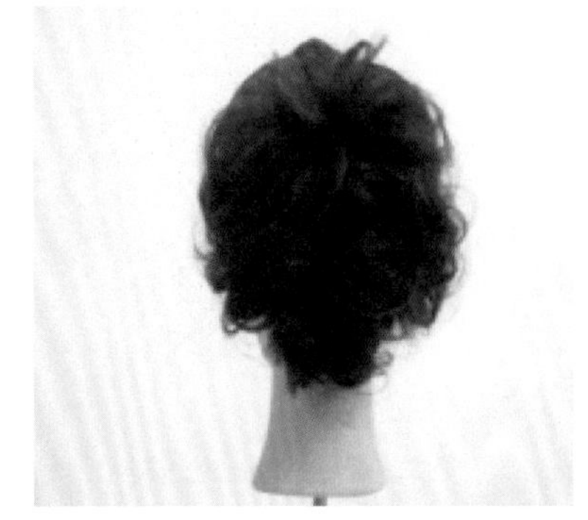

图 6—176

**注意事项**

（1）纹理要清晰、光滑。

（2）整体发型要饱满、光亮。

## 现代生活类编发的操作方法

**操作准备**

（1）准备尖尾梳、夹子、橡皮筋、发卡、啫喱。

（2）准备蝴蝶发卡、珠花。

（3）确定编发的发式：瀑布编发造型、马尾编发造型、爱心编发造型、花苞头编发造型。

**操作步骤**

### 1. 现代生活类（瀑布编发造型）的操作方法

**步骤 1** 将头发梳通、梳顺，分出“U”形区并一分为二（见图 6—177、图 6—178）。

**步骤 2** 先从左侧耳前区取出两束头发以两股编的形式互相拧绕，并在拧绕过程中从“U”形区取出新的发束穿过其中。每拧绕一次就穿过一束发束，以此类推，完成左侧分区（见图 6—179、图 6—180、图 6—181、图 6—182）。

图 6—177

图 6—178

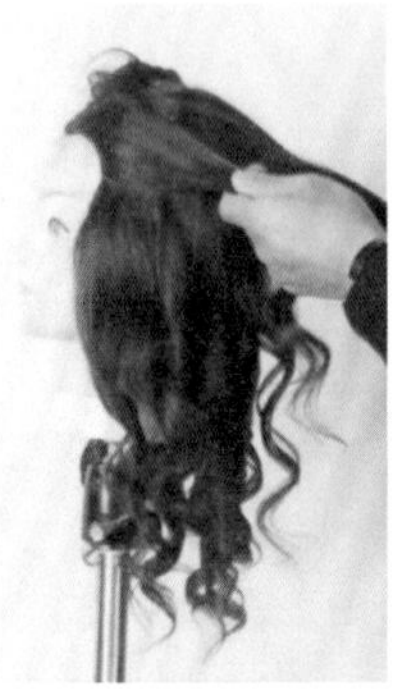

图 6—179

图 6—180

图 6—181

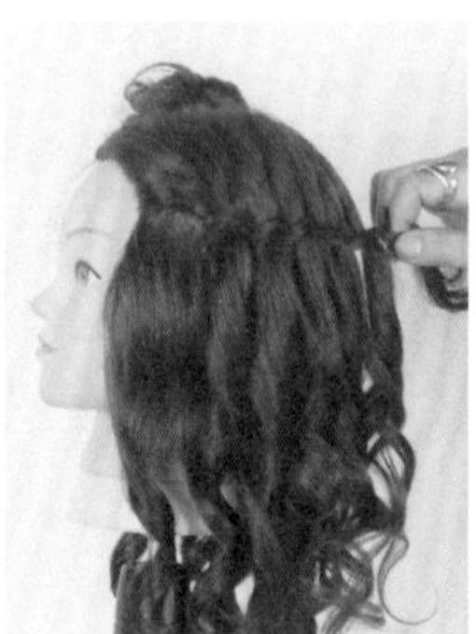

图 6—182

**步骤 3**　完成后，取枕骨处一发束加入其中编制成三股辫，并用橡皮筋固定发尾（见图 6—183、图 6—184）。

图 6—183

图 6—184

**步骤4** 采用同样的方法完成右侧分区，完成后用橡皮筋固定发尾并隐藏在左侧头发之后，用发卡固定（见图6—185、图6—186、图6—187、图6—188）。

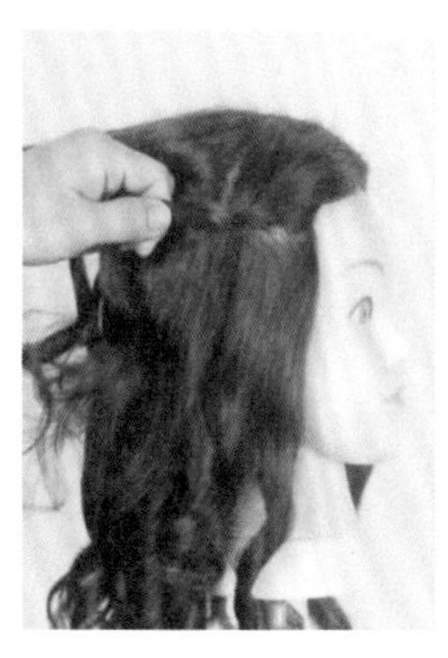
图6—185

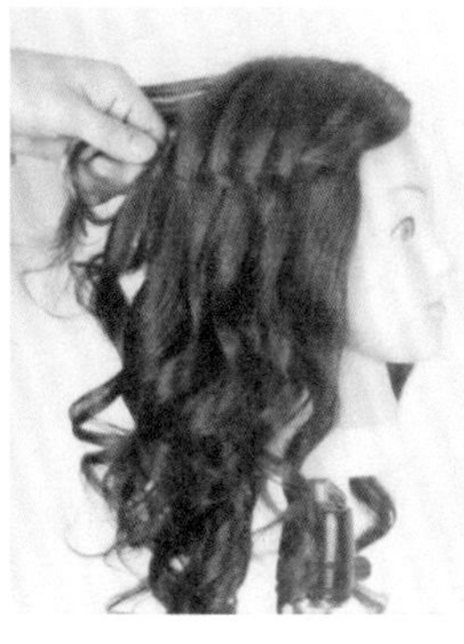
图6—186

图6—187

图6—188

**步骤5** 最后佩戴上饰品即可（见图6—189、图6—190）。

图6—189

图6—190

## 2. 现代生活类（马尾编发造型）的操作方法

**步骤1** 在耳前区发际线处分出一份长方形发片，并将其余头发在黄金点处用橡皮筋束扎成马尾。将长方形发片均匀分成三束准备打发结（见图6—191、图6—192）。

**步骤2** 将左侧发束从下方绕过中间发束并放置在右侧发束上方。再将右侧发束从上方绕过中间发束并穿过左侧发束空隙（见图6—193、图6—194）。

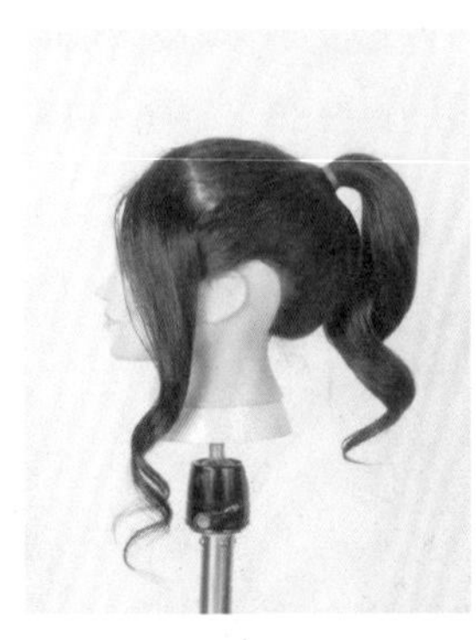

图 6—191

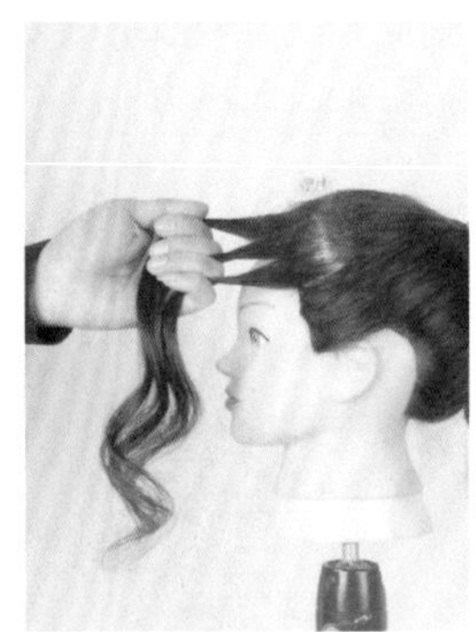

图 6—192

图 6—193

图 6—194

**步骤 3** 收紧发束后，以此类推，完成操作至发梢。将发梢围绕在马尾根部用于遮挡皮筋并用发卡固定（见图 6—195、图 6—196、图 6—197、图 6—198）。

图 6—195

图 6—196

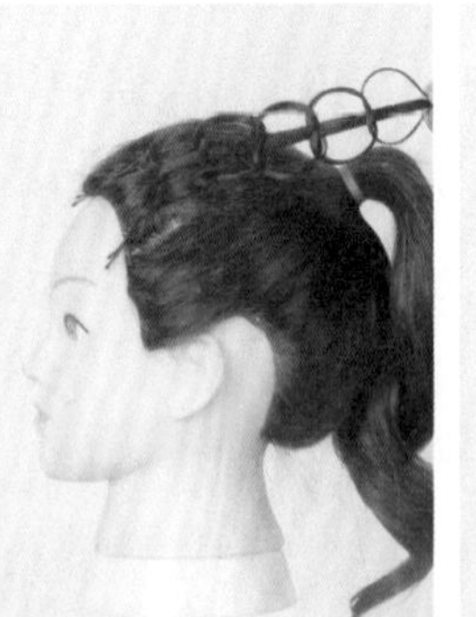

图 6—197

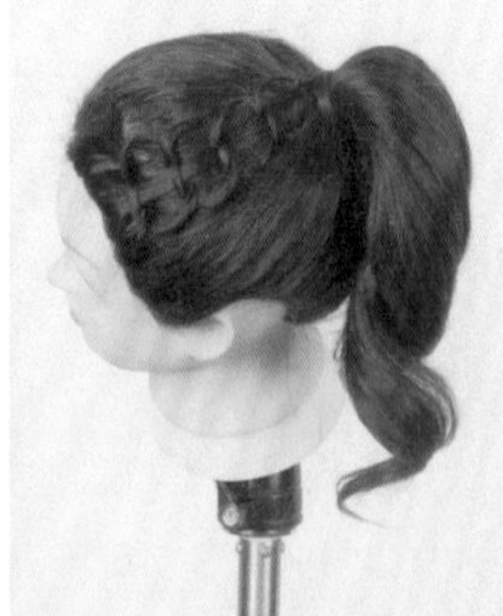

图 6—198

**步骤 4** 在马尾靠近根部的右侧挑出均匀的三束头发。采用正三股单边加发的技巧编制，每编制一次就从马尾表面分出一束头发从左侧加入三股辫中（见图 6—199、图 6—200）。

图 6—199

图 6—200

**步骤 5** 用此方法，以螺旋形完成操作至发尾，并用橡皮筋固定（见图 6—201、图 6—202、图 6—203、图 6—204）。

图 6—201

图 6—202

图 6—203

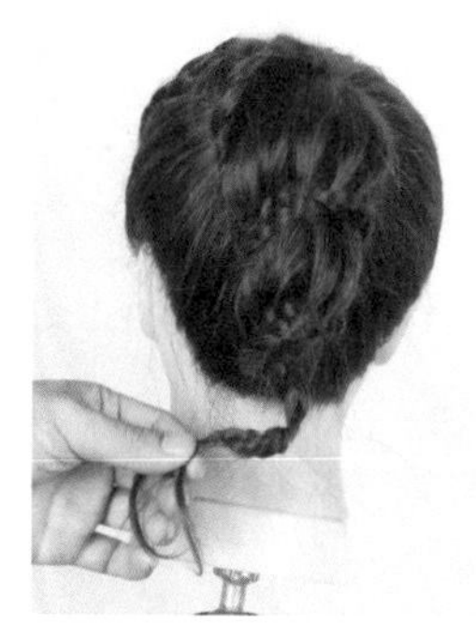
图 6—204

**步骤 6** 将发尾用发卡固定于内部，完成整个编织过程（见图 6—205、图 6—206、图 6—207、图 6—208）。

### 3. 现代生活类（爱心编发造型）的操作方法

**步骤 1** 将头发中央分区，分至黄金点处，然后从黄金点以弧形分区至耳朵上侧。将分区的头发先用橡皮筋固定（见图 6—209、图 6—210）。

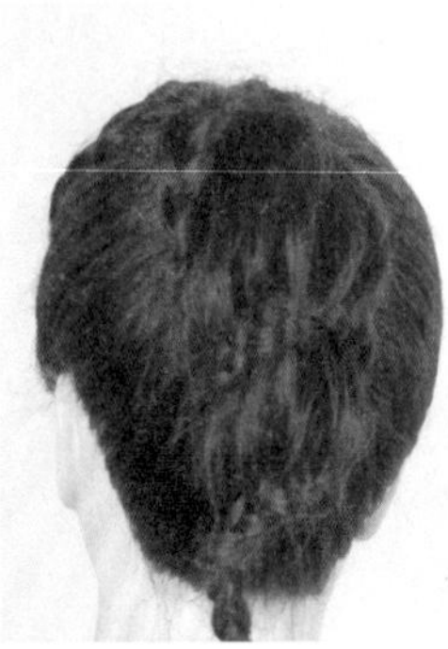

图 6—205 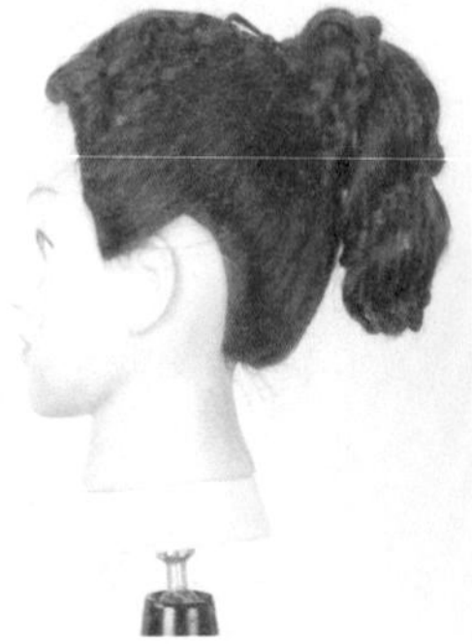　　图 6—206 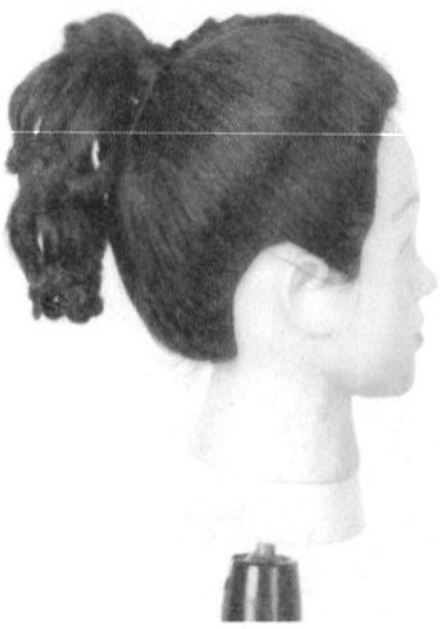　　图 6—207 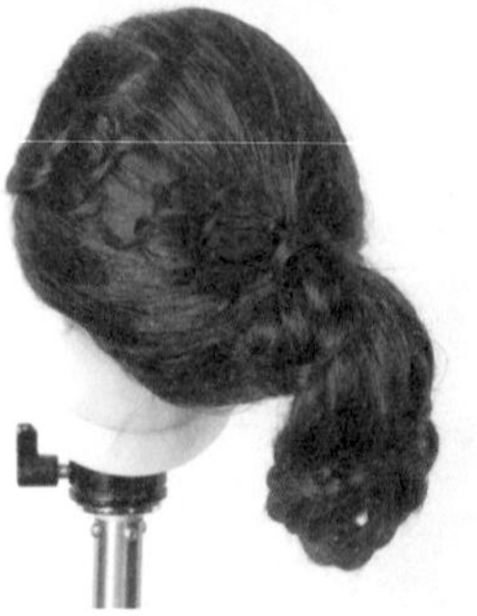　　图 6—208

图 6—209 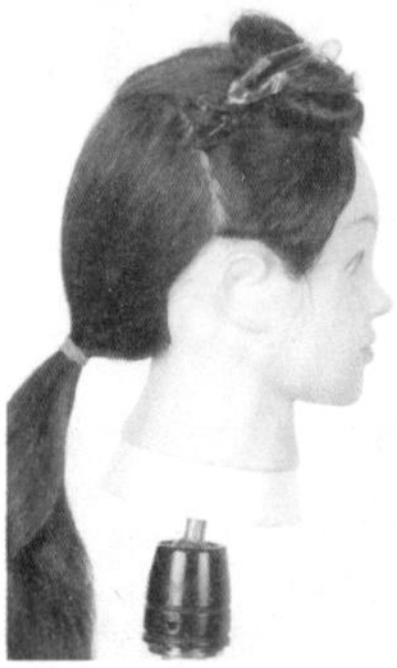　　图 6—210

**步骤 2**　从黄金点处分出均匀的三束头发，采用反三股单边加发的技巧进行编制，每编制一次就从耳前区分出一束头发从右侧加入三股辫中。用此方法以弧形完成操作至发尾，并暂时固定于马尾（见图 6—211、图 6—212、图 6—213、图 6—214）。

图 6—211

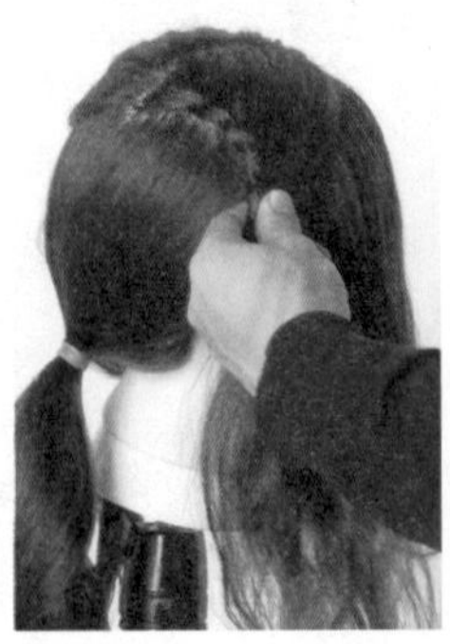

图 6—212

图 6—213

图 6—214

**步骤3** 进行左侧分区，采用同样的方法完成操作至发尾（见图6—215、图6—216）。

图6—215

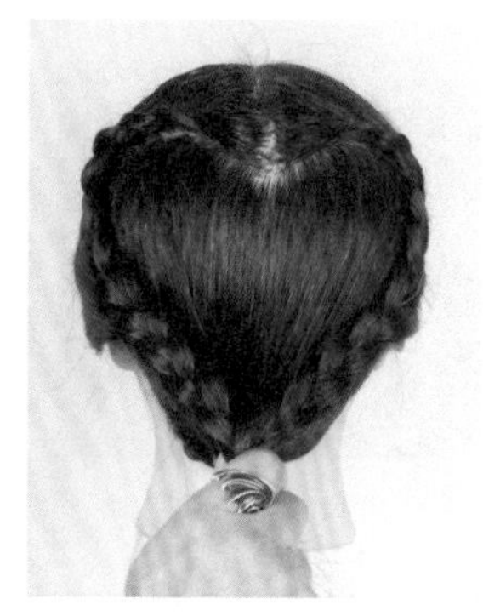
图6—216

**步骤4** 将两侧发辫合二为一，用橡皮筋固定，最后佩戴上发饰即可（见图6—217、图6—218）。

图6—217

图6—218

### 4. 现代生活类（花苞头编发造型）的操作方法

**步骤1** 除耳前区以外，将其余头发用橡皮筋固定于黄金点处。从马尾外围分出均匀发束并与耳前区发束进行三股两边加发操作（见图6—219、图6—220）。

**步骤2** 完成一侧耳前区的操作后，继续从马尾外围均匀分出发束进行三股单边加发操作（见图6—221、图6—222）。

图 6—219

图 6—220

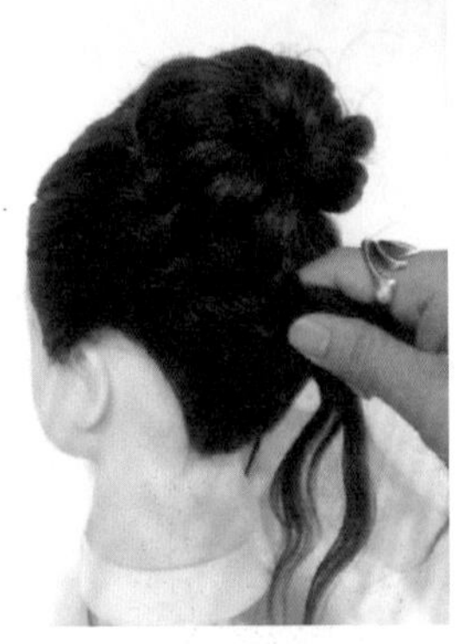

图 6—221

图 6—222

**步骤 3** 编至另一侧耳前区时，再采用三股两边加发技巧开始操作，并将剩余头发编成三股辫，用橡皮筋固定发梢（见图 6—223、图 6—224）。

图 6—223

图 6—224

**步骤 4** 将发辫隐藏于花苞内，四周用发卡调整固定（见图 6—225、图 6—226）。

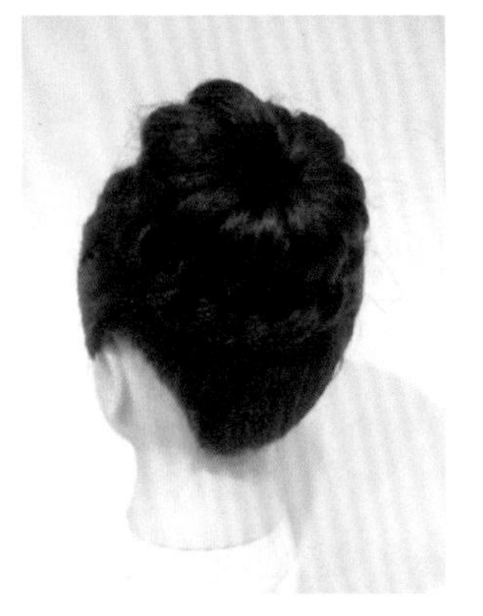
图 6—225

图 6—226

**注意事项**

（1）在编制过程中可以适量使用啫喱让造型较有光泽。

（2）在编制瀑布编发造型时，顶部分出的发束要均匀相等，线条清晰。

（3）打发结时，应注意每个发圈的大小，可以渐变或者相同，但必须协调自然。

（4）打发结时，可以利用“U”形夹穿过发束，使发束表面更加光滑。

（5）编制马尾编发造型时，每次加入发束时应及时调整其松紧度，否则会直接影响造型效果。

（6）编制爱心编发造型时，一定要注意两侧加入发束的大小及对称度，将两侧发辫合拢时要注意发辫下落时摆放的位置最好在枕骨以下。

（7）编制花苞编发造型时，需要注意每次编发时的发束松紧程度要统一，并及时调整，完成造型后可用发卡在四周固定，但要隐藏发卡。

## 第 3 节 盘发、束发、包发、编发的饰品和搭配

### 学习目标

- 了解盘发、束发、包发、编发的饰品和搭配的相关知识。

● 掌握盘发、束发、包发、编发的饰品和搭配的操作技巧。

## 知识要求

### 一、盘发、束发、包发的饰品和搭配

在盘发设计中，发饰物品是整体发式的辅助性部分，可以突出和强调发型的整体美。对于发饰物品的选用，关键在于比重合适和恰到好处，点到即可，宜少不宜多，佩戴时不能不分发型风格地乱戴，要达到既高雅又精美的效果。

#### 1. 生活类

生活类发型具有简练、朴实的特点，比较自然随意，有别于舞台走秀的夸张造型。设计时要尽量简单，但简单并不是不做设计，应考虑人的脸型，一般应该选择一些简单、素雅、不张扬的饰品，如发夹、发带、发插等，看似不经意的处理，隐藏着细节的变化。生活类发型反映了一个人的神态和品味，是为日常生活设计的自然风格发型（见图6—227、图6—228）。

图6—227　生活类发型（一）

图6—228　生活类发型（二）

#### 2. 宴会类

宴会类发型重点突出女性的高雅与华贵，属于端庄、高雅的发型。宴会类发型能够显示女性独有的气质，饰品的选配不要夸张，应以大方为主，以显示女性高雅的风度为目的，不然会与发型风格不协调（见图6—229、图6—230）。

图6—229　宴会类发型（一）

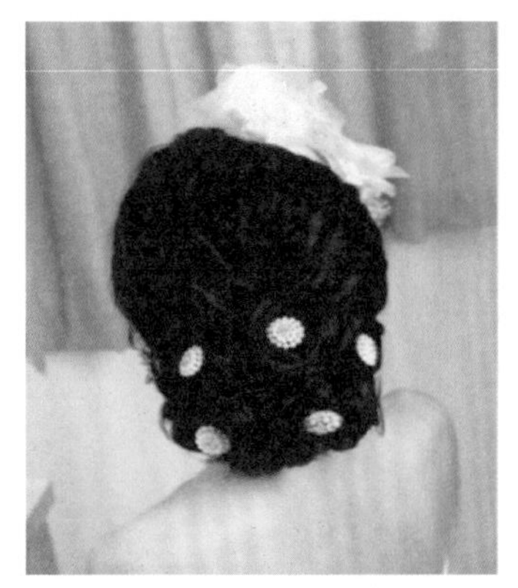
图6—230　宴会类发型（二）

### 3. 舞会类

舞会类发型主要体现快而美的造型原则。根据舞会的主题可加适量的花朵饰物、珠链、珠钗等较艳丽的饰品来点缀（见图6—231、图6—232）。

图6—231　舞会类发型（一）

图6—232　舞会类发型（二）

### 4. 婚礼类

婚礼类发型（新娘妆）重点体现新娘的纯洁、清秀，衬托婚礼的喜庆气氛，因而发型高雅华贵、精细美观。选用的发饰不仅要艳丽、华贵、高雅，还要象征着吉祥，体现新娘可人、清纯的甜美感（见图6—233、图6—234）。

图6—233　婚礼类发型（一）

图6—234　婚礼类发型（二）

### 5. 时尚类

时尚类发型具有新颖、前卫、独特的特点，发型可做到与众不同，造型线条粗犷、立体感强，给人以超凡脱俗的感觉。可以不按常规的方式佩戴饰品（见图6—235、图6—236）。

6—235　时尚类发型（一）

图6—236　时尚类发型（二）

## 二、编发饰品与现代生活的搭配技巧

谈到编发，人们脑海中的印象一般还停留在传统、生硬的粗大麻花辫上。然而在当今国际服装品牌的秀场上，经常会见到金发碧眼的国际名模甩着精致干练或松散慵懒的花式编发，穿着碎花图案或民族风情的时尚服饰，迈着轻快的脚步走出俏皮又性感的风潮。相比较而言，天生拥有黑色头发的东方女性，却往往在

编发时由于掌握不了要领而塑造出过于严肃、正式的发式，不仅生硬，而且失去了编发应有的轻松感。一款合适的编发造型可以让自己在聚会上成为焦点，也可以在职场上给自己获得加分并给人留下深刻的印象。如果盲目操作就可能事与愿违。因此，根据服装及出席的场合来选择合适的编发造型和饰品就变得尤为重要。

### 1. 精致、闪烁的蝴蝶发夹风格

精致、闪烁的蝴蝶发夹风格具有端庄、古典的淑女风范，适合正式的派对场合（见图6—237）。

### 2. 时髦的毛球发绳、大花朵发夹风格

时髦的毛球发绳、大花朵发夹风格具有时髦的都市风格，适合生活、出行和郊游（见图6—238）。

图6—237

图6—238

### 3. 色调搭配的两个小发夹、同一系列的大发夹风格

色调搭配的两个小发夹、同一系列的大发夹风格具有简洁大方的清新风尚，透出青春活力（见图6—239）。

### 4. 精美的发簪、花朵发夹风格

精美的发簪、花朵发夹风格体现妩媚而充满女人味，是约会时的最佳选择（见图6—240、图6—241）。

图 6—239　　图 6—240　　图 6—241

5. 精致的亮钻发夹风格

精致的亮钻发夹风格具有温婉可人的甜美女人风格，何时何地都受到欢迎（见图 6—242、图 6—243）。

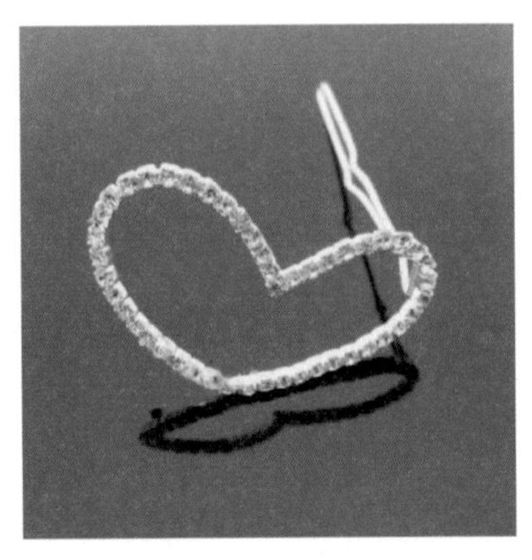

图 6—242

图 6—243

## 三、编发饰品的选择技巧

就像不同的鲜花拥有自己的“花语”一样，不同的饰品也有属于自己的不同意义。以下介绍发饰里的颇具特色的“饰言”。

1. 水果型发饰

水果型发饰通常由水果的图案构成，有苹果、草莓、橘子、香蕉、菠萝等。水果型发饰最能显示季节的活力，既可以象征着爱情的丰收，又表现出年轻活

力，比较适合在夏天和秋天佩戴，给人清新的感受。

### 2. 串珠和扣饰型发饰

串珠和扣饰型发饰通常由五颜六色的圆扣和串珠构成。这种发饰的最大特点是：色彩斑斓、璀璨，远看像花朵，近看像宝石。串珠型发饰最能象征着幸福。

### 3. 布艺型发饰

布艺型发饰一般采用色彩缤纷的各种布料拼接而成的糖果、爱心的形状等，象征着甜蜜和浪漫。

### 4. 蝴蝶结发饰

蝴蝶结发饰是由彩带或其他材料扎成的不同形状的蝴蝶结，象征着青涩和可爱。

### 5. 数字和字母发饰

数字和字母发饰是由阿拉伯数字和字母图案制成的，最能体现出异域的风情。

其实，时尚总是以浪漫作为主调的。只要用心留意，发饰里的“饰言”数不胜数。总之，现在的发饰早已不仅仅是一种美丽饰物，已经慢慢演变成一种性格和心情的体现，越来越受到女性的宠爱和关注了。发饰能够惟妙惟肖地表现生活的美好，不用言语体现出主人的性格甚至当天的心情，这就是发饰的新潮创意之处。

## 技能要求

### 饰品佩戴的方法

**操作准备**

（1）准备蝴蝶发卡、珠花发卡、珠花。

（2）确定盘发的发式：经典生活类编发、现代生活类编发。

**操作步骤**

**步骤1**　确定蝴蝶发卡、珠花发卡，打开发卡弹簧搭扣或张开发卡（见图6—244、图6—245）。

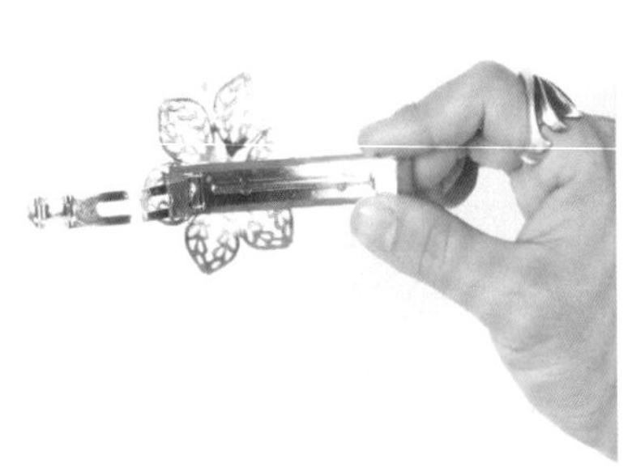

图 6—244

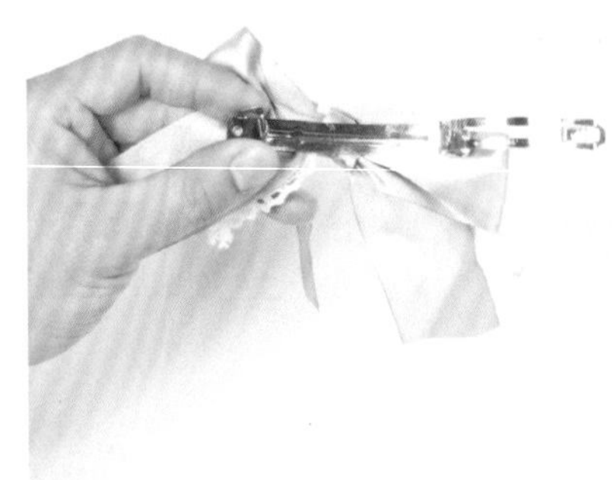

图 6—245

**步骤2** 将卡扣放入发型相应的设计位置并固定（见图6—246、图6—247）。

图 6—246

图 6—247

**步骤3** 珠花可直接放入或以螺旋形的方式放入发型相应的设计位置即可（见图6—248、图6—249）。

图 6—248

图 6—249

**注意事项**

（1）纹理、块面、线条要合理。整体发型和饰品的布局要自然，饰品的大小应根据造型效果来选择，有时起到遮盖作用，有时起到点缀作用，关键要突出主次气韵。

（2）选戴饰品要适合发型的主题。必须根据不同造型来选择饰品的风格，避免产生不协调感。

## 测 试 题

### 一、填空题（将正确的答案填在横线空白处）

1. 束发设计必须要考虑到发型__________、____________、__________、__________、__________等各方面的变化和不同。

2. 束发设计原则指的是__________的方式。

3. 填充法一般借助头发或某些饰物来弥补__________和__________的缺陷。

4. 长圆形脸又称__________，是一种标准的脸型。

5. 三维是由________、________和________构成的，是一个立体图形。

6. 日常生活妆的特点是：容易梳理、________、________。

7. 当两个以上的手法以一定顺序进行重复时，就是________。

8. 对称平衡指的是________和________的一致，头发完全对等，位置一致。

9. 经典生活类编发主要以传统的单股拧绳、两股编、三股编及__________等为主要设计思路。

10. 分区时应采用“S”形或“________”字形，避免编制过程中显露分区线，影响美观。

11. 在编制过程中可以适量使用__________，使造型较有光泽。

12. 编制完成后拉扯发丝时，应注意______和两侧的对称度及发式效果的要求。

13. 发型师必须不断学习最新的时尚编发造型知识，紧跟时尚潮流，掌握时尚脉搏，不断培养__________，从而达到走在时尚前沿的要求。

### 二、单项选择题（选择一个正确的答案，将相应的字母填入括号中）

1. 运用相同的手法和角度及方向有比例变化，这种有比例地从大到小或从小到大形状上的变化即是（　　）。

A. 重复原则　B. 递进原则　C. 对比原则　D. 交替原则

2. 新娘妆重在体现新娘的（　　），以烘托新婚的喜庆气氛。

A. 纯洁、清秀　B. 高贵、典雅　C. 雍容、高贵　D. 高雅、风韵

3. 编制类发型的操作，主要以（　　）为主。

A. 包发　B. 花纹　C. 发辫　D. 饰物

4. 舞台妆的特点是发型（　　）。

A. 简单实用　B. 纯情秀雅　C 庄重华贵　D. 新颖夸张

5. 倒三角脸的特点是（　　），像“心”字形。

A. 上窄下宽　B. 颚骨突出　C. 又尖又长　D. 上宽下窄

6. 束发设计必须考虑到（　　）不同的层面。

A. 2 个　B. 3 个　C. 4 个　D. 5 个

7. 借助头发或某些装饰来弥补头型和脸型的缺陷称为（　　）。

A. 填充法　B. 存托法　C. 遮盖法　D. 堆积法

8.（　　）发饰最能显示季节的活力，既可以象征着爱情的丰收，又表现出年轻活力，比较适合在夏天和秋天佩戴，给人清新的感受。

A. 水果型　B. 布艺型　C. 蝴蝶结　D. 串珠和扣饰型

9.（　　）发饰的最大特点是，色彩斑斓、璀璨，远看像花朵，近看像宝石。

A. 数字和字母　B. 布艺型　C. 蝴蝶结　D. 串珠和扣饰型

10.（　　）发饰象征着甜蜜和浪漫。

A. 水果型　B. 布艺型　C. 数字和字母　D. 串珠和扣饰型

11.（　　）发饰象征着青涩和可爱。

A. 水果型　B. 数字和字母　C. 蝴蝶结　D. 串珠和扣饰型

12.（　　）发饰最能体现出异域的风情。

A. 水果型　B. 布艺型　C. 蝴蝶结　D. 数字和字母

**三、判断题（请将判断结果填入括号中，正确的填“√”，错误的填“×”）**

1. 设计原则指的是排列组合的方式，在许多艺术领域都会涉及。（　　）

2. 纹理是指头发的直、波纹、弯曲等形状。 （ ）

3. 发型整体的轮廓也就是所讲的三维。 （ ）

4. 新娘妆应体现现代与古典的美感，突出庄重与华贵。 （ ）

5. 舞会类发型主要体现快而美的造型原则。 （ ）

6. 堆积类发型的操作主要以发辫为主。 （ ）

7. 发型与脸型不相配，破坏了人的整体形象，可以体现出人的个性、气质。 （ ）

8. 遮盖法需利用头发组合成适当发型来弥补容貌上的不足。 （ ）

9. 现代生活类编发就是以传统编发为基础，衍生出的更多的编发技巧。例如正（反）三股单边加发编制、正（反）三股两边加发编制、四股圆编、多股编织，打发结等。 （ ）

10. 现代生活类编发的设计较复杂多变，主要以美发师的经验来设计。有些编发则起到画龙点睛的作用，体现顾客编发发型的美感。 （ ）

11. 时髦的毛球发绳、大花朵发夹风格具有时髦的都市风格，适合生活、出行和郊游。 （ ）

12. 打发结时可以利用“U”形夹穿过发束，使发束表面更加光滑。（ ）

13. 做爱心编发造型时，一定要注意两侧加入发束的大小和对称度。将两侧发辫合拢时要注意发辫下落时摆放的位置最好在枕骨以上。 （ ）

## 测试题答案

### 一、填空题

1. 形状　纹理　颜色　方向　结构　2. 排列组合　3. 头型脸型
4. 鹅蛋脸　5. 长　宽　深　6. 简单　实用　7. 交替原则
8. 大小　形状　9. 四股编　10. Z　11. 啫喱　12. 力度　13. 审美观

### 二、单项选择题

1. B　2. A　3. C　4. D　5. D　6. D　7. A　8. A　9. D　10. B　11. C　12. D

### 三、判断题

1. √　2. ×　3. √　4. ×　5. √　6. ×　7. ×　8. √　9. √　10. ×　11. √　12. √　13. ×